全国机械行业职业教育优质规划教材（高职高专）
经全国机械职业教育教学指导委员会审定
（电气自动化技术专业）

三菱PLC项目式教程

全国机械职业教育自动化类专业教学指导委员会（高职）组编

主　编　牟应华　陈玉平
副主编　向久林　陈尧军　陈慈艳
参　编　吴明山　谭从容

机　械　工　业　出　版　社

本书以三菱 FX 系列 PLC 为背景，以学习任务为载体，从工程应用的角度出发，介绍了 PLC 的结构、工作原理、编程元件、指令系统和特殊功能模块，并详细介绍了 PLC 开关控制、步进控制、模拟量控制及网络通信等工程应用技术。

本书共分为 6 个模块。模块 1 介绍了 PLC 的结构、工作原理和编程软件等基础知识。模块 2 介绍了 FX 系列 PLC 基本指令与编程。模块 3 介绍了步进指令和顺序控制设计方法。模块 4 介绍了功能指令及其应用。模块 5 介绍了三菱 FX3U 温控专用、A-D、D-A、通信等特殊模块的编程及应用。模块 6 列举了 Z3040 型摇臂钻床的电气控制、搬运机械手控制、数控加工中心刀具库选择控制、基于 PLC 的变频器三段速控制等 4 个工程应用实例。各模块由浅入深，前后呼应，使读者能够在理解 PLC 原理的基础上，掌握 PLC 控制系统安装、运行和调试的相关知识与技能。

本书可作为机电一体化技术、电气自动化技术等相关专业的教材，也可作为工程技术人员的参考用书和培训教材。

为方便教学，本书配有免费电子课件、作业与思考答案、模拟试卷及答案，供教师参考。凡选用本书作为授课教材的教师，均可来电（010-88379375）索取，或登录机械工业出版社教育服务网（www. cmpedu. com）网站，注册、免费下载。

图书在版编目（CIP）数据

三菱 PLC 项目式教程/牟应华，陈玉平主编. —北京：机械工业出版社，2017. 6（2022. 6 重印）

全国机械行业职业教育优质规划教材. 高职高专　经全国机械职业教育教学指导委员会审定　电气自动化技术专业

ISBN 978-7-111-56776-9

Ⅰ. ①三…　Ⅱ. ①牟…　②陈…　Ⅲ. ①PLC 技术—高等职业教育—教材

Ⅳ. ①TM571. 61

中国版本图书馆 CIP 数据核字（2017）第 099882 号

机械工业出版社（北京市百万庄大街 22 号　邮政编码 100037）

策划编辑：于　宁　冯睿娟　责任编辑：于　宁

责任校对：张　薇　　　　　封面设计：鞠　杨

责任印制：郜　敏

中煤（北京）印务有限公司印刷

2022 年 6 月第 1 版第 6 次印刷

184mm × 260mm · 11 印张 · 262 千字

标准书号：ISBN 978-7-111-56776-9

定价：35. 00 元

电话服务　　　　　　　　　　网络服务

客服电话：010-88361066　机　工　官　网：www. cmpbook. com

　　　　　010-88379833　机　工　官　博：weibo. com/cmp1952

　　　　　010-68326294　金　　书　　网：www. golden-book. com

封底无防伪标均为盗版　　　机工教育服务网：www. cmpedu. com

前　言

高职高专教育的根本任务是培养高等技术应用性专门人才，学生应重点掌握从事本专业领域实际工作所需的基本知识和职业技能。为适应高职高专教育的需要，根据高职教育的特点，编者参考大量国内外文献资料，并结合多年积累的PLC教学与科研经验，特别是理论实践一体化教学经验，从培养学生职业能力的角度出发，编写了本书。

本书与同类PLC书籍相比较，具有以下特点：

(1) 本书以培养学生的职业能力为主线，适应理论实践一体化教学的需要，符合高职高专课程建设与改革的要求。

(2) 本书以三菱FX系列PLC为对象，采用模块式结构编写，以任务为载体，将基本理论与技能融入各任务中，使学生掌握必要的理论知识和应用技能，即学即用。把硬件选择、软件设计贯穿始终，不仅解决了相关课程的衔接问题，更重要的是为应用PLC技术解决实际问题提供了基本思路。

(3) 本书以“提出任务——分解任务——边学边用——边用边学——归纳总结与选学拓展”为思路，遵循“理论——实践——再理论——再实践”的学习过程，符合高职学生的认知规律，有利于提高学生学习兴趣和探索性学习的能力。

(4) 本书在内容的组织方面，有利于学生就业和可持续发展能力的提高。书中所选实例操作性强、易于实现。在综合应用单元（模块6），有完整的PLC控制系统设计过程，对读者具有示范和借鉴作用。

本书模块1由向久林和吴明山编写，模块2、3由陈玉平、陈尧军编写，模块4、5、6由牟应华、陈慈艳和谭从容编写。本书由牟应华、陈玉平主编，牟应华负责统稿。

本书编写过程中，参考了其他大量教材和技术资料，在此一并表示衷心感谢！

因时间仓促和水平有限，书中难免存在错误与不妥之处，恳请广大读者批评指正。

编　者

目　　录

绪　论

0.1　可编程序控制器的定义及其特点

1. 可编程序控制器的定义

可编程序控制器（Programmable Controller）是计算机家族中的一员，是为工业控制应用而设计制造的。早期的可编程序控制器称为可编程逻辑控制器（Programmable Logic Controller），简称 PLC，它主要用来代替继电器、接触器实现逻辑控制。随着技术的发展，这种装置的功能已经大大超过了逻辑控制的范围，因此，今天这种装置称为可编程序控制器，简称 PC，但是为了避免与个人计算机（Personal Computer）的简称混淆，所以将可编程序控制器简称 PLC。

1987 年国际电工委员会（International Electrotechnical Commission）颁布的 PLC 标准草案中对 PLC 的定义为："PLC 是一种专门为在工业环境下应用而设计的数字运算操作的电子装置。它采用可以编制程序的存储器，用来在其内部存储执行逻辑运算、顺序运算、计时、计数和算术运算等操作的指令，并能通过数字式或模拟式的输入和输出，控制各种类型的机械或生产过程。PLC 及其有关的外围设备都应该按易于与工业控制系统形成一个整体、易于扩展其功能的原则而设计。"

2. 可编程序控制器的特点

（1）可靠性高，抗干扰能力强　PLC 用软件代替大量的中间继电器和时间继电器，仅剩下与输入和输出有关的少量硬件，接线可减少到继电器-接触器控制系统的 1/100 ~ 1/10，因触点接触不良造成的故障大为减少。

高可靠性是电气控制设备的关键性能。PLC 由于采用现代大规模集成电路技术，采用严格的生产工艺制造，内部电路采用了先进的抗干扰技术，因此具有很高的可靠性。例如三菱公司生产的 FX 系列 PLC 平均无故障时间高达 30 万小时。一些使用冗余 CPU 的 PLC 的平均无故障工作时间则更长。从 PLC 的机外电路来说，使用 PLC 构成控制系统，和同等规模的继电器-接触器系统相比，电气接线及开关触点已减少到数百甚至数千分之一，故障也就大大降低。此外，PLC 具有硬件故障自我检测功能，出现故障时可及时发出警报信息。在应用软件中，用户还可以编入外围器件的故障自诊断程序，使系统中除 PLC 以外的电路及设备也获得故障自诊断保护。

（2）硬件配套齐全，功能完善，适用性强　PLC 发展到今天，已经形成了大、中、小各种规模的系列化产品，并且已经标准化、系列化、模块化，配备有品种齐全的各种硬件装置可供用户选用，用户能灵活方便地进行系统配置，以组成不同功能、不同规模的系统。PLC的安装接线也很方便，一般用接线端子连接外部接线。PLC有较强的带负载能力，可直接驱动一般的电磁阀和交流接触器，可以用于各种规模的工业控制场合。除了逻辑处理功能以外，现代PLC大多具有完善的数据运算能力，可用于各种数字控制领域。PLC的功能单元大量涌现，使PLC渗透到了位置控制、温度控制、数控机床等各种工业控制中。加上PLC通信能力的增强及人机界面技术的发展，使用PLC组成各种控制系统变得非常容易。

（3）易学易用，深受工程技术人员欢迎　PLC作为通用工业控制计算机，是面向工矿企业的工控设备。它的输入输出接口简单，编程语言容易被工程技术人员接受。梯形图语言的图形符号与表达方式和继电器-接触器电路图相当接近，只用PLC的少量开关量逻辑控制指令就可以实现继电器-接触器电路的功能，为不熟悉电子电路、计算机原理和汇编语言的人使用计算机从事工业控制打开了方便之门。

（4）容易改造　系统的设计、安装、调试工作量小，维护方便，容易改造。PLC的梯形图程序一般采用顺序控制设计法。这种编程方法很有规律，容易掌握。对于复杂的控制系统，梯形图的设计时间比设计继电器-接触器系统电路图的时间要少得多。

PLC用存储逻辑代替接线逻辑，大大减少了控制设备外部的接线，使控制系统设计及建造的周期大为缩短，同时维护也变得容易起来。更重要的是，同一设备只需要改变运行程序就可改变其生产过程，很适合多品种、小批量的生产场合。

（5）体积小，重量轻，能耗低　以超小型PLC为例，新近出产的品种底部尺寸小于100mm，仅相当于几个继电器的大小，因此可将开关柜的体积缩小到原来的1/10～1/2。它的重量小于150g，功耗仅数瓦。由于体积小很容易装入机械内部，是实现机电一体化的理想控制器。

0.2　PLC的应用领域

目前，PLC在国内外已广泛应用于钢铁、石油、化工、电力、建材、机械制造、汽车、轻纺、交通运输、环保及文化娱乐等各个行业，使用情况大致可归纳为如下几方面。

（1）开关量的逻辑控制　这是PLC最基本、最广泛的应用领域，它取代传统的继电器-接触器电路，实现逻辑控制、顺序控制，既可用于单台设备的控制，也可用于多机群控及自动化流水线，如注塑机、印刷机、组合机床、包装生产线、电镀流水线等。

（2）快速连续量的运动控制　PLC可以用于圆周运动或直线运动的控制。从控制机构配置来说，早期直接用开关量I/O模块连接位置传感器和执行机构，现在一般使用专用的运动控制模块，如可驱动步进电动机或伺服电动机的单轴或多轴位置控制模块。世界上各主要PLC厂家的产品几乎都有运动控制功能，广泛用于各种机械、机床、机器人及电梯等场合。

（3）慢速连续量的过程控制　过程控制是指对温度、压力、流量等模拟量的闭环控制。作为工业控制计算机，PLC能编制各种各样的控制算法程序，完成闭环控制。PID调节是一般闭环控制系统中用得较多的调节方法。大中型PLC都有PID模块，目前许多小型PLC也具有此功能模块。过程控制在冶金、化工、热处理及锅炉控制等场合有非常广泛的应用。

（4）数据处理　现代PLC具有数学运算（含矩阵运算、函数运算、逻辑运算）、数据传送、数据转换、排序、查表、位操作等功能，可以完成数据的采集、分析及处理。这些数据可以与存储在存储器中的参考值比较，完成一定的控制操作，也可以利用通信功能传送到别的智能装置，或将它们打印制表。数据处理一般用于大型控制系统，如无人控制的柔性制造系统；也可用于过程控制系统，如造纸、冶金及食品工业中的一些大型控制系统。

（5）通信及联网　PLC通信是指PLC间的通信以及PLC与其他智能设备间的通信。随着计算机控制技术的发展，工厂自动化网络发展很快，生产商十分重视PLC的通信功能，并推出各自的网络系统。新近生产的PLC都具有通信接口，通信非常方便。

0.3　PLC控制系统设计的基本原则、主要内容及步骤

PLC控制技术主要应用于自动化控制工程中，如何综合运用学过的知识，根据实际工程要求合理构建PLC控制系统是今后工作的主要任务。要完成好PLC控制系统的设计任务，除掌握必要的电气设计基础知识外，还必须经过反复实践，深入生产现场，将不断积累的经验应用到设计中来。

1. PLC控制系统设计的基本原则

1）PLC的选择除了应满足技术指标的要求外，还应重点考虑该公司产品技术支持与售后服务情况，尽量选择主流产品。

2）最大限度地满足被控对象的控制要求。

3）在满足控制要求的前提下，力求使控制系统简单、经济，使用及维修方便。

4）保证控制系统的安全、可靠。

5）考虑到生产的发展和工艺的改进，在选择PLC容量时，应适当留有余量。

2. PLC控制系统设计的主要内容

1）拟定控制系统设计的技术条件。技术条件一般以设计任务书的形式来确定，它是整个设计的依据。

2）选择电气传动形式和电动机、电磁阀等执行机构。

3）选定PLC的型号。

4）编制PLC的输入/输出分配表或绘制输入/输出端子接线图。

5）根据控制要求编写程序流程图，然后再用相应的编程语言进行程序设计。

6）了解并遵循用户认知心理学，重视人机界面的设计，增强人与机器之间的友善关系。

7）设计操作台、电气柜及非标准元、部件。

8）编写设计说明书和使用说明书。

3. PLC控制系统设计的一般步骤

（1）分析被控对象并提出控制要求　详细分析被控对象的工艺过程及工作特点，了解被控对象机、电、液之间的配合（应完成的动作、自动工作循环的组成、必要的保护和联锁等），提出被控对象对PLC控制系统的控制要求，确定控制方案，拟定设计任务书。

（2）确定I/O设备　根据系统的控制要求，确定系统所需的全部输入设备（如：按钮、位置开关、转换开关及各种传感器等）和输出设备（如：接触器、电磁阀、信号指

示灯及其他执行器等)，从而确定与PLC有关的输入、输出设备，以确定PLC的I/O点数。

(3) 选择PLC　PLC选择包括对PLC的机型、容量、I/O模块、电源等的选择。

(4) 分配I/O元件并设计PLC外围硬件电路

1) 分配I/O元件。编制出I/O分配表，画出I/O接线图。

2) 设计PLC外围硬件电路。画出系统其他部分的电路图，包括主电路（一般在第(1)步中由工艺人员提出或分析工艺要求时拟订）和未进入PLC的控制电路等。

由PLC的I/O接线图和PLC外围硬件电路图组成系统的电气原理图。至此系统的硬件电路已经确定。

(5) 程序设计　根据系统的控制要求，采用合适的设计方法来设计PLC程序。程序要以满足系统控制要求为主线，逐一编写实现各控制功能或各子任务的程序，逐步完善系统指定的功能。除此之外，程序通常还应包括以下内容：

1) 初始化程序。在PLC上电后，一般都要做一些初始化的操作，为起动做必要的准备，避免系统发生误动作。初始化程序的主要内容有：对某些数据区、计数器等进行清零，对某些数据区所需数据进行恢复，对某些继电器进行置位或复位，对某些初始状态进行显示等。

2) 检测、故障诊断和显示等程序。这些程序相对独立，一般在程序设计基本完成时添加。

3) 保护和联锁程序。保护和联锁是程序中不可缺少的部分，必须认真考虑。它可以避免由于非法操作而引起的控制逻辑混乱。

(6) 程序模拟调试　程序模拟调试的基本思想是，以方便的形式模拟现场实际状态，为程序的运行创造必要的环境条件。根据现场信号的不同方式，模拟调试有硬件模拟法和软件模拟法两种形式。

硬件模拟法是使用一些硬件设备（如用另一台PLC或一些输入器件等）模拟产生现场的信号，并将这些信号以硬接线的方式连到PLC系统的输入端，其时效性较强。

软件模拟法是在PLC中另外编写一套模拟程序，模拟提供现场信号，其简单易行，但时效性不易保证。模拟调试可采用分段调试的方法，并可使用编程器的监控功能。

(7) 硬件实施　硬件实施方面主要是进行控制柜（台）等硬件的设计及现场施工。主要内容有：设计控制柜和操作台等部分的电气布置图及安装接线图；设计系统各部分之间的电气互连图；根据施工图样进行现场接线，并进行详细检查。

由于程序设计与硬件实施可同时进行，因此PLC控制系统的设计周期可大大缩短。

(8) 联机调试　联机调试是将通过模拟调试的程序进一步进行在线统调。联机调试过程应循序渐进，从PLC连接输入设备→连接输出设备→连接实际负载等逐步进行调试。如不符合要求，则对硬件和程序做调整，通常只需修改部分程序即可。

全部调试完毕后，交付试运行。经过一段时间运行，如果工作正常、程序不需要修改，应将程序固化到EPROM（可擦除可编写只读寄存器）中，以防程序丢失。

(9) 整理和编写技术文件　技术文件包括设计说明书、硬件原理图、安装接线图、元器件明细表、PLC程序以及使用说明书等。

0.4 学习方法建议

1. 分阶段重点突破

（1）基本指令学习阶段　第一，该阶段就是借用电力拖动中的继电器-接触器控制思维，用PLC替代对应的常开、常闭触点及线圈。第二，掌握基本环节，完成简单的系统设计。但继电器-接触器系统中的所有硬元件是在同一时态开始竞争的，而PLC中的所有软元件状态是通过PLC的CPU逐行扫描程序计算处理出的结果，因此在PLC编程时，一般不能完全移植继电器系统图。

（2）步进顺序控制学习阶段　第一，掌握系统脉络，构建系统流程图。第二，把流程图转换成程序，最好是采用SCF（顺序功能图）方式编程，而不是用STL步进指令编辑成梯形图程序。不管哪种控制方式，在设计的开始要完成的是流程图，它是系统构成的脉络，主要有三个方面：一“步”，二“活动步”，三“转换条件”。

（3）功能指令学习阶段　功能指令的功能是继电器-接触器控制系统无法实现的，也是提高PLC控制功能的根本。功能指令编程类似于单片机的汇编语言编程，例如单片机中的传送指令MOV，在PLC中的高级指令中也是一样的符号和功能。这一阶段难度比较大，第一要有计算机基础；第二要充分了解PLC的内部功能和资源；第三是分类熟悉高级指令的功能。借鉴单片机的程序设计思维，可以完成复杂的系统设计。

（4）特殊模块学习阶段　掌握好该阶段可以大大提高应用PLC技术的能力，需要掌握PLC以外的其他自动化知识，如伺服驱动器、变频器等。该阶段的重点是：了解系统构成需要；合理选择扩展单元；学习扩展单元使用方法。

（5）工程实践阶段　结合实际条件，从简单到复杂，完成1~2个较完整的控制系统的设计和调试。

2. 养成良好的学习习惯

（1）模仿与借鉴　不论是课内还是课外，要善于模仿与借鉴教师、同学的思维方式，以及学习资料上完成各种任务推荐的工作（操作）流程，由“呆板”学习到灵活学习。

（2）充分利用软、硬件资源　PLC具有丰富的软、硬件资源，学习中要充分运用。整个学习过程表面上看是在完成一个个设计，实际上是在按需利用PLC的各种资源。因此，在学习过程中，第一，需要不断查阅相关手册（三菱官网免费下载）以弥补教材资源的不足；第二，在程序载入PLC之前，不要跳过软件仿真；第三，PLC只是实现自动控制的一种工具，因此，在完成控制系统设计时，还需要充分运用其他相关知识；第四，可以安装三菱触摸屏编程软件和仿真软件，结合PLC编程软件和仿真软件完成更多的仿真设计；第五，为方便学习，应该熟悉图形的标准画法和工程简约画法，但制作文件时应该规范统一。

模块 1 认识 PLC

以三菱 FX 系列 PLC 为代表，初步认识 PLC 的硬件结构及 I/O 接线方法、PLC 主要软元件的符号及功能、编程软件的使用方法、PLC 程序的执行过程及扫描工作方式，并进行 I/O 接线、重点软元件（定时器和计数器）的功能测试、程序录入及程序功能测试实践，为学习 PLC 控制系统的设计、安装、调试奠定基础。

【知识目标】

1. 掌握 PLC 的硬件组成和安装接线方法，熟悉 PLC 的结构及工作过程，了解 PLC 的工作原理及分类。

2. 熟悉 FX 系列 PLC 编程元件的种类、作用及使用方法。

3. 掌握 GX-DEVELOPER-8. 52 编程软件、GX-Simulator_6 仿真软件的安装和使用方法，熟悉梯形图程序编程界面，了解梯形图程序编辑和写入的方法、步骤。

【能力目标】

1. 能根据控制要求，初步选择 PLC 型号。

2. 能根据 I/O 接线图正确接线和通电测试。

3. 能正确安装、使用编程软件和仿真软件。

任务 1. 1 PLC 的安装接线

【提出任务】

要充分利用 PLC 资源组成控制系统，首先必须掌握 PLC 的硬件组成及软件组成，熟悉 PLC 的结构及工作过程，了解 PLC 的工作原理及分类，并根据 I/O 接线图正确接线通电测试。

【分解任务】

1. 边学边用，学习 PLC 的基本组成原理，了解 PLC 的技术参数，熟悉 PLC 的结构及工作过程，根据控制要求选择 PLC 型号。

2. 边用边学，根据 I/O 接线图正确接线，并通电测试。

【解答任务】

1.1.1　PLC 的硬件组成

PLC 的硬件主要由中央处理单元（CPU）、存储器、输入单元、输出单元、通信接口、扩展接口、电源等部分组成。

对于整体式 PLC，所有部件都装在同一机壳内，其硬件结构框图如图 1-1-1 所示。

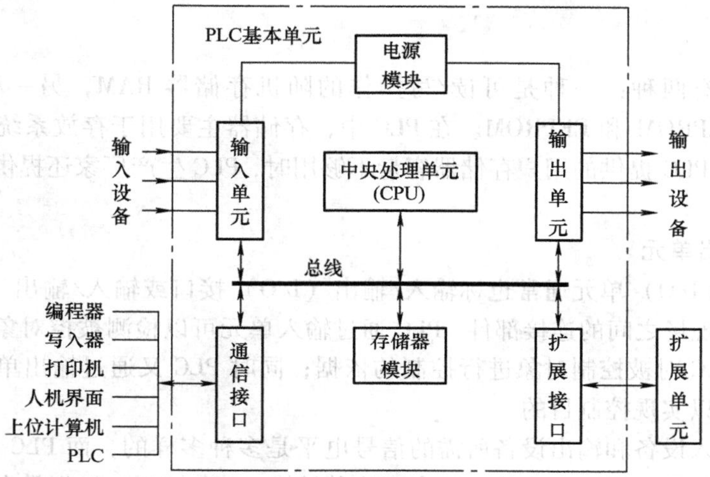

图 1-1-1　整体式 PLC 的硬件结构框图

对于模块式 PLC，各部件独立封装成模块，各模块通过总线连接，安装在机架或导轨上，其硬件结构框图如图 1-1-2 所示。无论是哪种结构类型的 PLC，都可根据用户需要进行配置与组合。

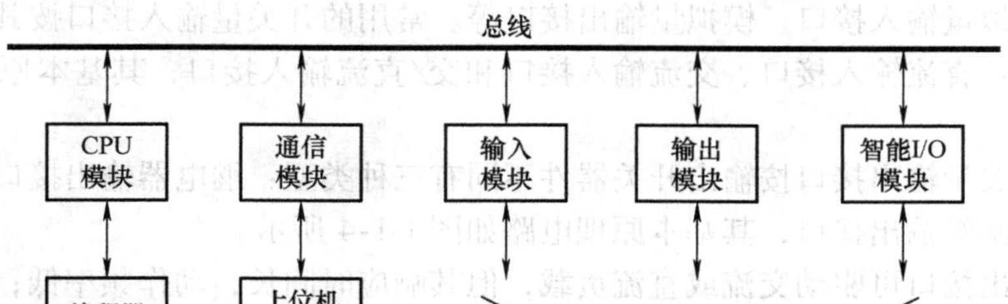

图 1-1-2　模块式 PLC 的硬件结构框图

尽管整体式与模块式 PLC 的结构不太一样，但各部分的功能作用是相同的，下面对 PLC 的主要组成部分进行简单分析。

1. 中央处理单元（CPU）

PLC 中所配置的 CPU 随机型不同而不同，常用的有三类：通用微处理器（如 Z80、8086、80286 等）、单片微处理器（如 8051、8096 等）和位片式微处理器（如 AMD29W 等）。小型 PLC 大多采用 8 位通用微处理器和单片微处理器；中型 PLC 大多采用 16 位通用微处理器或单片微处理器；大型 PLC 大多采用高速位片式微处理器。

目前，小型 PLC 为单 CPU 系统，而中、大型 PLC 则大多为双 CPU 系统，甚至有些 PLC 中多达 8 个 CPU。对于双 CPU 系统，一般一个为字处理器，多采用 8 位或 16 位处理器；另一个为位处理器，采用由各厂家设计制造的专用芯片。字处理器为主处理器，用于执行编程器接口功能，监视内部定时器、监视扫描时间、处理字节指令以及对系统总线和位处理器进行控制等。位处理器为从处理器，主要用于处理位操作指令和实现 PLC 编程语言向机器语言的转换。位处理器的采用提高了 PLC 的运行速度，使 PLC 更好地满足实时控制要求。

2. 存储器

存储器主要有两种：一种是可读/写操作的随机存储器 RAM，另一种是只读存储器 ROM、PROM、EPROM 和 EEPROM。在 PLC 中，存储器主要用于存放系统程序、用户程序及工作数据。当 PLC 提供的用户存储器容量不够用时，PLC 生产厂家还提供有存储器扩展功能的模块。

3. 输入/输出单元

输入/输出（I/O）单元通常也称输入/输出（I/O）接口或输入/输出（I/O）模块，是 PLC 与工业生产现场之间的连接部件。PLC 通过输入单元可以检测被控对象的各种数据，以这些数据作为 PLC 对被控制对象进行控制的依据；同时 PLC 又通过输出单元将处理结果送给被控制对象，以实现控制目的。

由于外部输入设备和输出设备所需的信号电平是多种多样的，而 PLC 内部 CPU 处理的信息只能是标准电平，所以 I/O 接口要实现这种转换。I/O 接口一般都具有光电隔离和滤波功能，以提高 PLC 的抗干扰能力。另外，I/O 接口上通常还有状态指示，工作状况可直观观察，便于维护。

PLC 提供了包含多种操作电平和不同驱动能力的 I/O 接口，有各种各样功能的 I/O 接口可供用户选用。I/O 接口的主要类型有：数字量（开关量）输入接口、数字量（开关量）输出接口、模拟量输入接口、模拟量输出接口等。常用的开关量输入接口按其使用的电源不同有三种类型：直流输入接口、交流输入接口和交/直流输入接口，其基本原理电路如图 1-1-3 所示。

常用的开关量输出接口按输出开关器件不同有三种类型：继电器输出接口、晶体管输出接口和双向晶闸管输出接口，其基本原理电路如图 1-1-4 所示。

继电器输出接口可驱动交流或直流负载，但其响应时间长，动作频率低；而晶体管输出接口和双向晶闸管输出接口的响应速度快，动作频率高，但前者只能用于驱动直流负载，后者只能用于驱动交流负载。

4. 通信接口

PLC 配有各种通信接口，这些通信接口一般都带有通信处理器。PLC 通过这些通信接口可与打印机、监视器、其他 PLC、计算机等设备实现通信。PLC 与打印机连接，可将过程信息、系统参数等输出打印；与监视器连接，可将控制过程图像显示出来；与其他 PLC 连接，可组成多机系统或连成网络，实现更大规模控制；与计算机连接，可组成多级分布式控制系统，实现控制与管理相结合。

远程 I/O 系统也必须配备相应的通信接口模块。

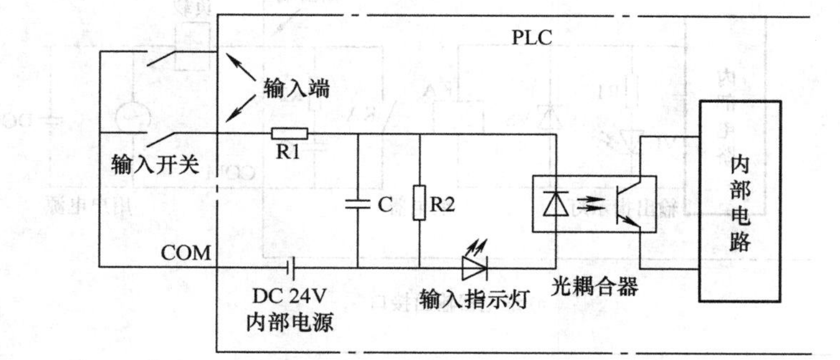

a) 直流输入接口

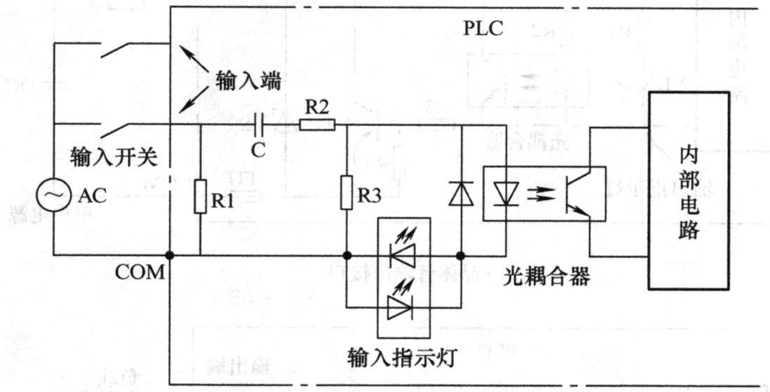

b) 交流输入接口

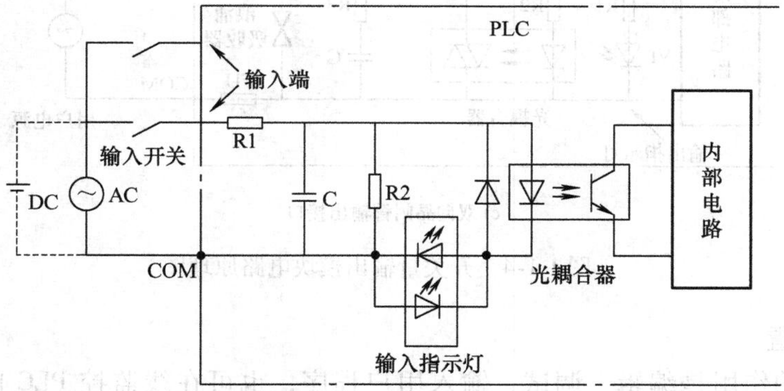

c) 交/直流输入接口

图 1-1-3 开关量输入接口电路原理图

5. 智能接口模块

智能接口模块是一独立的计算机系统，它有自己的 CPU、系统程序、存储器以及与 PLC 系统总线相连的接口。它作为 PLC 系统的一个模块，通过总线与 PLC 相连，进行数据交换，并在 PLC 的协调管理下独立地进行工作。如高速计数模块、闭环控制模块、运动控制模块、中断控制模块等。

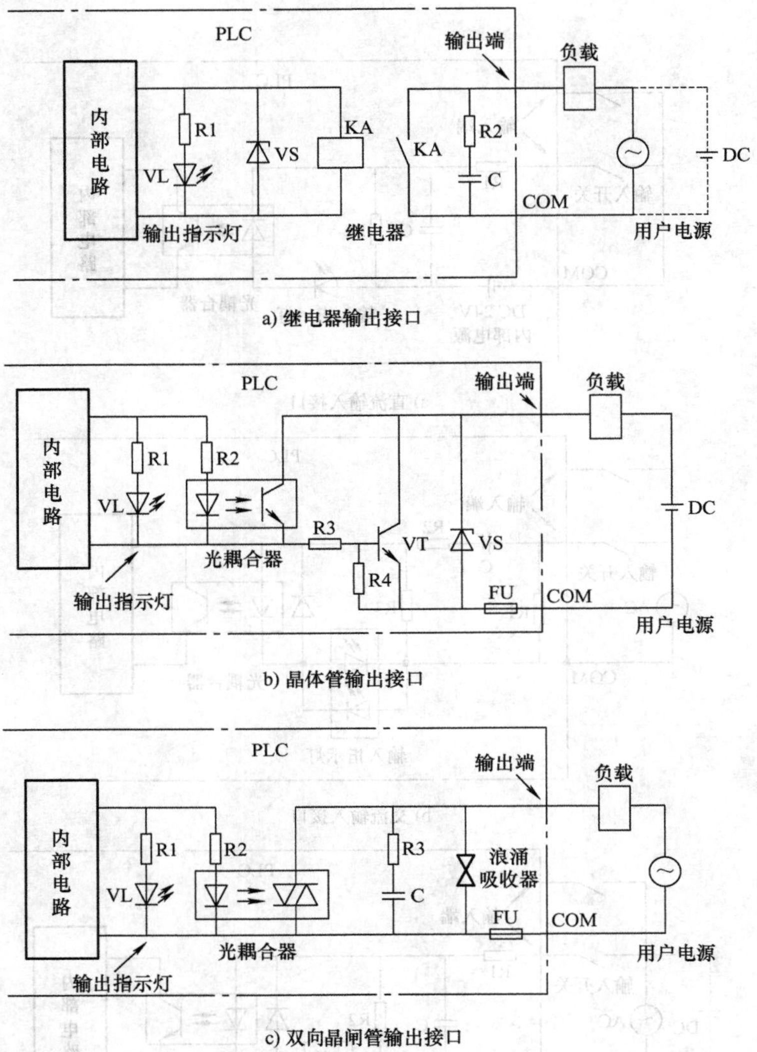

图 1-1-4　开关量输出模块电路原理图

6. 编程装置

编程装置的作用是编辑、调试、输入用户程序，也可在线监控 PLC 内部状态和参数，与 PLC 进行人机对话。它是开发、应用、维护 PLC 不可缺少的工具。编程装置可以是专用编程器，也可以是配有专用编程软件包的通用计算机系统。

7. 电源

PLC 配有开关电源，以供内部电路使用。与普通电源相比，PLC 电源的稳定性好、抗干扰能力强。对电网提供的电源稳定度要求不高，一般允许电源电压在其额定值的 ±15% 范围内波动。许多 PLC 还向外提供直流 24V 稳压电源，用于对外部传感器供电。

8. 其他外部设备

人机接口装置是用来实现操作人员与 PLC 控制系统的对话。最简单、最普遍的人机接口装置由安装在控制台上的按钮、转换开关、拨码开关、指示灯、LED显示器、声光报警器等器件构成。对于PLC系统，还可采用半智能型显示器人机接口装置和智能型终端人机接口装置。

9. PLC的分类

（1）按I/O规模及功能分类

1）小型PLC：I/O点数小于256点，用户存储器容量在2K字以下。

小型PLC在结构上一般是整体式的，主要用于中等以下容量的开关量控制，具有逻辑运算、定时、计数、顺序控制、通信等功能。

2）中型PLC：I/O点数为256～1024点，用户存储器容量为2K～8K字。

中型PLC属于模块式结构，除具有小型PLC的功能外，还增加了数据处理能力，适用于小规模的综合控制系统。

3）大型PLC：I/O点数在1024点以上，用户存储器容量达8K字以上，属于模块式结构，主要用于多级自动控制和大型分布式控制系统。

（2）按结构形式分类　分为整体式（一般小型PLC采用）、模块式（大中型及部分小型PLC采用）、叠装式。

（3）按生产厂家分类　日本三菱（FX、A、Q系列等）、德国西门子（S5、S7系列等）、日本欧姆龙、美国GE公司等。

1.1.2 PLC的软件系统

PLC的软件系统是指PLC所使用的各种程序的集合，包括系统程序和用户程序。

1. 系统程序

系统程序也叫系统监控程序，是由PLC制造厂商设计编写的，并存入PLC的系统存储器中，用户不能直接读写与更改。系统程序一般包括系统管理程序、用户指令解释程序、标准的程序模块和系统调用程序等。

（1）系统管理程序　系统管理程序是监控程序中最重要的部分，整个可编程序控制器的运行都是由它主管。系统管理程序又分为三部分：

第一部分是运行管理程序。控制可编程序控制器何时输入、何时输出、何时运算、何时自检、何时通信等，进行时间上的分配管理。

第二部分是进行存储空间管理的程序。即生成用户环境，由它规定各种参数、程序的存放地址，将用户使用的数据参数存储地址转化为实际的数据格式及物理存放地址。

第三部分是系统自检程序。它包括各种系统出错检查、用户程序语法检查、句法检查、警戒时钟预算等。

在系统管理程序的控制下，整个可编程序控制器就能按部就班地正确工作了。

（2）用户指令解释程序　它将人们易懂的编程语言逐条翻译成机器能懂的机器语言。为了节省内存，提高解释速度，用户程序是以内码的形式存储在可编程序控制器中的。用户程序变为内码形式的这一步由编辑程序实现，它可以插入、删除、检查、查错用户程序，方便程序的调试。

（3）标准的程序模块和系统调用程序　这部分由许多独立的程序块组成，各自能完成不同的功能，有些完成输入、输出，有些完成特殊运算等。可编程序控制器的各种具体工作都是由这部分程序来完成的。这部分程序的多少，就决定了可编程序控制器性能的强弱。

2. 用户程序

用户程序是用户利用 PLC 的编程语言，根据控制要求编制的程序。在 PLC 的应用中，最重要的就是用 PLC 的编程语言来编写用户程序，以实现控制目的。由于 PLC 是专门为工业控制而开发的装置，其主要使用者是广大电气技术人员，为了满足他们的传统习惯和掌握能力，一般采用比计算机语言相对简单、易懂、形象的专用语言，如梯形图语言、语句表语言等，也可以用高级语言 C 语言。

1.1.3 PLC 的工作原理

PLC 以微处理器为核心，具有微机的许多特点，但它的工作方式却与微机有很大不同。微机一般采用等待命令的工作方式工作，而 PLC 采用循环扫描工作方式工作。

1. PLC 的循环扫描工作方式

PLC 是按集中输入、集中输出、周期性循环扫描的方式进行工作的。每一次循环扫描所用的时间称为一个扫描周期。

对于每个程序，CPU 都是从第一条指令开始，按顺序逐条地执行指令的。如果无跳转指令，则从第一条指令开始逐条顺序执行用户程序，直至结束又返回第一条指令，如此周而复始不断循环。

PLC 在每次扫描工作过程中除了执行用户程序外，还要完成内部处理、输入采样、通信服务、程序执行、自诊断、输出刷新等工作。PLC 工作的全过程包括三个部分，即上电处理、扫描过程和出错处理。PLC 的循环扫描工作过程如图 1-1-5 所示。

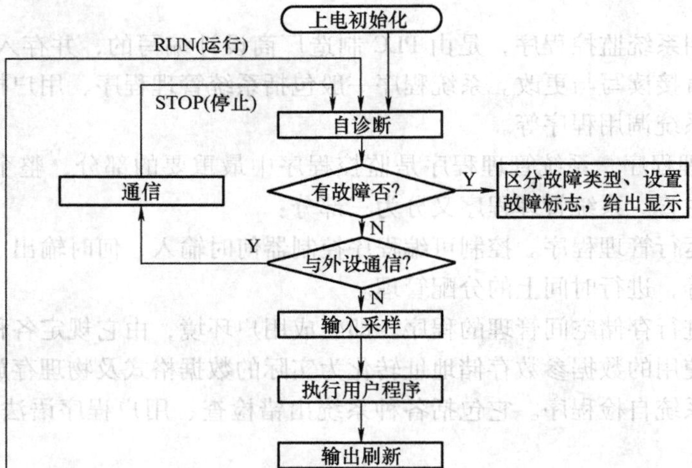

图 1-1-5 PLC 的循环扫描工作过程

2. PLC 的用户程序执行过程

PLC 是采用循环顺序扫描的方式工作的，其工作的过程就是程序执行的过程，用户程序执行过程分为输入采样、用户程序执行和输出刷新三个阶段。PLC 的用户程序执行过程如图 1-1-6 所示。

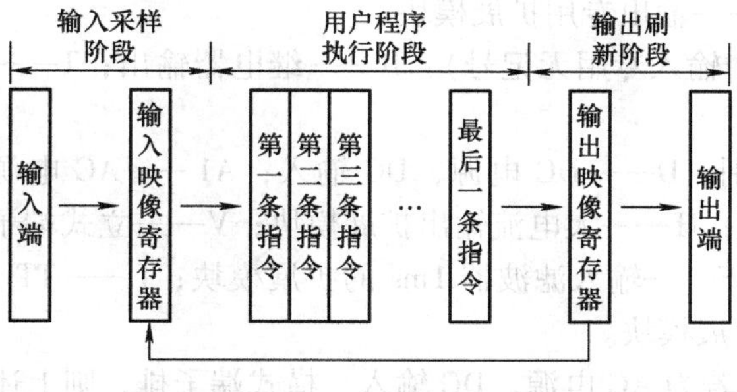

图1-1-6 PLC的输入处理、用户程序执行和输出处理过程

（1）输入采样阶段　在这一阶段中，PLC以扫描方式读入所有输入端子上的输入信号，并将各输入状态存入对应的输入映像寄存器中。此时，输入映像寄存器被刷新。在程序执行阶段和输出刷新阶段中，输入映像寄存器与外界隔离，其内容保持不变，直至下一个扫描周期的输入扫描阶段，才被重新读入的输入信号刷新。可见，PLC在执行程序和处理数据时，不直接使用现场当时的输入信号，而使用本次采样时输入到输入映像寄存器中的数据。输入信号的宽度要大于一个扫描周期，否则可能造成信号的丢失。

（2）用户程序执行阶段　在执行用户程序过程中，PLC按照梯形图程序扫描原则，按从左至右、从上到下的步骤逐个执行程序。当遇到程序跳转指令时，则根据跳转条件是否满足来决定程序跳转地址。程序执行过程中，当指令中涉及输入、输出状态时，PLC就从输入映像寄存器中“读入”对应输入端子状态，从输出映像寄存器“读入”对应元件的当前状态。然后进行相应的运算，运算结果再存入输出映像寄存器中。对输出映像寄存器来说，每一个元件的状态会随着程序执行过程而变化。

（3）输出刷新阶段　程序执行阶段的运算结果被存入输出映像寄存器，而不送到输出端口上。在输出刷新阶段，PLC将输出映像寄存器中的输出变量送入输出锁存器，然后由输出锁存器通过输出模块产生本周期的控制输出。如果内部输出继电器的状态为“1”，则输出继电器触点闭合，经过输出端子驱动外部负载。全部输出设备的状态要保持一个扫描周期。

从PLC工作过程可知，PLC的输出对输入的响应是有滞后的，最大滞后时间为：输入响应时间+等待输入刷新时间+输入刷新时间+程序执行时间+输出刷新时间+输出响应时间。继电器输出电路的滞后时间一般在10ms左右；双向晶闸管输出电路在负载接通时的滞后时间为1ms左右，负载断开时的滞后时间为10ms左右；晶体管输出电路的滞后时间在1ms左右。

1.1.4 FX系列PLC的规格及技术性能

1. FX系列PLC的命名

FX系列可编程序控制器型号命名的基本格式如下。

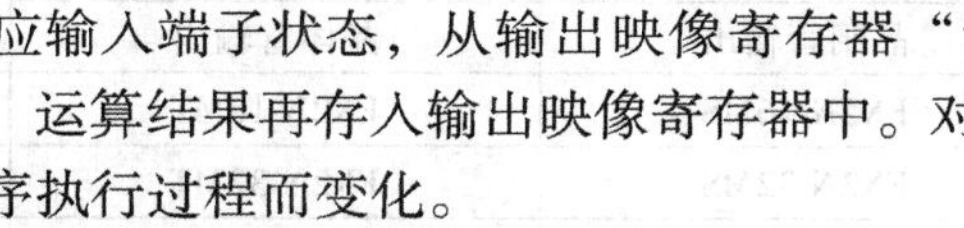

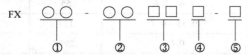

① 系列序号：0、1、2、3等，如FX0N、FX1S、FX2N、FX3U、FX3UC、FX3G等。

② 输入/输出的总点数：4～128点。

③ 单元区别：M——基本单元；E——输入/输出混合扩展单元及扩展模块；EX——输

入专用扩展模块；EY——输出专用扩展模块。

④ 输出形式（其中输入专用无记号）：R——继电器输出；T——晶体管输出；S——双向晶闸管输出。

⑤ 特殊品种的区别：D——DC 电源，DC 输入；A1——AC 电源，AC 输入（AC100 ~ 120V）或 AC 输入模块；H——大电流输出扩展模块；V——立式端子排的扩展模式；C——接插口输入输出方式；F——输入滤波器 1ms 的扩展模块；L——TTL 输入型模块；S——独立端子（无公共端）扩展模块。

特殊品种无记号：若为 AC 电源、DC 输入、横式端子排，则上述第⑤项中无记号。

标准输出能力为：继电器输出 2A/点，晶体管输出 0.5A/点，双向晶闸管输出 0.3A/点。

2. FX 系列的硬件配置

FX 系列 PLC 的硬件包括基本单元、扩展单元、扩展模块、模拟量输入输出模块、各种特殊功能模块及外部设备等。

基本单元是构成 PLC 系统的核心部件，有 CPU、存储器、I/O 模块、通信接口和扩展接口等。

FX2N、FX3U 系列 PLC 的基本单元有 16/32/48/64/80/128 点之分，每一个单元都可以通过 I/O 扩展单元扩充为 256 点，FX2N、FX3U 系列 PLC 的基本单元型号举例见表 1-1-1。

表 1-1-1　FX2N、FX3U 系列 PLC 的基本单元型号举例表

型号			输入点数	输出点数	扩展模块可用点数
继电器输出	晶闸管输出	晶体管输出			
FX2N-16MR-001	FX2N-16MS	FX2N-16MT	8	8	24 ~ 32
FX2N-32MR-001	FX2N-32MS	FX2N-32MT	16	16	24 ~ 32
FX2N-48MR-001	FX2N-48MS	FX2N-48MT	24	24	48 ~ 64
FX3U-16MR/ES	FX3U-16MS/ES	FX3U-16MT/ES（漏型）	8	8	24 ~ 32
FX3U-32MR/ES	FX3U-32MS/ES	FX3U-32MT/DS（漏型）	16	16	24 ~ 32
FX3U-48MR/ES	FX3U-48MS/ES	FX3U-48MT/ESS（源型）	24	24	48 ~ 64

3. FX 系列 PLC 的性能指标

在使用 FX 系列 PLC 之前，需要对其主要性能指标进行认真查阅，只有选择符合要求的产品，才能达到既可靠又经济的要求。

（1）FX 系列 PLC 主要产品的性能（见表 1-1-2）

表 1-1-2　FX 系列 PLC 主要产品的性能

型　号	I/O 点数	基本指令执行时间/μs	功能指令	模拟量模块	通　信
FX0S	10 ~ 30	1.6 ~ 3.6	50	无	无
FX0N	24 ~ 128	1.6 ~ 3.6	55	有	较强
FX1N	14 ~ 128	0.55 ~ 0.7	177	有	较强
FX2N	16 ~ 184	0.08	298	有	强
FX3U	16 ~ 384	0.065	209	有	强
FX3G	14 ~ 256	0.21	209	有	强

（2）FX3U系列PLC的环境指标（见表1-1-3）

表1-1-3 FX3U系列PLC的环境指标

环境温湿度	使用温度0~55℃，存储温度-20~70℃；使用时35%~85%RH（无凝露）				
防震性能	安装方式	频率/Hz	加速度/（m/s^2）	单向振幅/mm	
	DIN导轨安装时	10~57	—	0.035	X、Y、Z方向各10次（合计各80min）
		57~150	4.9	—	
	直接安装时	10~57	—	0.075	
		57~150	9.8	—	
抗冲击性能	$147m/s^2$，作用时间11ms，正弦半波脉冲下X、Y、Z方向各3次				
抗噪声能力	采用噪声电压1000V（峰峰值），噪声宽度1μs，上升沿1ns，频率30~100Hz的噪声模拟器				
绝缘耐压	AC1500V，1min；AC500V，1min；接地端与其他端子间				
绝缘电阻	5MΩ以上（DC 500V兆欧表测量，接地端与其他端子间）				
接地电阻	D类接地（接地电阻：100Ω以下）（不允许与强电系统共同接地）				
使用环境	无腐蚀性、可燃性气体，导电性尘埃（灰尘）不严重的场合，海拔2000m以下				

由表1-1-3可知，在安装PLC时，要避开下列场所：

1）环境温度超出0~50℃的范围。

2）相对湿度超过85%或者存在凝露（由温度突变或其他因素所引起的）。

3）太阳光直接照射。

4）有腐蚀和易燃的气体，例如氯化氢、硫化氢等。

5）有大量铁屑及灰尘。

6）频繁或连续的振动，振动频率为10~55Hz、幅度为0.5mm（峰峰值）。

7）超过10g（重力加速度）的冲击。

为了使控制系统工作可靠，通常把可编程序控制器安装在有保护外壳的控制柜中，以防止灰尘、油污、水溅。安装机器应有足够的通风空间，基本单元和扩展单元之间要有30mm以上间隔。如果周围环境温度超过55℃，要安装电风扇，强迫通风。

为了避免其他外围设备的电磁干扰，可编程序控制器应尽可能远离高压电源线和高压设备，可编程序控制器与高压设备和电源线之间应留出至少200mm的距离。

（3）FX系列PLC的输入技术指标（见表1-1-4） 因FX系列PLC输入形式有AC电源/DC输入型、DC电源/DC输入型、AC电源/AC输入型、DC24V输入型（源型/漏型）等，各自的技术指标不尽相同，表1-1-4列出了其通用指标，使用时应查阅《FX□□系列微型可编程序控制器 用户手册 硬件篇》。

表1-1-4 FX系列PLC的输入技术指标

输入电压	DC24V±10%	
元件号	X0~X7	其他输入点
输入信号电压	DC24V（1±10%）	
输入信号电流	DC24V，7mA	DC24V，5mA
输入开关电流OFF→ON	>4.5mA	>3.5mA
输入开关电流ON→OFF	<1.5mA	
输入响应时间	10ms	
可调节输入响应电流	X0~X7为0~60mA，FX2N以下系列为0~15mA	
输入信号形式	无电压触点，或NPN型集电极开路输出晶体管	
输入状态显示	输入ON时LED灯亮	

（4）FX 系列 PLC 的输出技术指标（见表 1-1-5）

表 1-1-5　FX 系列 PLC 的输出技术指标

项　目		继电器输出	晶闸管输出（仅 FX3U）	晶体管输出
外部电源		最大 AC240V 或 DC30V	AC85～242V	DC5～30V
最大负载	电阻负载	2A/1 点，8A/COM	0.3A/1 点，0.8A/COM	0.5A/1 点，0.8A/COM
	感性负载	80V·A，AC120/240V	15V·A/AC100V 30V·A/AC200V	12W/DC24V
最小负载		电压 < DC 5V 时 2mA， 电压 < DC 24V 时 5mA	0.4V·A/AC100V 1.6V·A/AC200V	
响应时间	OFF→ON	10ms	1ms	<0.2ms；<5μs（仅 Y0，Y1）
	ON→OFF	10ms	10ms	<0.2ms；<5μs（仅 Y0，Y1）
开路漏电流			1mA/AC100V 2mA/AC200V	0.1mA/DC30V
电路隔离		继电器隔离	光敏晶闸管隔离	光耦合器隔离
输出动作显示		线圈通电时 LED 亮		

1.1.5　FX 系列 PLC 接线原则

1. 电源接线

PLC 供电电源一般为 50Hz、220V（1±10%）的交流电，也有 AC100V 或 DC24V 的。

如果电源发生故障，中断时间少于 10ms，PLC 工作不受影响。若电源中断超过 10ms 或电源下降超过允许值，则 PLC 停止工作，所有的输出点均同时断开。当电源恢复时，若 RUN 输入接通，则操作自动进行。若电源干扰特别严重，可以安装 1∶1 的隔离变压器。

2. 接地

良好的接地是保证 PLC 可靠工作的重要条件，可以避免偶然发生的电压冲击危害。一般基本单元的接地线与机器的接地端相接（并联），如果用到扩展单元，其接地点应与基本单元的接地点接在一起。为了抑制加在电源、输入端、输出端的干扰，应给可编程序控制器接上专用地线，接地点应与动力设备（如电动机）的接地点分开。若达不到这种要求，也必须做到与其他设备公共接地，禁止与其他设备串联接地。

3. 直流 24V 接线

PLC 上的 24V 接线端子，还可以向外部传感器（如接近开关或光电开关）提供电流。24V 接线端子作为传感器电源时，FX2□及以下型号的公共端 COM 只能是 24V 的“－”端。如果采用扩展单元，则应将基本单元和扩展单元的 24V 接线端子连接起来。另外，任何外部电源都不能接到这个端子上。

如果发生过载现象，电压将自动跌落，该点输入对可编程序控制器不起作用。

4. 输入接线

输入接线时，如果 PLC 的输入元件是触点开关，只需要把触点开关的一端连接到对应的 X 端子上，另一端连接到输入公共端子上即可。当 PLC 的输入元件是有源开关时，对于 FX2N 系列 PLC 来说，输入器件只能是集电极开路的 NPN 型晶体管，输入电路的公共端

“COM”与DC24V电源的“0V”端相连；对于FX3U系列PLC来说，通过改变S/S端子与“+24V”还是与“0V”相连，既可以接NPN漏型传感器，也可以接PNP源型传感器，如图1-1-7所示。所以，FXU3系列PLC的输入公共端可能是“0V”，也可能是“+24V”，但不是“S/S”端。为方便，本书中以后用“COM”来表示输入公共端。

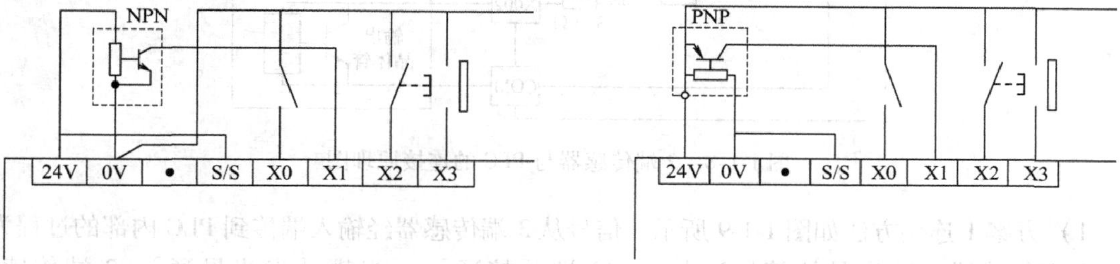

a) NPN漏型传感器接入时　　b) PNP源型传感器接入时

图1-1-7　FX3U系列PLC S/S端子连接示意图

输入端的一次电路与二次电路之间，采用光耦合隔离。二次电路带*RC*滤波器，以防止由于输入触点抖动或从输入线路串入的电噪声引起PLC误动作。

若在输入触点电路串联二极管，则串联二极管上的电压应小于4V。若使用带发光二极管的舌簧开关，则串联二极管的数目不能超过两只。

5. 输出接线

可编程序控制器有继电器输出、晶闸管输出、晶体管输出3种形式。输出端接线分为独立输出和公共输出。当PLC的输出继电器或晶闸管动作时，同一号码的两个输出端接通。在不同组中，可采用不同类型和电压等级的输出电压。但同一组中的输出只能用同一类型、同一电压等级的电源。

由于PLC的输出元件被封装在印制电路板上，并且连接至端子板，若将连接输出元件的负载短路，将烧毁印制电路板，因此，应用熔丝保护输出元件。

采用继电器输出时，承受的电感性负载大小会影响到继电器的工作寿命。

输入、输出接线还应注意以下几点：

1）输入接线一般不超过30m，但当干扰小、电压下降不大时，可适当延长。

2）输入、输出线不能用同一根电缆。

3）PLC所能接受的脉冲信号的宽度应大于扫描周期的时间。

1.1.6 PLC的安装接线操作

按图1-1-8~图1-1-11接线，其基本步骤为：断电接线→检查→通电检查。

1. 输入元件直接与PLC连接的操作

（1）2端传感器与PLC的连接　如图1-1-8所示，信号从2端传感器经输入端传到PLC内部的过程可用“链图”简析如下：

2端传感器［输出晶体管导通］→X2端［接通］→光耦［发光导通］；2端传感器［输出晶体管截止］→X002端［断开］→光耦［无光截止］。

（2）3端传感器与PLC的连接

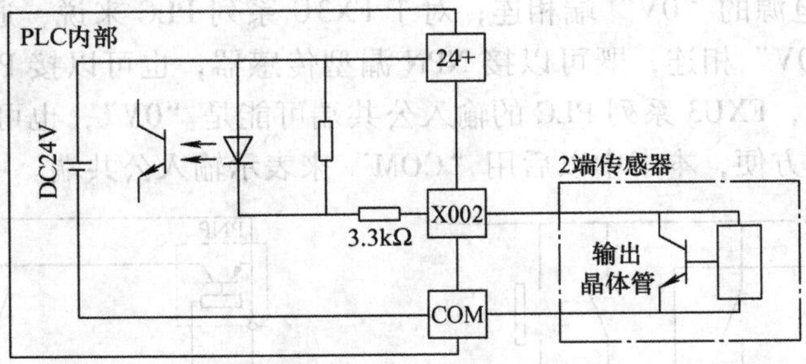

图 1-1-8　2 端传感器与 PLC 的连接原理图

1）方案 1 连接方法如图 1-1-9 所示。信号从 3 端传感器经输入端传到 PLC 内部的过程为：3 端传感器［输出晶体管导通］→ X3 端［接通］→光耦［发光导通］；3 端传感器［输出晶体管截止］→X003 端［断开］→光耦［无光截止］。

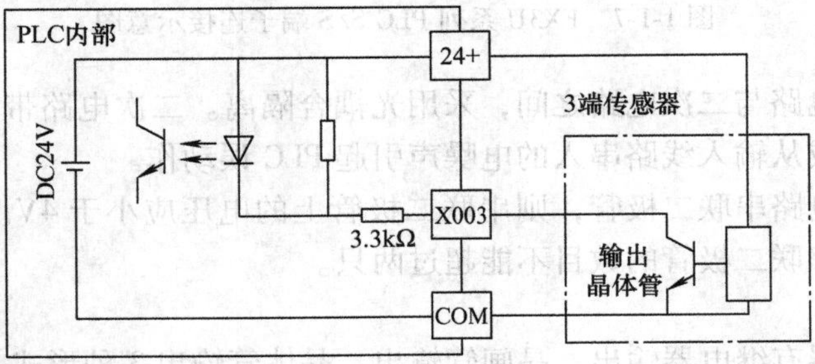

图 1-1-9　3 端传感器与 PLC 连接“方案 1”原理图

2）方案 2 连接方法如图 1-1-10 所示。外部独立 24V 直流电源负极（－）要与 PLC 内置 24V 直流电源负极（－）（即 COM 端）相连，而两个电源的正极（＋）不允许直接相连。

方案 2 与方案 1 的主要区别在于：3 端传感器的电源来源不同，在方案 1 中，3 端传感器由 PLC 内置的 24V 直流电源模块供电，使用方便，但 PLC 内置的 24V 电源模块要有能力为传感器提供足够的电流，例如，型号为 FX3U－48MR/ES 的 PLC 内置 24V 电源能提供的电流≤600mA。在方案 2 中，3 端传感器由外部独立的 24V 直流电源模块供电，电力充足，但要额外增加 1 个电源模块。

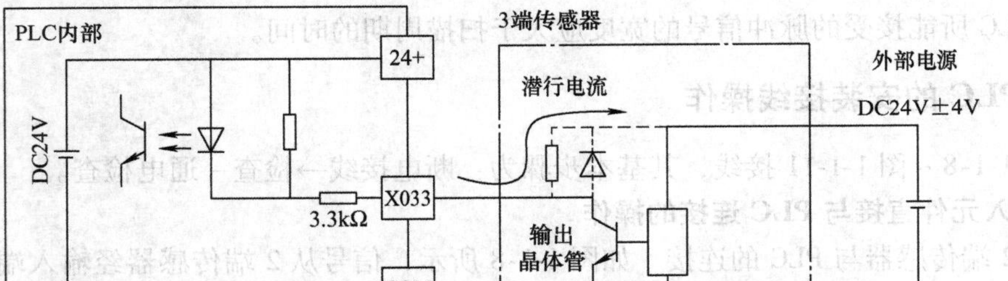

图 1-1-10　3 端传感器与 PLC 连接“方案 2”原理图

2. 通过“端子排”连接PLC输入/输出的操作

现场设备一般不会直接与PLC的I/O口直接连接，在工程实际中一般是通过端子排XT与PLC相连。另外，PLC的多个输入端子共用一个COM端，也不可能在一个端子上连接几根、甚至十几根导线，因此，也需要通过端子排来扩充连接端子的数量。

对图1-1-11所示的I/O口接线时，可参考以下步骤进行。

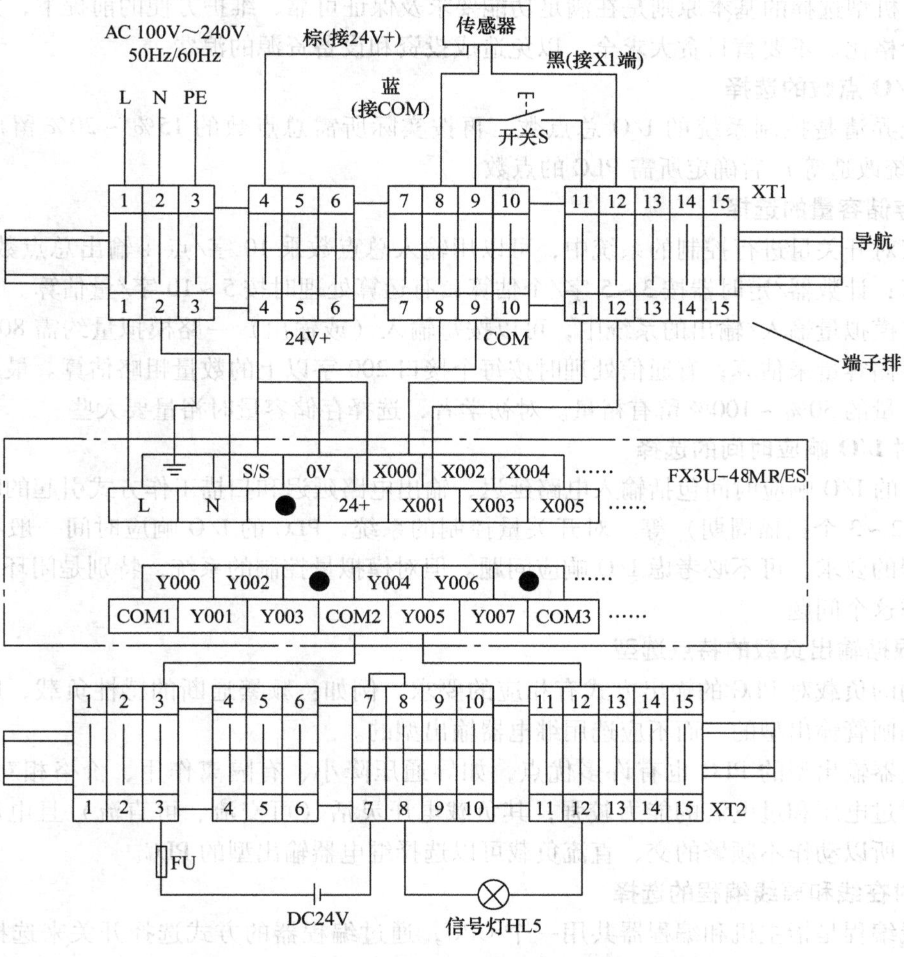

图1-1-11 PLC的I/O通过“端子排”的电气接线原理图

（1）断电接线 实际接线时，一定要先断开电源开关，以免造成短路。接线时先接输入侧的开关电器、传感器，再接输出侧的线圈、指示灯，最后再接PLC的220V供电电源。

图1-1-11所示的I/O口接线顺序如下。

开关S左端→端子排XT1-9→XT1-8→0V；开关S右端→XT1-11→X000。

传感器黑端→XT1-12→X001，蓝端→XT1-8→0V，棕端→XT1-4→S/S→24V+。

灯HL5右端→XT2-12→Y005，灯左端→XT2-8→XT2-7→DC24V－→DC24V+→FU→XT2-3→COM2。

220V电源L→XT1-1→PLC-L；220V电源N→XT1-2→PLC-N；保护地PE→PLC-“⏚”。

（2）断电检查　检查接线顺序是否正确，重点检查PLC的220V电源进线、DC24V电源连线是否错接，传感器的棕端、蓝端是否分别与PLC的24V+、COM（0V）相连。

（3）PLC输入回路信号检查　送电之后，合上开关S，PLC-X0端指示灯应点亮。

1.1.7 PLC机型的选择和使用

PLC机型选择的基本原则是在满足功能要求及保证可靠、维护方便的前提下，力争最佳的性能价格比。不要盲目贪大求全，以免造成投资和设备资源的浪费。

1. I/O点数的选择

要先弄清楚控制系统的I/O总点数，再按实际所需总点数的15%~20%留出备用量（以备系统改造等）后确定所需PLC的点数。

2. 存储容量的选择

在仅对开关量进行控制的系统中，可以用输入总点数乘10字/点+输出总点数乘5字/点来估算；计数器/定时器按3~5字/个估算；有运算处理时按5~10字/量估算。

在有模拟量输入/输出的系统中，可以按每输入（或输出）一路模拟量约需80~100字左右的存储容量来估算；有通信处理时按每个接口200字以上的数量粗略估算。最后，一般按估算容量的50%~100%留有裕量。对初学者，选择存储容量时裕量要大些。

3. 对I/O响应时间的选择

PLC的I/O响应时间包括输入电路延迟、输出电路延迟和扫描工作方式引起的时间延迟（一般在2~3个扫描周期）等。对开关量控制的系统，PLC的I/O响应时间一般都能满足实际工程的要求，可不必考虑I/O响应问题。但对模拟量控制的系统，特别是闭环控制系统就要考虑这个问题。

4. 根据输出负载的特点选型

不同的负载对PLC的输出方式有相应的要求。例如：频繁通断的感性负载，应选择晶体管或晶闸管输出型的，而不应选用继电器输出型的。

继电器输出型的PLC也有许多优点，如导通压降小、有隔离作用、价格相对较便宜、承受瞬时过电压和过电流的能力较强，其负载电压灵活（可交流、可直流）且电压等级范围大等。所以动作不频繁的交、直流负载可以选择继电器输出型的PLC。

5. 对在线和离线编程的选择

离线编程是指主机和编程器共用一个CPU，通过编程器的方式选择开关来选择PLC的编程、监控和运行工作状态。对定型产品、工艺过程不变动的系统一般选离线编程。

在线编程是指主机和编程器各有一个CPU，主机的CPU完成对现场的控制，在每一个扫描周期末尾与编程器通信，编程器把修改的程序发给主机，在下一个扫描周期主机将按新的程序对现场进行控制。

6. 根据是否联网通信选型

若PLC控制的系统需要联入工厂自动化网络，则PLC需要有通信联网功能，即要求PLC应具有连接其他PLC、上位计算机及CRT等的接口。大、中型机都有通信功能，目前大部分小型机也具有通信功能。

7. 对PLC结构形式的选择

在相同功能和相同I/O点数的情况下，整体式比模块式价格低。但模块式具有功能扩展灵活、维修方便、容易判断故障等优点，因此要按实际需要选择PLC的结构形式。

任务1.2 编程软件和仿真软件的安装

【提出任务】

如果要PLC按用户意志来完成控制要求，就必须先写入用户程序，并上电运行。那么，PLC有哪些可供用户使用的编程元件（硬件资源），又有哪些编程软件和仿真软件呢?

【分解任务】

1. 边学边用，熟悉编程元件的种类、作用及使用方法；安装GX-DEVELOPER-8.52编程软件、GX-Simulator_6仿真软件。

2. 边用边学，运行GX-DEVELOPER-8.52编程软件和GX-Simulator_6仿真软件。

【解答任务】

1.2.1 位元件的种类、作用及使用方法

PLC内部软元件（编程元件）指PLC的内部寄存器，从工业控制角度来看PLC，可把其内部寄存器看成是不同功能的继电器（软继电器），由这些软继电器执行指令，从而实现PLC的各种控制功能。

为了理解的方便，PLC的编程元件用“继电器”命名，认为它们像继电器一样具有线圈及触点，且线圈得电，触点动作，当然这些线圈和触点只是假想的。所谓线圈得电不过是存储单元置1，线圈失电不过是存储单元置0。也正因为如此，我们称之为“软”元件。但这种“软”继电器也有个突出的好处，就是可以认为它们具有无数多对常闭、常开触点，因为每取用一次它的触点，只不过是读一次它的存储数据而已。

1. 输入继电器（X）

输入继电器与PLC输入端口相连，专门用来接收PLC外部开关信号。PLC通过输入端口将外部输入信号状态读入并存储在输入映像寄存器中。

结构：常开触点“—| |—”，常闭触点“—|/|—”。

采用八进制地址编号：基本单元中的输入点按照X000～X007，X010～X017，…，这样的八进制格式进行编号；扩展单元的输入点则接着基本单元的输入点顺序进行编号。

注意事项：

1）FX系列PLC的输入继电器与公共点COM之间存在24V的电压，不允许在两者之间再外加电源。

2）输入继电器的常开、常闭触点不能通过程序来驱动其闭合、断开，只能通过外部方式使输入继电器与公共点COM接通来驱动其常开、常闭触点的闭合与断开，在程序中不能出现其线圈。

2. 输出继电器（Y）

输出继电器存储程序执行的结果，将内部信号传送到外部负载（用户输出设备）。

结构：线圈“—(　)┤”，常开触点“—┤├—”，常闭触点“—┤/├—”。

采用八进制地址编号：基本单元中的输出点按照Y000～Y007，Y010～Y017，…，这样的八进制格式进行编号；扩展单元的输出点接着基本单元的输出点顺序进行编号。

输入/输出继电器常开和常闭触点使用次数不限，编程时可随意使用。

3. 辅助继电器（M）

辅助继电器与继电器-接触器控制系统中的中间继电器相似。它既不能接收外部信号，也不能驱动外部负载，其常开、常闭触点在PLC内部编程时可无限次使用。采用十进制编号。

（1）通用辅助继电器（M0～M499）　共500点，通用辅助继电器在PLC运行时，如果电源突然断电，则全部线圈断电，即它们没有断电保持功能。通过参数设定，可以将其变为断电保持型。

（2）断电保持型辅助继电器（M500～M3071）　共2572点，它与通用辅助继电器的区别在于有断电保持功能，即能记忆电源中断瞬间的状态，并在重新通电后再现其状态，其原理在于电源中断时用PLC中的锂电池保持它们映像寄存器中的内容。

（3）特殊辅助继电器　FX系列PLC中共有256个特殊辅助继电器，可分成触点型和线圈型两类。

1）触点型特殊辅助继电器的线圈由PLC自行驱动，用户只可使用其触点。

M8000：运行监视器，PLC运行时接通。M8001与M8000逻辑相反。

M8002：初始脉冲（仅在PLC运行开始时瞬间接通）。M8003与M8002逻辑相反。

M8011、M8012、M8013和M8014分别产生10ms、100ms、1s和1min的时钟脉冲。

2）线圈型特殊辅助继电器由用户程序驱动线圈后PLC执行特定的动作。

M8033：若使其线圈得电，则PLC停止时保持输出映像寄存器和数据寄存器内容。

M8034：若使其线圈得电，则将PLC的输出全部禁止。

M8039：若使其线圈得电，则PLC按D8039中指定的扫描时间工作。

（4）状态继电器（S）　状态继电器用来记录系统运行中的状态，是编制顺序控制程序的重要编程元件，它与步进顺控指令STL配合应用。

初始状态继电器S0～S9，共10点。

回零状态继电器S10～S19，共10点。

通用状态继电器S20～S499，共480点，没有断电保持功能，但是用程序可以将它们设定为有断电保持功能状态。

断电保持状态继电器S500～S899，共400点。

报警用状态继电器S900～S999，共100点。

在使用状态继电器时应注意：状态继电器与辅助继电器一样有无数个常开/常闭触点。状态继电器不与步进顺控指令STL配合使用时，可作为辅助继电器M使用。FX系列PLC可通过程序设定将S20～S499设置为有断电保持功能的状态继电器。

1.2.2　字元件的种类、作用及使用方法

1. 定时器（T）

定时器在PLC中相当于一个时间继电器，由设定值寄存器、当前值寄存器和定时器触

点组成。其当前值寄存器的值等于设定值寄存器的值时，定时器触点动作。

定时器分为通用定时器、累积定时器两种，时间单位有 1ms、10ms 和 100ms 三种。定时器设定值可以直接用常数 K 或间接用数据寄存器 D 的内容作为设定值。定时器的定时时间为：T = K（定时器的设定值） × 时间单位。定时器采用十进制编号。

【例 1-2-1】 若 T10（为 100ms 的定时器）的设定值为 K10，试求 T10 定时时间。

【解】 T10 的定时时间 T = 10 × 100ms = 1000ms

（1） 通用定时器 T0 ~ T245

100 ms 定时器 T0 ~ T199，共 200 点，定时时间为 0. 1 ~ 3276. 7s；

10 ms 定时器 T200 ~ T245，共 46 点，定时时间为 0. 01 ~ 327. 67s。

【例 1-2-2】 分析图 1-2-1 中定时器 T200 的工作原理。

【解】 当触发信号 X000 接通时，定时器 T200 开始工作，当前值寄存器对 10ms 时钟脉冲进行累积计数，当该值与设定值 K123 相等时，定时时间到，定时器触点动作，即 T200 的常开触点在其线圈接通后 10ms × 123 = 1. 23s 闭合。如果触发信号 X000 断开，则定时器 T200 复位，其触点恢复常态。

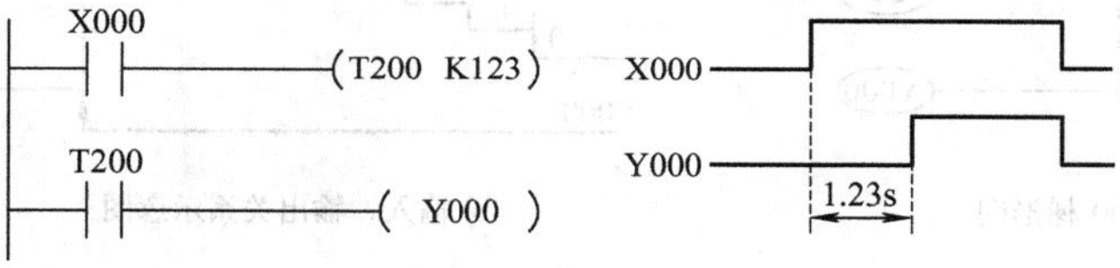

图 1-2-1 10ms 定时器应用示例图

（2） 累积定时器 T246 ~ T255

1ms 累积定时器 T246 ~ T249，共 4 点，定时时间为 0. 001 ~ 32. 767s；

100ms 累积定时器 T250 ~ T255，共 6 点，定时时间为 0. 1 ~ 3276. 7 s。

当触发信号接通时，定时器开始工作，当前值寄存器对时钟脉冲进行累积计数，当该值与设定值相等时，定时时间到，定时器触点动作。若计数中间触发信号断开，当前值可保持。输入触发信号再接通或复电时，计数继续进行。当复位触发信号接通时，定时器复位，触点恢复常态。

2. 计数器（C）

PLC 的计数器 C□□是纯内部的虚拟元件，用于对各种软元件触点的闭合次数进行计数，计数器可分为内部计数器和高速计数器两大类，采用十进制编号。FX 系列 PLC 计数器及编号详见表 1-2-1。

（1） 内部计数器

1） 16 位增计数器 C0 ~ C199（共 200 点）。其中 C0 ~ C99 为通用型，C100 ~ C199 为断电保持型（断电保持型即断电后能保持当前值，待通电后继续计数）。这类计数器为递加计数，应用前先对其设置一设定值，当输入信号（上升沿）个数累加到设定值时，计数器动作，其常开触点闭合、常闭触点断开。计数器的设定值为 1 ~ 32767（16 位二进制的取值范围），设定值除了能用常数 K 直接设定外，还可以通过指定数据寄存器来间接设定。

表 1-2-1 FX 系列 PLC 的计数器及编号

编程元件种类 \ PLC 型号		FX0S	FX1S	FX0N	FX1N	FX2N FX3U
计数器 C□□	16 位增计数（通用）	C0 ~ C13	C0 ~ C15	C0 ~ C15	C0 ~ C15	C0 ~ C99
	16 位增计数（保持）	C14、C15	C16 ~ C31	C16 ~ C31	C16 ~ C199	C100 ~ C199
	32 位可逆计数（通用）	—	—	—	C200 ~ C219	C200 ~ C219
	32 位可逆计数（保持）	—	—	—	C220 ~ C234	C220 ~ C234
	高速计数器	C235 ~ C255（具体见使用手册）				
	32 位	K：-2 147 483 648 ~ 2 147 483 647			H：00000000 ~ FFFFFFFF	

【例 1-2-3】 分析图 1-2-2 所示计数器 C0 的工作原理。

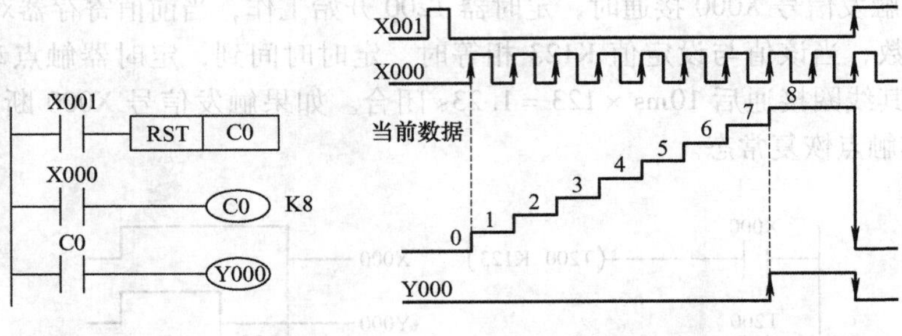

a) 梯形图　　b) 输入、输出关系示意图

图 1-2-2 计数器 C0 应用示例图

【解】 当 X001 接通时，C0 处于复位状态，无论 X000 是否接通，C0 都不计数。当 X001 处于断开状态，每接通一次 X000，C0 对其上升沿进行计数，计满 8 次后，C0 常开触点闭合，并接通 Y000 线圈。当 X001 接通时，C0 线圈及常开触点复位。输入、输出关系示意图如图 1-2-2b 所示。

2）32 位可逆计数器 C200 ~ C234（共有 35 点）。其中 C200 ~ C219（共 20 点）为通用型，C220 ~ C234（共 15 点）为断电保持型。这类计数器与 16 位增计数器除位数不同外，还在于它能通过控制实现加/减双向计数。设定值范围均为 -2 147 483 648 ~ +2 147 483 647（32 位）。

C200 ~ C234 是增计数还是减计数，分别由特殊辅助继电器 M8200 ~ M8234 设定。对应的特殊辅助继电器被置为 ON 时为减计数，置为 OFF 时为增计数。

（2）高速计数器（C235 ~ C255） 高速计数器与内部计数器相比除允许输入频率高之外，应用也更为灵活，高速计数器均有断电保持功能，通过参数设定也可变成非断电保持。FX3U 有 C235 ~ C255 共 21 点高速计数器。适合用来作为高速计数器输入的 PLC 输入端口有 X000 ~ X007。

高速计数器的设定值与 16 位计数器一样，可直接用常数 K 或间接用数据寄存器 D 的内容作为设定值。在间接设定时，要用编号紧连在一起的两个数据寄存器。

3. 数据寄存器（D）

数据寄存器主要用于存储参数和工作数据，不能直接与 PLC 的外部打交道。每一个数据寄存器都存放 16 位二进制数，其最高位为符号位，0 为正数，1 为负数。可以用两个数据寄存器合并为一个数据寄存器，存放32位数据，最高位仍为符号位。

1）通用数据寄存器D0～D199，共200点。只要不写入其他数据，已写入的数据就不会变化。当PLC状态由运行→停止时，全部数据均清零。若特殊辅助继电器M8033置1，则数据可以保持。

2）断电保持数据寄存器D200～D511，共312点。只要不改写，原有数据不会丢失。

3）特殊数据寄存器D8000～D8255，共256点。

这些数据寄存器供监视PLC中各种元件的运行方式用。

4）文件寄存器D1000～D2999，共2000点。这是一类专用数据寄存器，用于存储大量数据。

4. 变址数据寄存器（V/Z）

变址数据寄存器通常用于修改元件的地址编号。V0～V7、Z0～Z7共16个变址数据寄存器，它们都是16位的寄存器。两者也可合并用作32位寄存器，V为高16位，Z为低16位。

用法：如V0=5，执行D20V0时，则被执行的编号为D25。

5. 指针（P、I）

在FX系列PLC中，指针用来指示分支指令的跳转目标和中断程序的入口标号。指针分为分支用指针（P0～P127）和中断用指针（I0□□～I8□□）。

6. 常数（K、H）

K表示十进制整数的符号，H表示十六进制整数的符号。如十进制的22表述为K22。

1.2.3　安装并运行编程软件和仿真软件

1. 安装GX-DEVELOPER-8.52编程软件和GX-Simulator_6仿真软件

（1）下载GX-DEVELOPER-8.52编程软件和GX-Simulator_6仿真软件　通过三菱电动机自动化（中国）有限公司官网或中国工控网资料下载栏下载GX-DEVELOPER-8.52编程软件和GX-Simulator_6仿真软件及其分配的产品序列号。

（2）安装GX-DEVELOPER-8.52编程软件　在安装程序之前，最好先把其他应用程序关闭，比如：杀毒软件、防火墙、IE、办公软件等。GX-DEVELOPER-8.52编程软件安装方法步骤如图1-2-3所示。

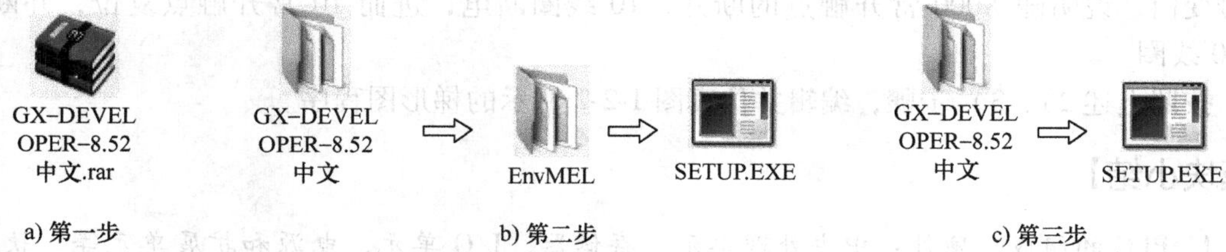

图1-2-3　GX-DEVELOPER-8.52编程软件安装步骤示意图

第一步，将GX-DEVELOPER-8.52软件安装压缩包解压到桌面或D盘。

第二步，打开“GX-DEVELOPER-8.52”文件夹，单击“EnvMEL”文件夹，找到“SETUP.EXE”双击安装。

注：“EnvMEL”为“环境文件”，在安装三菱编程软件时一定要先安装“环境文件”。8.0以后版本跟之前版本不同，“环境文件”最好与程序文件安装在同一文件夹，一般按三菱PLC程序的默认安装路径“C：\ MELSEC”安装即可。如果分开安装，可能会出现程序图案变成灰色，不能新建和打开工程。

第三步，在“GX-DEVELOPER-8. 52”文件夹下找到“SETUP. EXE”双击，正式安装三菱PLC编程软件。其他的几个文件夹，在安装时主安装程序会自动调用，不必再操作。

安装的过程中，只输入各种注册信息、序列号，所有的勾选项都不要勾选，特别是“□监视专用GX Developer”选项不能勾选，否则只能运用于运行监视，不能编程。

（3）安装GX-Simulator_6仿真软件　先解压GX-Simulator_6仿真软件软件包，单击“GX-Simulator_6L”文件夹，找到“SETUP. EXE”，双击安装。安装的过程中，输入序列号，按默认安装路径“C:\MELSEC”安装即可。

2. 运行GX-DEVELOPER-8. 52

1）单击桌面“开始”菜单→单击“所有程序”→单击“MELSOTF应用程序”→单击“GX Developer”或双击桌面GX Developer快捷方式进入GX-DEVELOPER-8. 52编程页面。

2）单击左上角“工程”下拉菜单→单击“创建新工程”，弹出“创建新工程”对话框。

3）在“PLC系列”复选框中选择“FXCPU”→在“PLC类型”复选框中选择“FX3U”→在“程序类型”下选择“梯形图”→单击“确定”，进入梯形图程序编辑页面。

3. 利用工具栏工具编辑梯形图

利用工具栏工具输入图1-2-1所示的梯形图，然后单击工具栏下拉菜单“变换”中的“变换C”，去除灰色编辑行，即编程软件将梯形图程序自动转换成PLC能识别的机器码。

4. 仿真运行

1）单击工具栏中的按钮，等待仿真软件装载完成所编程序后，再单击按钮，进入“软元件测试”页面。

2）在“软元件”写入框中输入“X000”，单击“强制ON”按钮后，在梯形图可以观察到X000常开触点变蓝，说明X000常开触点已接通。同时T0线圈符号中的数值从0快速增加，当达到123时，T0常开触点符号和Y000线圈符号变蓝，说明延时到达，Y000接通。

3）在“软元件”写入框中输入“X000”，单击“强制OFF”按钮后，所有触点和线圈符号变白，说明随X000常开触点的断开，T0线圈断电，进而T0常开触点复位，并断开Y000线圈。

按照上述2）、3）步骤，编辑并仿真图1-2-2所示的梯形图程序。

【模块小结】

1. PLC的组成。硬件：中央处理单元、存储器、I/O单元、电源和扩展单元等。软件：系统程序和用户程序。

2. PLC的基本原理。工作方式：循环扫描方式；工作过程：内部处理、通信操作、输入处理、程序执行、输出处理。

3. FX系列PLC编程元件的功能及使用方法。对输入继电器、输出继电器选用时，看是否有高速计数输入（X000 ~ X003）和中频输出（Y000、Y001）；对定时器、计数器选用时，看是否有断电保持需要；对辅助继电器选用时，不但要看是否有断电保持需要，而且编号M8000以上的已被PLC开发商定义，使用时要查手册。

4. FX系列PLC规格及分类。FX1N、FX2N现已停止生产，但仍有不少企业在用；FX3□、FX5□可替代早期产品；选用时首先应注意输入/输出点数，其次是输出形式（继电器输出、晶体管输出、晶闸管输出）。

5. 三菱FX系列PLC的安装及接线方法、步骤。首先是看懂原理接线图，理清三端输入元件的+24V、0V和输入端，不同输出元件的公共端；然后按照“断电接线→检查→通电检查”的步骤完成安装接线。

6. GX-DEVELOPER-8.52编程软件、GX-Simulator_6仿真软件的安装和使用方法。与一般应用软件安装步骤相似，但在安装GX-DEVELOPER-8.52编程软件时要先运行“EnvMEL”文件夹中的“SETUP.EXE”，再返回上一层运行“SETUP.EXE”；使用GX-DEVELOPER-8.52新建工程时，注意选择PLC类型；在断开PLC运行开关的状态下写入程序。当前编辑的程序通过编译后，可在状态栏直接启动仿真软件进行仿真运行。

【作业与思考】

1-1 PLC有哪些特点？

1-2 按结构形式分类，PLC有哪几种基本结构形式？

1-3 简述PLC的工作过程。

1-4 简述字元件的种类及作用。

1-5 输入接线应注意哪些技术问题？

1-6 如果需要19个输入端，你如何分配输入元件？

1-7 填空

（1）定时器的线圈________时开始定时，定时时间到时其常开触点________，常闭触点________。

（2）通用定时器的________时被复位，复位后其常开触点________，常闭触点________，当前值变为________。

（3）编程元件中只有________和________的元件号采用八进制数。

模块 2 基本指令的应用

FX 系列 PLC 有 26 条基本指令，一般用继电器移植法和经验法设计较为简单的控制系统。用梯形图或语句表编程，对初学者掌握基本指令的功能、熟悉 PLC 编程及仿真软件的使用方法、熟悉 PLC 的硬件结构及 I/O 接线更为方便，并为进一步学习 PLC 控制系统的设计、安装与调试奠定基础。

【知识目标】

1. 掌握 FX 系列 PLC 的基本指令及其使用方法。
2. 掌握梯形图编程的基本规则，进一步理解 PLC 的工作原理。
3. 熟悉 I/O 元件、辅助继电器、时间继电器和计数器等硬件资源的应用方法。
4. 熟悉继电器移植法设计 PLC 控制系统的基本方法、步骤。
5. 掌握 PLC 常用基本环节的梯形图，熟悉经验法的设计方法及步骤。
6. 掌握梯形图程序和语句表程序的编辑、装载、仿真及在线调试方法。

【能力目标】

1. 能较合理地分配 PLC 的 I/O 资源，并绘制 I/O 接线图、表。
2. 能用继电器移植法设计 PLC 控制电动机的起停系统。
3. 能用经验法设计简单的 PLC 控制系统。
4. 能运用梯形图、语句表编程语言编程，并完成联机调试。
5. 初步具有优化 PLC 控制程序的能力。

任务 2.1　电动机的起停控制

【提出任务】

对电动机的起停控制是大多数自动控制系统的基本要求。在继电器-接触器控制系统中，可以运用继电器、接触器开关逻辑关系实现电动机的起停控制；在单片机控制系统中，可以通过汇编语言或 C 语言程序改变输出端口状态，并经驱动电器控制电动机的起停。那么，运用 PLC 如何控制电动机的运行状态呢？

【分解任务】

1. PLC 是控制用计算机，有实现开关逻辑关系的基本指令，以及相应的编程语言和编程规则。对它们的学习应用是完成本任务的前提。

2. 既然 PLC 最初是针对电气工程人员开发的专用计算机，我们就先借用继电器-接触器电动机控制电路设计 PLC 电动机控制系统。

【解答任务】

2.1.1　梯形图编程语言

1. 基本概念

梯形图编程语言是目前使用得最多的 PLC 编程语言，它是在继电器-接触器控制系统的基础上发展起来的。梯形图借助类似于继电器的常开触点、常闭触点、线圈及串联、并联等技术术语，根据控制要求组成能表示 PLC 输入/输出关系的图形，具有直观易懂的优点，很容易被工厂电气人员掌握，特别适用于开关量逻辑控制。梯形图常被称为电路或程序，梯形图的设计称为编程。

2. 软继电器

PLC 梯形图中的某些编程元件沿用了继电器这一名称，如输入继电器、输出继电器、内部辅助继电器等，但是它们不是真实的物理继电器，而是一些存储单元（软继电器），每一软继电器与 PLC 存储器中映像寄存器的一个存储单元相对应。该存储单元如果为“1”状态，则表示梯形图中对应软继电器的线圈“通电”，其常开触点接通，常闭触点断开，称这种状态是该软继电器的“1”或“ON”状态。如果该存储单元为“0”状态，对应软继电器的线圈和触点的状态与上述的相反，称该软继电器为“0”或“OFF”状态。使用中也常将这些“软继电器”称为编程元件。

3. 能流

如图 2-1-1a 所示，触点 X000、$\overline{\text{X001}}$接通时，有一个假想的“概念电流”或“能流”从左向右流动，这一方向与执行用户程序时的逻辑运算的顺序是一致的。能流只能从左向右流动。利用能流这一概念，可以帮助我们更好地理解和分析梯形图。

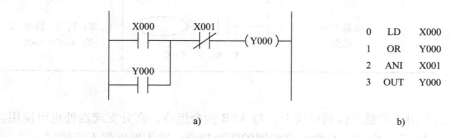

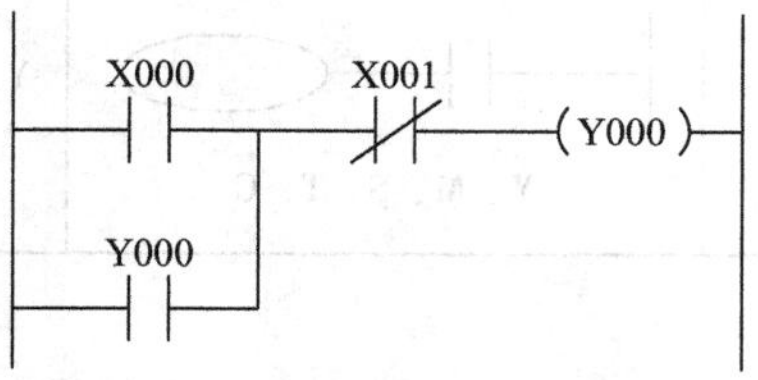

a)

0	LD	X000
1	OR	Y000
2	ANI	X001
3	OUT	Y000

b)

图 2-1-1　梯形图编程语言和语句表编程语言程序示例图

4. 母线

梯形图两侧的垂直公共线称为母线。在分析梯形图的逻辑关系时，为了借用继电器电路图的分析方法，可以想象左右两侧母线之间有一个左正右负的直流电源电压，母线之间有“能流”从左向右流动。绘制工程简图时，右母线可以不画出。

5. 梯形图的逻辑运算

根据梯形图中各触点的状态和逻辑关系，求出与图中各线圈对应的编程元件的状态，称为梯形图的逻辑运算。梯形图中逻辑运算是按从左至右、从上到下的顺序进行的。运算的结果可以立即被后面的逻辑运算所利用。逻辑运算是根据输入映像寄存器中的值，而不是根据运算瞬时的外部输入触点的状态来进行的。

2.1.2 语句表编程语言

语句表编程语言是用布尔助记符来描述程序的一种程序设计语言。语句表编程语言与计算机中的汇编语言非常相似，采用布尔助记符来表示操作功能。示例如图 2-1-1b 所示。语句表编程语言具有下列特点：

1）采用助记符来表示操作功能，容易记忆，便于掌握。

2）在编程器的键盘上采用助记符表示，便于操作，可在无计算机的场合进行编程设计。

3）用编程软件工具按钮“ ”，可以实现语句表与梯形图的相互转换。

2.1.3 PLC 基本指令

1. 逻辑取及线圈驱动指令 LD、LDI、OUT（见表 2-1-1）

表 2-1-1 逻辑取及线圈驱动指令

助记符	名称	功能	回路表示和可用元件	程序步
LD	取	常开触点 逻辑运算开始	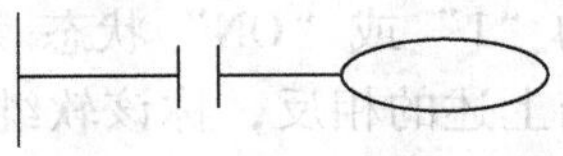 X、Y、M、S、T、C	1
LDI	取反	常闭触点 逻辑运算开始	 X、Y、M、S、T、C	1
OUT	输出	线圈驱动 （输出）	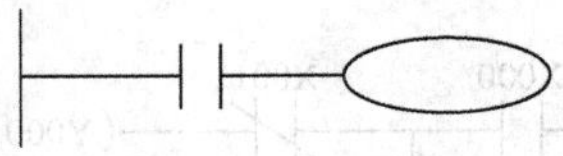 Y、M、S、T、C	Y、M：1，S、特 M：2， T：3，C：3~5

指令说明：

1）LD、LDI 指令用于将触点接到母线上。与 ANB 指令组合，在分支起点处也可使用。

2）OUT 指令是 Y、M、S、T、C 继电器线圈的驱动指令，输入继电器不能使用。

3）并行输出时，OUT 指令可多次使用。

4）对定时器的定时线圈或计数器的计数线圈，在 OUT 指令后必须给出设定常数 K，或用指定数据寄存器的地址号间接给出设定值。

5）指令占用的程序步数不必强记，可由下一指令与上一指令标号差值算出。

例如，在“列表写入”状态下逐句编辑图 2-1-2a 所示的语句表，然后再单击“ ”按钮，可得到如图 2-1-2b 所示的梯形图。

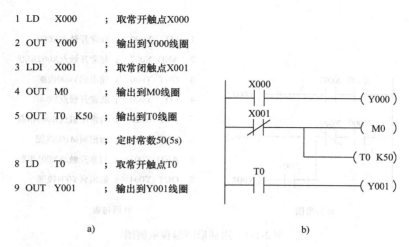

```
1 LD   X000      ; 取常开触点X000
2 OUT  Y000      ; 输出到Y000线圈
3 LDI  X001      ; 取常闭触点X001
4 OUT  M0        ; 输出到M0线圈
5 OUT  T0  K50   ; 输出到T0线圈
                 ; 定时常数50(5s)
8 LD   T0        ; 取常开触点T0
9 OUT  Y001      ; 输出到Y001线圈
```

a)

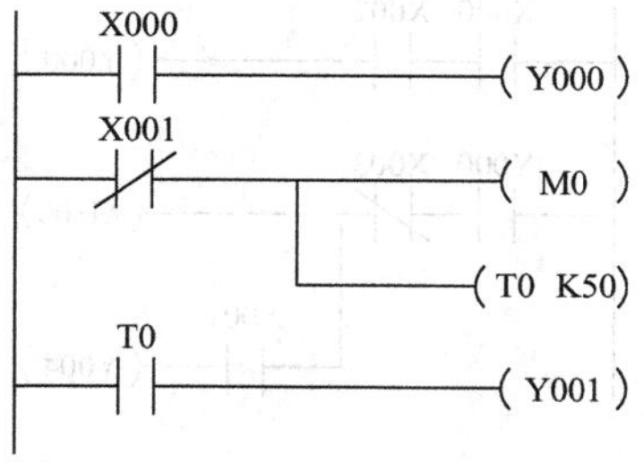

b)

图 2-1-2 用语句表编程示例图

2. 串、并联指令 AND、ANI、OR、ORI（见表 2-1-2）

表 2-1-2 串、并联指令

助 记 符	名 称	功 能	回路表示和操作元件	程 序 步
AND	与	常开触点 串联连接	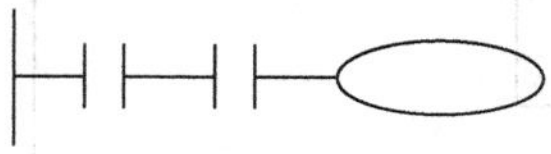 X、Y、M、S、T、C	1
ANI	与非	常闭触点 串联连接	 X、Y、M、S、T、C	1
OR	或	常开触点 并联连接	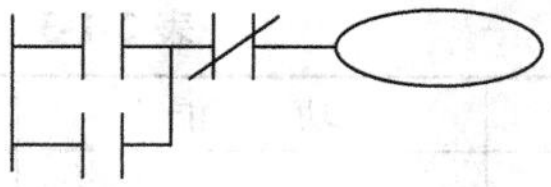 X、Y、M、S、T、C	1
ORI	或非	常闭触点 并联连接	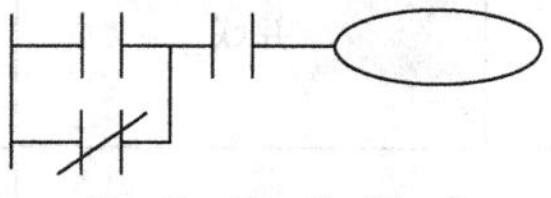 X、Y、M、S、T、C	1

指令说明：

1）AND、ANI 指令可进行触点的串联连接。串联触点数没有限制且可多次使用。

2）OR、ORI 用作 1 个触点的并联连接。两个以上触点串联（串联电路块）与其他电路并联连接时，则采用后面讲到的 ORB 指令。

3）OR、ORI 是从该指令的当前步开始，对前面的 LD、LDI 指令并联连接，并联的次数无限制。

在图 2-1-3 所示的梯形图中，Y000 = X000 · X002；M100 = Y000 · $\overline{\text{X003}}$；Y004 = Y000 ·

$\overline{X003}\cdot X001$。

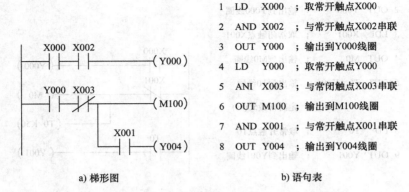

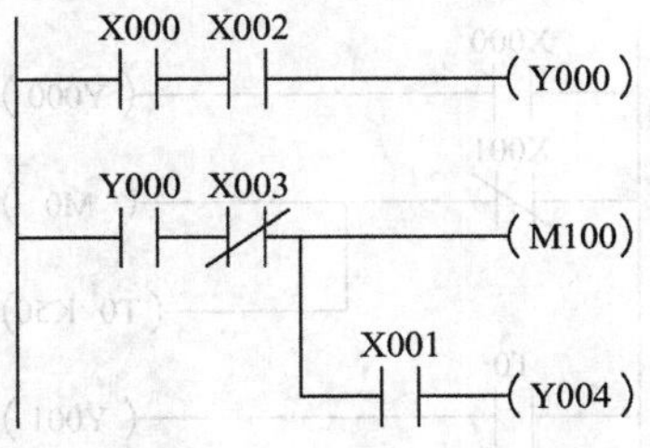

a) 梯形图

1 LD X000 ；取常开触点X000
2 AND X002 ；与常开触点X002串联
3 OUT Y000 ；输出到Y000线圈
4 LD Y000 ；取常开触点Y000
5 ANI X003 ；与常闭触点X003串联
6 OUT M100 ；输出到M100线圈
7 AND X001 ；与常开触点X001串联
8 OUT Y004 ；输出到Y004线圈

b) 语句表

图 2-1-3 用梯形图编程示例图

在图 2-1-4 所示的梯形图中，$Y000=(X000+X001+\overline{X002})\cdot X003$。

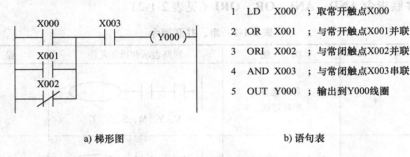

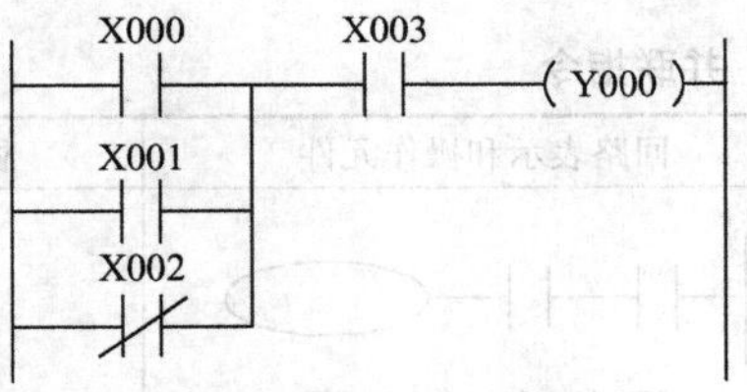

a) 梯形图

1 LD X000 ；取常开触点X000
2 OR X001 ；与常开触点X001并联
3 ORI X002 ；与常闭触点X002并联
4 AND X003 ；与常闭触点X003串联
5 OUT Y000 ；输出到Y000线圈

b) 语句表

图 2-1-4 串、并联梯形图及其对应的语句表

3. 电路块连接指令 ORB、ANB（见表 2-1-3）

表 2-1-3 块连接指令

助记符	名称	功能	回路表示和操作元件	程序步
ORB	回路块或	串联电路块的并联	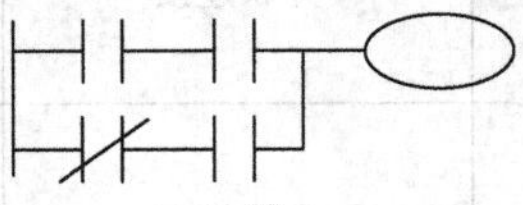 无	1
ANB	回路块与	并联电路块的串联	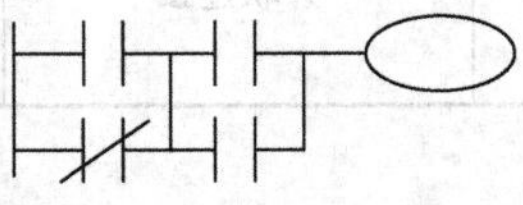 无	1

指令说明：

1）两个以上的触点串联连接的电路称之为串联电路块。串联电路块并联连接时，分支的开始用 LD、LDI 指令，分支的结束用 ORB 指令。

2）ORB 指令与 ANB 指令均为无操作元件的指令。

3）可以连续使用 ORB 指令，但是由于 LD、LDI 指令的重复使用次数是有限制的，务必注意在 8 次以下。

在图 2-1-5 所示的梯形图中，X000 串联 X001 和 X002 串联 X003 构成的块并联，再与 X004 并联 X005 的块构成块串联。输出逻辑表达式为：Y000 = M100 = (X000 · X001 + X002 · $\overline{\text{X003}}$) · (X004 + X005)。

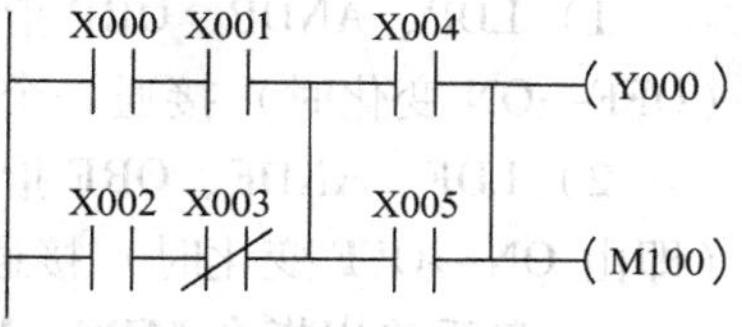

图 2-1-5　块连接梯形图

图 2-1-5 所示的梯形图对应的语句表如下：

1　LD　X000；从左母线取 X000
2　AND　X001；X001 与 X000 串联
3　LD　X002；从左母线 X002
4　ANI　X003；X003 与 X002 串联
5　ORB　；两个串联块并联
6　LD　X004；从小母线取 X004
7　OR　X005；X005 与 X004 并联
8　ABB　；两个并联块串联
9　OUT　Y000；输出到 Y000 线圈
10　OUT　M100；输出到 M100 线圈

4. 脉冲输入 LDP、LDF、ANDP、ANDF、ORP、ORF 指令（见表 2-1-4）

表 2-1-4　LDP、LDF、ANDP、ANDF、ORP、ORF 指令

助记符	名　称	功　能	回路表示和操作元件	程序步
LDP	取脉冲上升沿	上升沿检出 运算开始	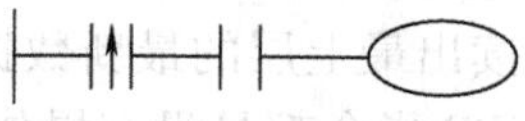 X、Y、M、S、T、C	2
LDF	取脉冲下降沿	下降沿检出 运算开始	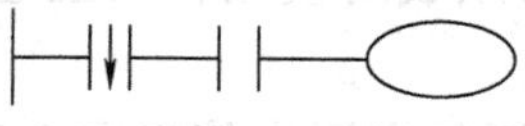 X、Y、M、S、T、C	2
ANDP	与脉冲上升沿	上升沿检出 串联连接	 X、Y、M、S、T、C	2
ANDF	与脉冲下降沿	下降沿检出 串联连接	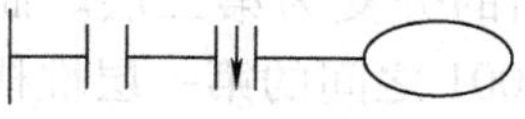 X、Y、M、S、T、C	2
ORP	或脉冲上升沿	上升沿检出 并联连接	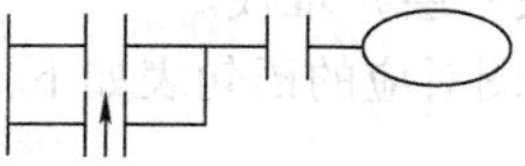 X、Y、M、S、T、C	2
ORF	或脉冲上升沿	下降沿检出 并联连接	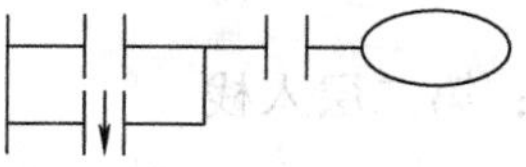 X、Y、M、S、T、C	2

指令说明：

1）LDP、ANDP、ORP 指令是进行上升沿检测的触点指令，仅在指定位元件上升沿（OFF→ON 变化时）接通一个扫描周期。

2）LDF、ANDF、ORF 指令是进行下降沿检测的触点指令，仅在指定位元件下降沿（即由 ON→OFF 变化时）接通 1 个扫描周期。

5. 多重输出指令 MPS、MRD、MPP（见表 2-1-5）

表 2-1-5　多重输出指令

助记符	名　称	功　能	回路表示	程序步
MPS	进栈	进栈	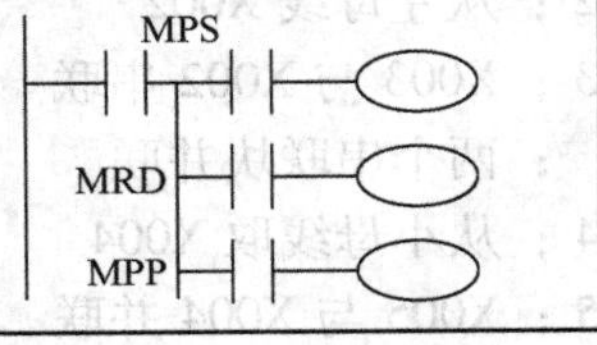	1
MRD	读栈	读栈		1
MPP	出栈	出栈		1

指令说明：

1）在 PLC 中有 11 个存储器，它们用来存储运算的中间结果，被称为栈存储器。

2）使用一次 MPS 指令，便将此刻的运算结果送入堆栈的第一层，而将原存在的第一层的数据移到堆栈的下一层。

3）使用 MPP 指令，各数据按顺序向上移动，最上层的数据被读出，同时该数据从堆栈内消失。

4）MRD 指令用来读出最上层的最新数据，此时堆栈内的数据不移动。

5）MPS、MRD、MPP 指令都是没有操作元件的指令。

6）MPS 和 MPP 必须成对使用，而且连续使用应少于 11 次。

【例 2-1-1】 试用语句表语言编辑图 2-1-6 所示具有二层堆栈的梯形图。

【解】 在图 2-1-6 中，X000 与 X001 之间的分支相对于 X001 与 X002 之间的分支为第一层，X001 与 X002 之间的分支为第二层。而输出 Y001 后，X000 与 X001 之间的第一层堆栈已退出，X004 与 X005 之间的分支相当于是 Y002 行输出的第一层（也仅一层）堆栈。

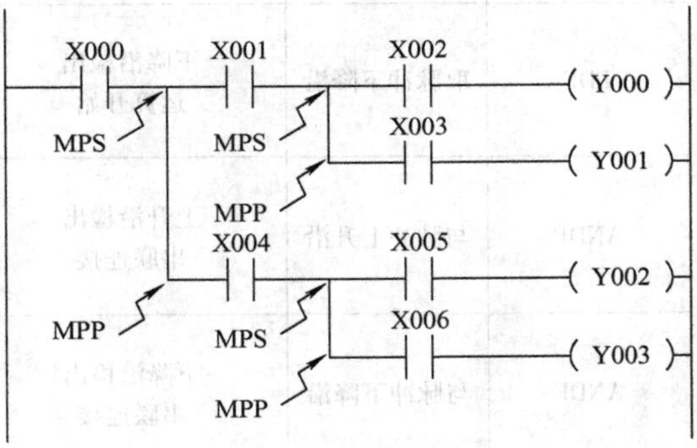

图 2-1-6　具有二层堆栈的梯形图

图 2-1-6 所示梯形图对应的语句表如下：

```
0  LD    X000
1  MPS          ；第一层入栈
2  AND   X001
3  MPS          ；第二层入栈
4  AND   X002
5  OUT   Y000
6  MPP          ；第二层出栈
7  AND   X003
8  OUT   Y001
9  MPP          ；第一层出栈
10 AND   X004
11 MPS          ；第一层入栈
```

12	AND	X005	
13	OUT	Y002	
14	MPP		；第一层出栈
15	AND	X006	
16	OUT	Y003	

6. 主控及主控复位指令 MC、MCR（见表 2-1-6）

表 2-1-6　主控指令

助　记　符	名　　称	功　　能	回路表示和操作元件	程　序　步
MC	主控	公共串联触点的连接	[MC N Y0] Y、M（除特殊 M）	3
MCR	主控复位	公共串联触点的清除	[MCR N] N：嵌套级数	2

如果某一触点后接有分支小母线，且输出行数较多，为避免多次使用 MPD 读栈指令，可用主控指令来代替这一触点。

指令说明：

1）输入接通时执行 MC 与 MCR 之间的指令。输入断开时，积算定时器、计数器和用 SET/RST 指令驱动的元件保持当前状态。

2）MC 指令使编辑母线移至 MC 触点之后。若要返回主母线，必须用 MCR 指令。

3）使用不同的 Y、M 元件号，可多次使用 MC 指令。但是若同一软元件号多次使用 MC 指令，程序会出错。

4）在 MC 指令内再使用 MC 指令时，嵌套级数 N 的编号要顺次增大。

图 2-1-7 是含有主控指令的梯形图及其对应的语句表。

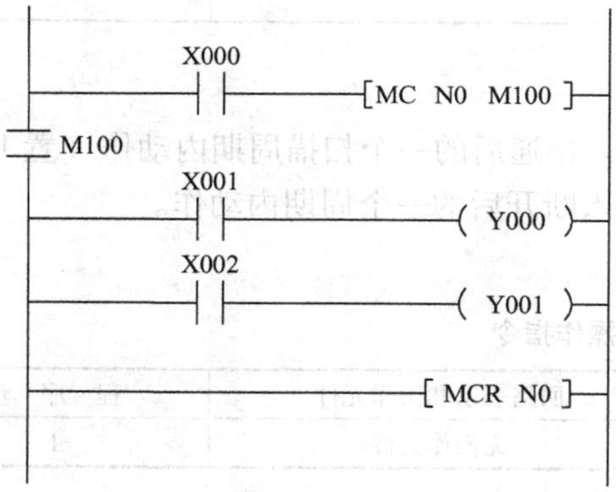

a) 梯形图

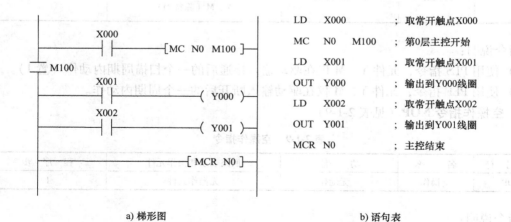

LD	X000		；取常开触点X000
MC	N0	M100	；第0层主控开始
LD	X001		；取常开触点X001
OUT	Y000		；输出到Y000线圈
LD	X002		；取常开触点X002
OUT	Y001		；输出到Y001线圈
MCR	N0		；主控结束

b) 语句表

图 2-1-7　含有主控指令的梯形图及语句表

【提示】　在用 GX-DEVELOPER 编程软件编辑梯形图时，左母线上的 M100 常开触点是不可见的。

7. 置位与复位指令 SET、RST（见表 2-1-7）

表 2-1-7　置位与复位指令

助记符	名称	功能	回路表示和操作元件	程序步
SET	置位	元件自保持 ON	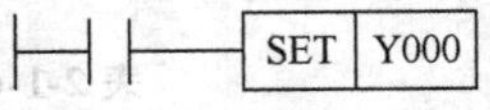 Y、M、S	Y、M：1 S、特M：2 T、C：2 D、V、Z、特D：3
RST	复位	清除动作保持 寄存器清零	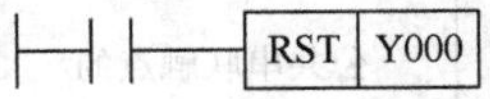 Y、M、S、T、C、D、V、Z	

指令说明：

1）只要 SET Y000 被执行一次，Y000 就一直保持接通，直至用 RST Y000 对 Y000 复位。

2）对同一元件可多次使用 SET、RST 指令，最后执行的指令才有效。

3）要使数据寄存器 D、变址寄存器 V、Z 的内容清零，也可用 RST 指令。

4）积算定时器当前值的复位和触点复位也可使用 RST 指令。

8. 脉冲输出指令 PLS、PLF（见表 2-1-8）

表 2-1-8　脉冲输出指令

助记符	名称	功能	回路表示和操作元件	程序步
PLS	上升沿脉冲	上升沿微分输出	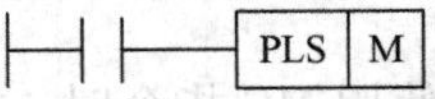 Y、M（除特 M）	1
PLF	下降沿脉冲	下降沿微分输出	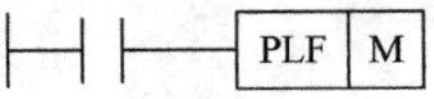 Y、M（除特 M）	

指令说明：

1）使用 PLS 指令，元件 Y、M 仅在驱动输入接通后的一个扫描周期内动作（置 1）。

2）使用 PLF 指令，元件 Y、M 仅在驱动输入断开后的一个周期内动作。

9. 空操作指令 NOP（见表 2-1-9）

表 2-1-9　空操作指令

助记符	名称	功能	回路表示和操作元件	程序步
NOP	空操作	无动作	无操作元件	1

指令说明：

1）在将程序全部清除时，全部指令变为空操作。若在普通指令与指令之间加入 NOP 指令，则 PLC 可继续工作，若在程序执行过程中加入空操作指令，则在修改或追加程序时，可以减少步序号的变化，但是程序步需要有空余空间。

2）若将已写入的指令换成 NOP 指令，应注意电路结构会发生变化。

10. 取反指令 INV（见表 2-1-10）

表 2-1-10　取反指令 INV

助 记 符	名　称	功　能	回路表示和操作元件	程 序 步
INV	取反	对前面的运算结果取反	无	1

指令说明：

将 INV 前面的逻辑运算结果取反，无操作元件。

11. 程序结束指令 END（见表 2-1-11）

表 2-1-11　程序结束指令

助 记 符	名　称	功　能	回路表示和操作元件	程 序 步
END	结束	输入输出处理 回到第 0 步	END 无	0

指令说明：

程序编辑和扫描执行的结束标志，无程序步，无操作元件。

2.1.4　电动机起停控制系统设计

1. 控制要求

用 PLC 来实现图 2-1-8 所示的继电器控制电路。

2. 被控对象分析

与自锁电路相比，图 2-1-8 所示电路中增加了一个复合按钮 SB3 来实现点动控制。需要点动运行时，按下 SB3 点动按钮，其常闭触点先断开自锁电路，常开触点后闭合接通起动控制电路，接触器 KM 线圈得电，主触点闭合，接通三相电源，电动机起动运转。当松开点动按钮 SB3 时，KM 线圈失电，KM 主触点断开，电动机停止运转。若需要电动机连续运转，由停止按钮 SB1 及起动按钮 SB2 控制，接触器 KM 的辅助触点起自锁作用。

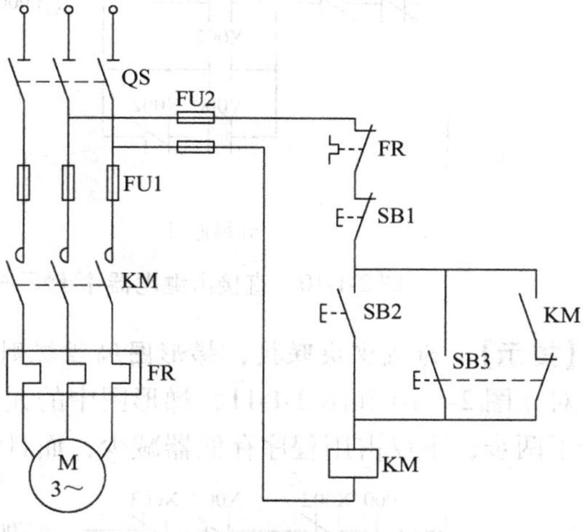

图 2-1-8　既能点动运行又能连续运行的控制电路原理图

3. 硬件电路设计

控制电动机既能点动又能连续运行所需的元器件有：停止按钮 SB1、起动按钮 SB2、点动按钮 SB3、交流接触器 KM 和热继电器 FR 等（刀开关 QS、熔断器 FU1、FU2，与 PLC 输入/输出无关）。则输入/输出分配表见表 2-1-12，PLC 控制电动机点动和连续运行的输入/输出接线图如图 2-1-9 所示。

表 2-1-12 输入/输出分配表

输入			输出		
元器件代号	元器件功能	输入继电器	元器件代号	元器件功能	输出继电器
SB1	停止按钮	X000	KM	接触器	Y000
SB2	起动按钮	X001			
SB3	点动按钮	X002			
FR	过载保护	X003			

由图 2-1-9 可知，停止按钮 SB1 接于 X000，起动按钮 SB2 接于 X001，点动按钮触点接于 X002，热继电器常闭触点接于 X003，交流接触器 KM 接于 Y000，这就是端子分配，其实质是为程序安排控制系统中的机内元件。

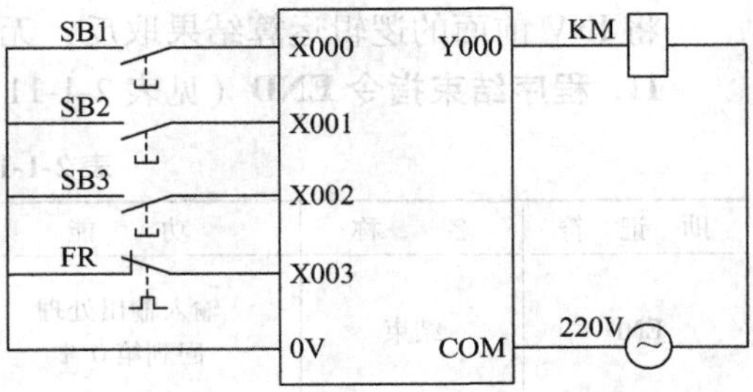

图 2-1-9 输入/输出接线图

4. 控制程序设计

（1）直接将继电器-接触器控制电路转换成梯形图　用 X000 ~ X003 替代 SB1 ~ SB3 及 FR 触点，Y000 替代 KM 线圈及触点，直接将继电器-接触器控制电路（图 2-1-8）转换成的梯形图及其对应的语句表如图 2-1-10 所示。从语句表可看出，程序步为 8。

（2）优化梯形图结构布局　如果将图 2-1-10 所示梯形图中的 X003、X000 后移到 Y000 线圈之前，优化后的梯形图和语句表如图 2-1-11 所示。

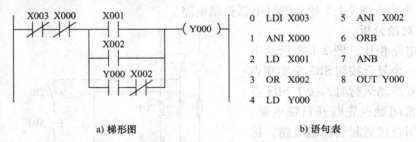

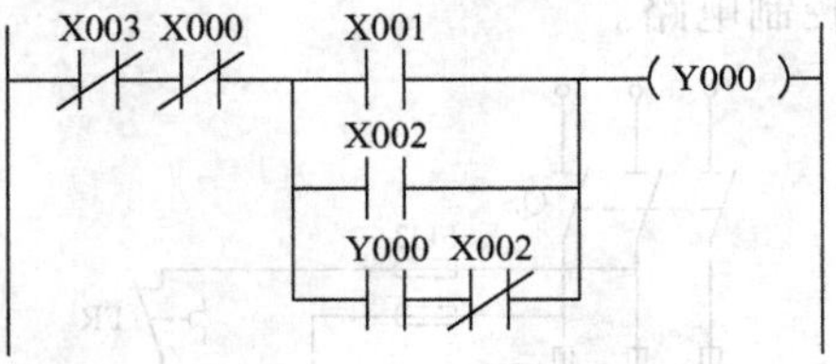

a) 梯形图

```
0  LDI X003      5  ANI X002
1  ANI X000      6  ORB
2  LD  X001      7  ANB
3  OR  X002      8  OUT Y000
4  LD  Y000
```

b) 语句表

图 2-1-10 直接由继电器-接触器控制电路转换成的梯形图和语句表

【提示】 为减少块联接，梯形图编程规则之一为：“左重右轻，上重下轻”。

对比图 2-1-10 和图 2-1-11，梯形图中的元件数量没变，只是位置发生了变化，但后者程序少了两步，不仅占用程序存储器减少，而且程序执行周期更短。

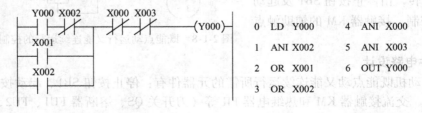

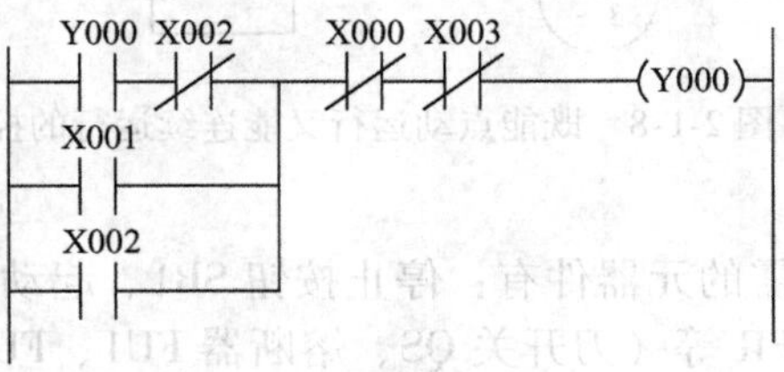

a) 梯形图

```
0  LD  Y000      4  ANI X000
1  ANI X002      5  ANI X003
2  OR  X001      6  OUT Y000
3  OR  X002
```

b) 语句表

图 2-1-11 结构布局优化后的梯形图和语句表

5. 仿真调试

将所编程序用变换工具变换后，起动仿真软件仿真调试。

先强制起动按钮 X001 为“ON”，观察梯形图中的 Y000 线圈区域是否由白色变为蓝色。如是，则说明 Y000 输出为“1”。

强制起动按钮 X001 为“OFF”，观察梯形图中的 Y000 线圈区域是否维持蓝色。如是，则 Y000 仍为“1”，即代表电动机能连续运行；如不是，则为点动。

再先强制停止按钮 X000 为“ON”，观察梯形图中的 Y000 线圈区域是否由蓝色变为白色。如是，则说明 Y000 为“0”，代表电动机已停止。

然后再强制点动按钮 X002 为“ON”，观察梯形图中的 Y000 线圈区域是否由白色变为蓝色。如是，则说明 Y000 输出为“1”。

强制点动按钮 X002 为“OFF”，观察梯形图中的 Y000 线圈区域是否维持蓝色。如是，则 Y000 仍为“1”，即代表电动机能连续运行；如不是，则为点动。

6. 仿真调试结果分析

对图 2-1-10、图 2-1-11 所示的梯形图的仿真结果是按下 X001、X000 时，能实现运行、停止。但点动按钮 X002 从通态（“1”状态）转变成断态（“0”状态）后，Y000 继续维持输出状态，即不能实现点动。

为什么继电器控制电路能完成的控制，PLC 梯形图程序不能完成？因为在继电器控制系统中，电路中的元件感知自身和其他元件的状态是由真实电流、电压等决定的，其逻辑运算结果由各元件的瞬时状态决定。而 PLC 的工作原理是根据梯形图从左至右、从上而下逐一运算的，且前一运算结果为以后的运算所用。

7. 梯形图的完善

增设类似于中间继电器的辅助继电器 M0 来运行控制电动机的起动与停止。其梯形图如图 2-1-12 所示。如果对图 2-1-12 进行仿真，则能满足既能起动控制又能点动控制的要求。

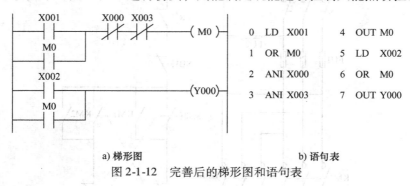

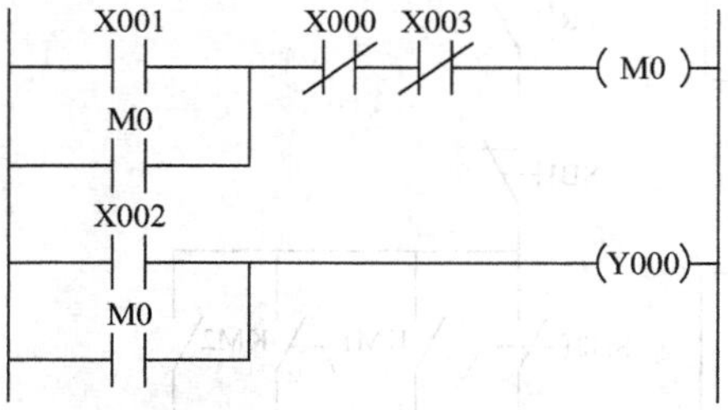

a) 梯形图

```
0  LD   X001        4  OUT  M0
1  OR   M0          5  LD   X002
2  ANI  X000        6  OR   M0
3  ANI  X003        7  OUT  Y000
```

b) 语句表

图 2-1-12　完善后的梯形图和语句表

8. 联机调试

第一步，在断电的情况下，按图 2-1-13 所示电路原理图连接电路，并检查无误。

第二步，将 PLC 运行按钮置于“OFF”，接通 PLC 工作电源。单击程序编辑页面下拉菜单“在线（O）”→“PLC 读入（W）”→在弹出的对话框中勾选“主程序”→单击“确定”→等待 PLC 装载程序。

第三步，程序装载完成后，将 PLC 运行按钮置于“ON”运行控制系统。分别操作 SB1、SB2、SB3 按钮，观察 PLC 及电动机的运行状态，特别是点动工作是否正常，并分析是否满足控制要求。

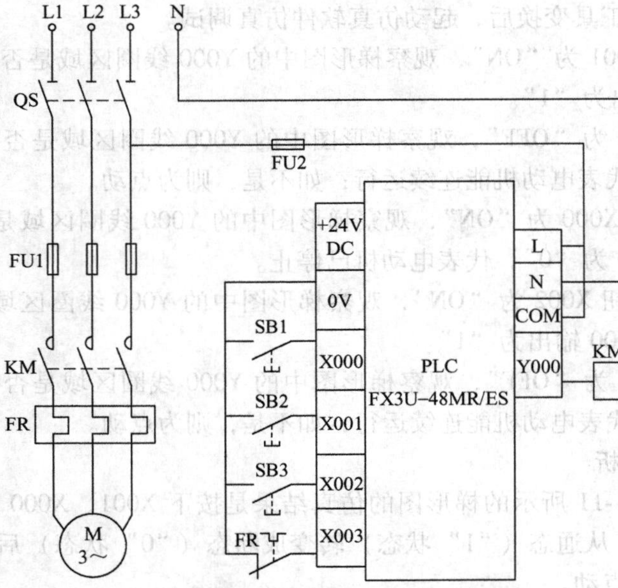

图 2-1-13 联机调试电路原理图

2.1.5 电动机正反转控制系统设计

1. 控制要求

用 PLC 实现如图 2-1-14 所示的电动机正反转的控制。

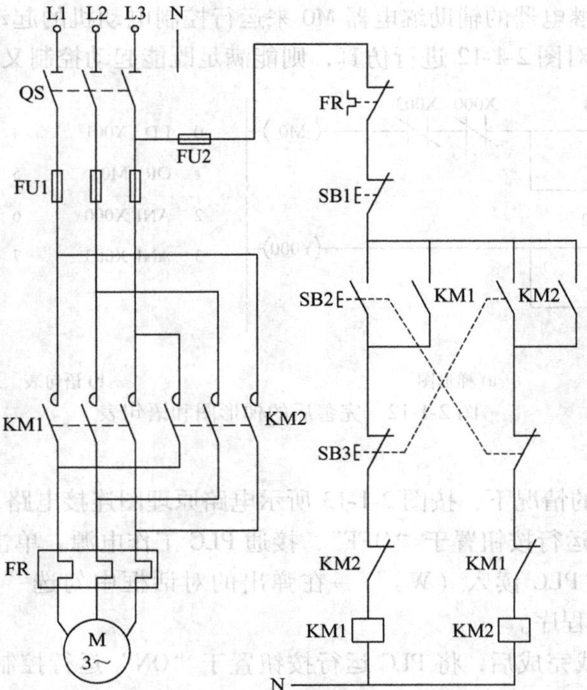

图 2-1-14 电动机正反转控制电路图

2. 被控对象分析

被控对象是电动机，有正反转两种运行状态，继电器-接触器控制电路具有电气和机械互锁和过载保护功能。

3. 硬件电路设计

控制电动机的正反转所需的元器件有：停止按钮 SB1，正转起动按钮 SB2、反转起动按钮 SB3，交流接触器 KM1、KM2，热继电器 FR 及刀开关 QS 等。输入/输出分配表见表 2-1-13，I/O 接线图如图 2-1-15 所示。

表 2-1-13 输入/输出分配表

输入			输出		
元器件代号	元器件功能	输入继电器	元器件代号	元器件功能	输出继电器
SB1	停止按钮	X000	KM1	正转接触器	Y000
SB2	正转起动按钮	X001	KM2	反转接触器	Y001
SB3	反转起动按钮	X002			
FR	过载保护	X003			

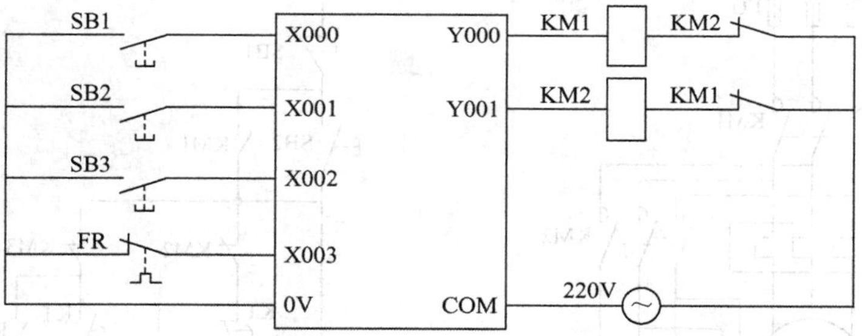

图 2-1-15 电动机正反转 I/O 接线图

4. 控制程序设计

对照图 2-1-14 所示的继电器-接触器控制电路，并根据 PLC 梯形图“左重右轻”、软触点可以多次使用的原则，重复使用 X000（对应停止按钮 SB1）、X003（对应热继电器常闭触点），把 X000 和 X003 从左端移到 Y000、Y001 线圈之前。设计出的梯形图如图 2-1-16 所示。

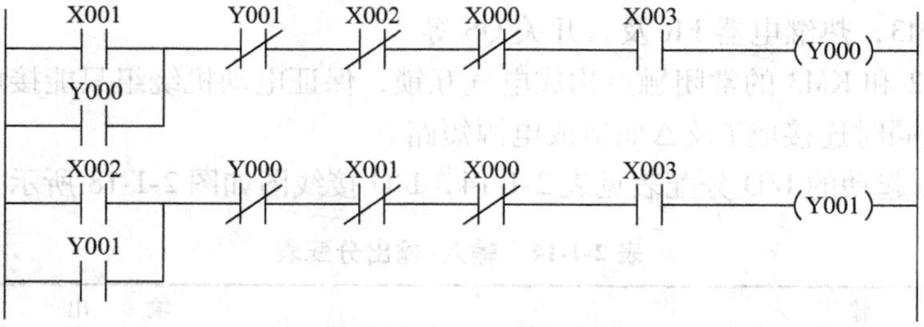

图 2-1-16 带过载保护的正反转控制程序梯形图

5. 仿真调试及联机调试

将所编程序用变换工具变换后，起动仿真软件仿真调试，并讨论仿真结果是否满足控制要求。如果仿真调试满足控制要求，即可按照2.1.4的步骤完成联机调试。

【提示】在PLC控制中，Y000与Y001的状态互换只需1个扫描周期，时间很短。因此，图2-1-15所示的KM1、KM2辅助触点互锁不可或缺。

2.1.6 电动机Y-△起动控制系统设计

1. 控制要求

用PLC实现电动机Y-△起动控制，△起动时间为5s。

2. 被控对象分析

设SB1为停止按钮，SB2为起动按钮，FR为热继电器，KM1为主电源接触器，KM2为△运行接触器，KM3为Y起动接触器。Y-△起动继电器-接触器控制系统的主、控制电路如图2-1-17所示。

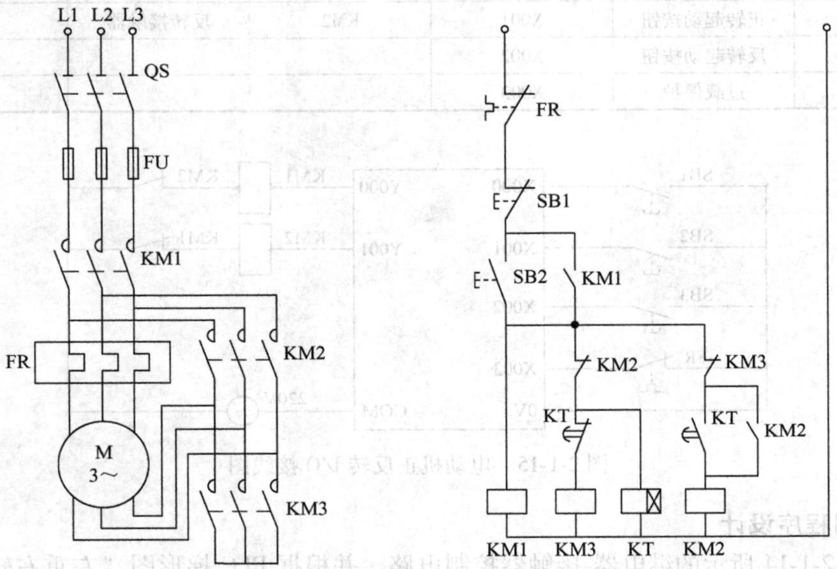

图2-1-17 三相交流电动机Y-△起动电路原理图

3. 硬件电路设计

控制电动机的Y-△起动所需的器件有：停止按钮SB1，起动按钮SB2，交流接触器KM1、KM2、KM3，热继电器FR及刀开关QS等。

线路中KM2和KM3的常闭触点构成电气互锁，保证电动机绕组只能接成一种形式，即Y或△，以防止同时连接成Y及△而造成电源短路。

电动机Y-△起动的I/O分配表见表2-1-14，I/O接线图如图2-1-18所示。

表2-1-14 输入/输出分配表

输入			输出		
元器件代号	元器件功能	输入继电器	元器件代号	元器件功能	输出继电器
SB1	停止按钮	X000	KM1	电源控制开关	Y000
SB2	起动按钮	X001	KM2	△运行开关	Y001
FR	过载保护	X002	KM3	Y起动开关	Y002

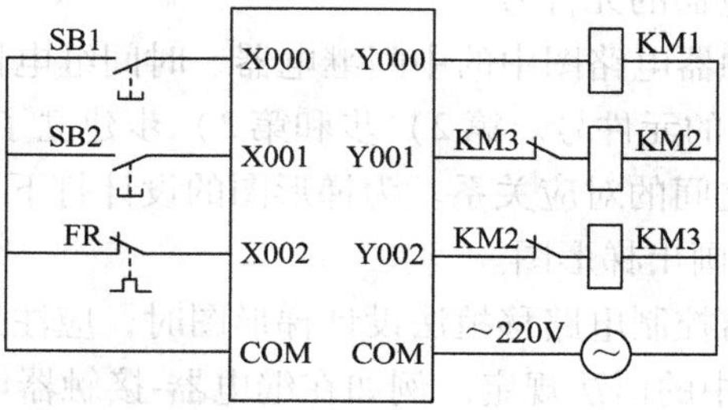

图 2-1-18　电动机Y-△起动 I/O 接线图

4. 控制程序设计

采用继电器-接触器控制电路移植法设计程序。根据梯形图设计“左重右轻”的基本原则，并观察图 2-1-17 的控制电路会发现，图中所有线圈都受 KM1 线圈通断的控制。因此，可以将停止按钮 SB1、热继电器常闭触点 FR 移到 KM1 线圈之前，适当调整元器件位置后，得到如图 2-1-19 所示的梯形图。

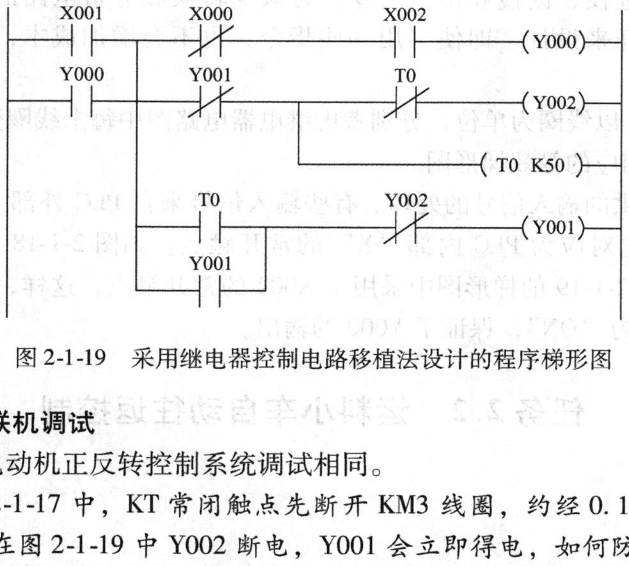

图 2-1-19　采用继电器控制电路移植法设计的程序梯形图

5. 仿真调试与联机调试

方法、步骤与电动机正反转控制系统调试相同。

【问题】 在图 2-1-17 中，KT 常闭触点先断开 KM3 线圈，约经 0.1s 后 KT 常开触点再接通 KM2 线圈，而在图 2-1-19 中 Y002 断电，Y001 会立即得电，如何防止电弧短路？

2.1.7　继电器-接触器控制电路移植法设计梯形图的步骤

1）了解和熟悉被控设备的工艺过程和机械的动作情况，根据继电器-接触器电路图分析和掌握控制系统的工作原理，这样才能做到在设计和调试控制系统时心中有数。

2）确定 PLC 的输入信号和输出负载，画出 PLC 外部接线图。

继电器-接触器电路图中的交流接触器和电磁阀等执行元件用 PLC 的输出继电器来控制，它们的线圈接在 PLC 的输出端。按钮、控制开关、接近开关和限位开关等用来给 PLC 提供控制命令和反馈信号，它们的触点接在 PLC 的输入端。继电器-接触器电路图中的中间继电器和时间继电器的功能用 PLC 内部的辅助继电器和定时器来完成，它们与 PLC 的输入、输出继电器无关。画出 PLC 的外部接线图后，同时也确定了 PLC 的各输入信号和输出负载对应的输入继电器和输出继电器的元件号。

3）确定与继电器-接触器电路图中的中间继电器、时间继电器对应的梯形图中的辅助继电器（M）和定时器（T）的元件号。第2）步和第3）步建立了继电器-接触器电路图中的元件和梯形图中的元件号之间的对应关系。为梯形图的设计打下了基础。

4）根据上述对应关系画出梯形图。

5）应用继电器-接触器控制电路移植法设计梯形图时，应注意以下方面：

① 应遵守梯形图语言中的语法规定。例如在继电器-接触器电路中，触点可以放在线圈的左边，也可以放在线圈的右边，但在梯形图中，线圈和输出类指令（如 SET、PLS）和功能指令等必须放在线圈的左边。

② 设置中间元件。在梯形图中，若多个线圈都受某一触点串、并联电路的控制，为了简化电路，在梯形图中可设置用该电路控制的辅助继电器，如用 M0、M1 等，它们类似于继电器电路中的中间继电器。

③ 分离交织在一起的电路。在继电器-接触器电路中，为节省硬件成本而少用器件，各个线圈的控制电路往往互相关联，交织在一起。如果不加改动地直接转换为梯形图，就需要使用大量的进栈、读栈和出栈指令。为减少转换和分析电路的麻烦，可以将各线圈的控制电路分离开来设计。即使多用一些指令，也不会增加成本，对系统的运行也不会有什么影响。

设计梯形图时，以线圈为单位，分别考虑继电器电路图中每个线圈受到哪些触点和电路的控制，然后画出相应的等效梯形图。

④ 常闭触点提供的输入信号的处理。有些输入信号来自 PLC 外部元件的常闭触点，在程序设计时可以把它对应为 PLC 内部“X”的常开触点。如图 2-1-18 中的 X002 信号来自 FR 常闭触点，在图 2-1-19 的梯形图中采用了 X002 的常开触点，这样，正常工作时，FR 常闭触点闭合，X002 为“ON”，保证了 Y000 的输出。

任务 2.2　运料小车自动往返控制

【提出任务】

PLC 逐行扫描计算逻辑结果的工作原理和电器在同一时空计算逻辑结果的工作方式有本质区别，完全借用继电器-接触器控制电路移植法设计 PLC 控制程序，有时不能实现控制要求。和继电器-接触器控制系统的经验设计法一样，PLC 控制系统也可利用基本控制环节、基本控制方法来构成。

【分解任务】

1. 边学边做，掌握梯形图设计规则，熟悉基本环节的梯形图。

2. 边做边学，熟悉经验法设计 PLC 控制系统的方法及步骤，运用可逆环节、行程和时间控制方法设计运料小车自动往返的 PLC 控制系统。

【解答任务】

2.2.1 梯形图设计规则

（1）线圈右边无触点　梯形图每一行都是从左母线开始，线圈终止于右母线。如图 2-2-1 所示。

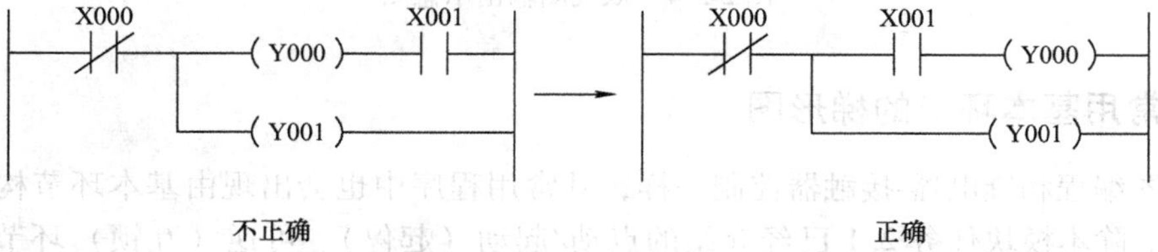

图 2-2-1　梯形图设计规则之一

（2）不允许出现桥式电路　梯形图接点应画在水平线上，不能画在垂直线上。如图 2-2-2 所示。

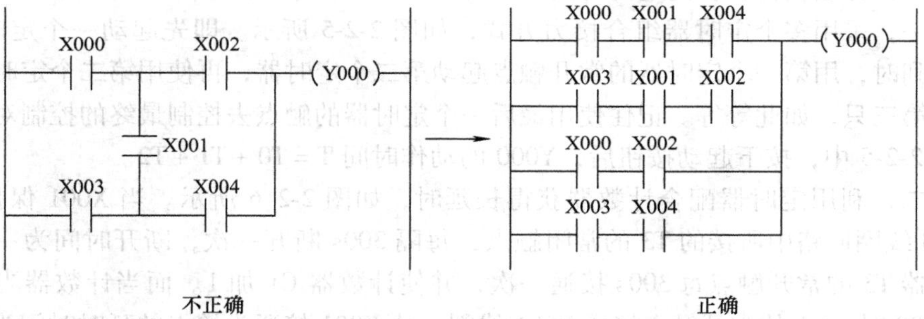

图 2-2-2　梯形图设计规则之二

（3）上重下轻，左重右轻　程序的编写顺序应按自上而下、从左至右的方式编写。为了减少程序的执行步数，程序应为上重下轻，左重右轻。如图 2-2-3 所示。

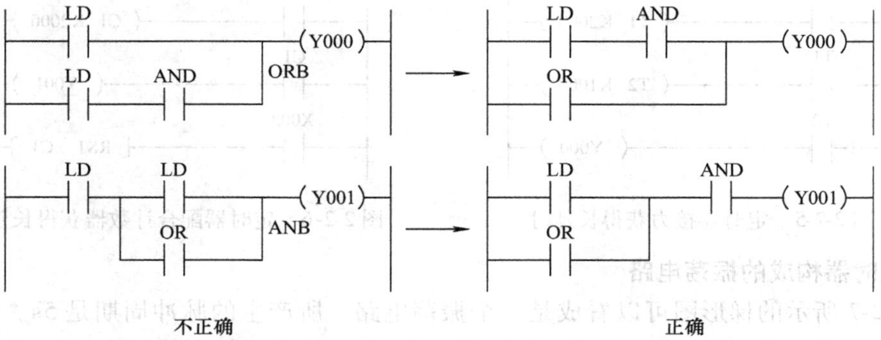

图 2-2-3　梯形图设计规则之三

（4）不允许双线圈输出　如果在同一程序中，同一元件的线圈使用两次或多次，则称为双线圈输出。这时前面的输出无效，只有最后一次的才有效，如图 2-2-4 所示。

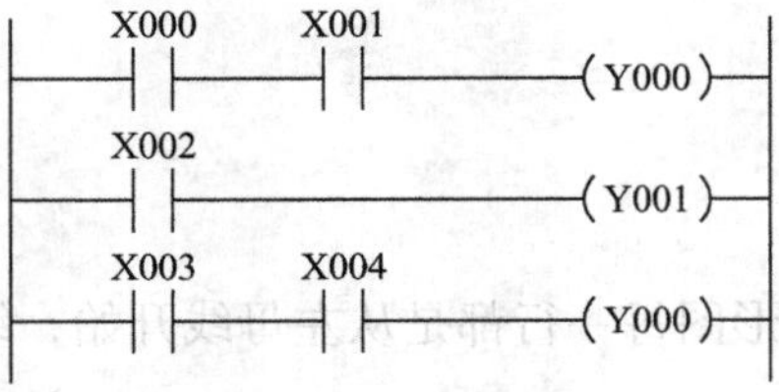

图 2-2-4　双线圈输出示意图

2.2.2　常用基本环节的梯形图

梯形图编程和继电器-接触器控制一样，其常用程序中也会出现由基本环节构成的一些编程组件。除本模块任务 2.1 已经介绍的点动/起动（起停）、可逆（互锁）环节外，还有以下几个基本环节。

1. 定时器的延时扩展

FX 系列 PLC 定时器的最长延时时间为 3276.7s，如果需要更长的定时时间，那么可以采用以下两种方法获得较长的延时时间。

方法一，采用多个定时器组合接力方式，如图 2-2-5 所示。即先起动一个定时器计时，计时时间到时，用第一个定时器的常开触点起动第二个定时器，再使用第二个定时器的常开触点起动第三只，如此等等。记住使用最后一个定时器的触点去控制最终的控制对象就可以了。在图 2-2-5 中，按下起动按钮后，Y000 的动作时间 T = T0 + T1 + T2。

方法二，利用定时器配合计数器获得长延时，如图 2-2-6 所示。当 X001 保持接通时，定时器 T3 线圈回路中所接的 T3 的常闭触点，每隔 300s 断开一次，断开时间为一个扫描周期；定时器 T3 的常开触点每 300s 接通一次，并使计数器 C1 加 1。而当计数器当前值达到设定值 2000 时，C1 的常开触点接通 Y001 线圈。从 X001 接通为始点的延时时间为定时器的设定值乘上计数器的设定值。X002 为计数器 C1 的复位条件。

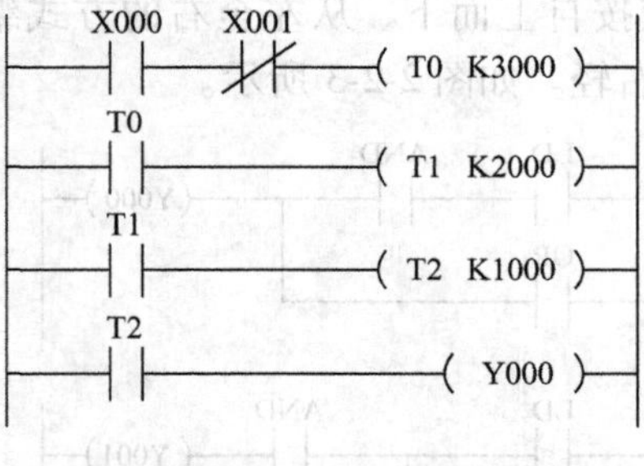

图 2-2-5　定时器接力获得长延时

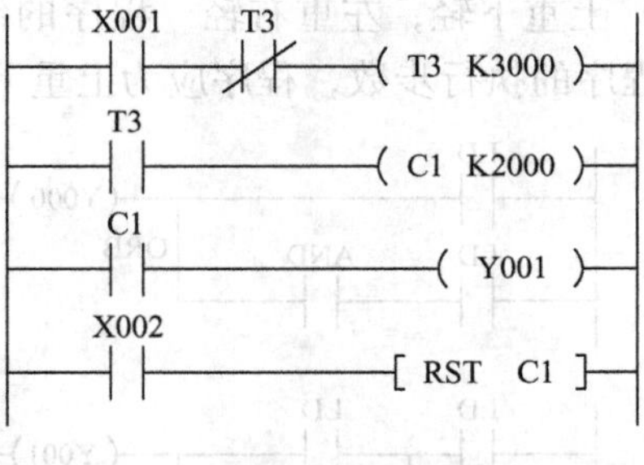

图 2-2-6　定时器配合计数器获得长延时

2. 定时器构成的振荡电路

图 2-2-7 所示的梯形图可以看成是一个振荡电路，所产生的脉冲周期是 5s。设开始 T0 和 T1 均为 OFF，当 X000 为 ON，T0 线圈通电 2s 后，T0 常开触点接通，使 Y000 变为 ON，同时，T1 的线圈通电定时。T1 线圈通电 3s 后，它的常闭触点断开，使 T0 线圈断电，T0 的常开触点断开使得 Y000 变为 OFF，同时使 T1 的线圈断电，其常闭复位接通，又起动 T0 定时，使得 Y000 周而复始通断。

振荡周期 $T = T0 + T1$，占空比 $\rho = T1/(T0 + T1)$。

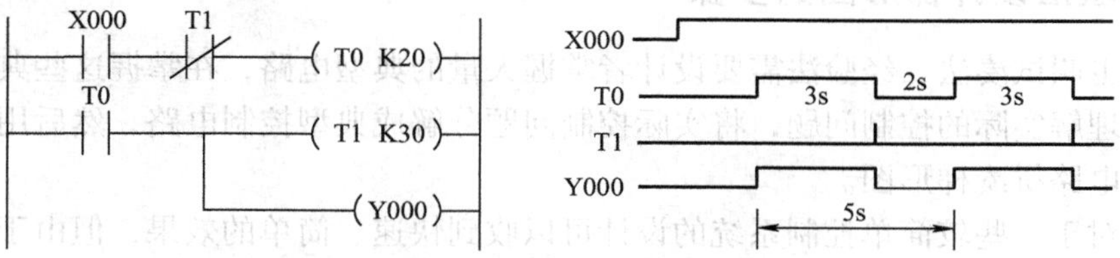

图 2-2-7 定时器构成的振荡电路

3. 分频电路

所谓分频电路，就是将输入信号的频率降低，图 2-2-8 所示是一个二分频电路。

待分频的脉冲信号加在 X000 端，设 M10 和 Y000 的初始状态为“0”。当第一个脉冲信号的上升沿到来时，M10 产生一个单脉冲，Y000 被置“1”，当 M10 置“0”时，Y000 仍保持置“1”；当第二个脉冲信号的上升沿到来时，M10 又产生一个单脉冲，M10 常闭触点断开，使 Y000 由“1”变“0”，当 M10 置“0”时，Y000 仍保持置“0”直到第三个脉冲到来。当第三个脉冲到来时，重复上述过程。完成对输入信号的二分频。

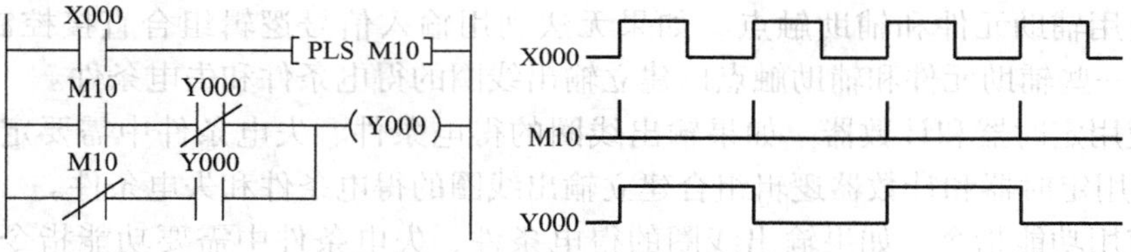

图 2-2-8 二分频电路及输入/输出波形

4. 报警电路

报警电路梯形图和时序图如图 2-2-9 所示。当报警信号 X000 接通时，由定时器 T0 和 T1 构成振荡电路，以 1Hz 的频率驱动报警灯（Y000）闪烁，同时蜂鸣器响应。当 X001 接通后，Y000 报警灯由闪烁变为常亮，同时 Y001 报警蜂鸣器关闭。

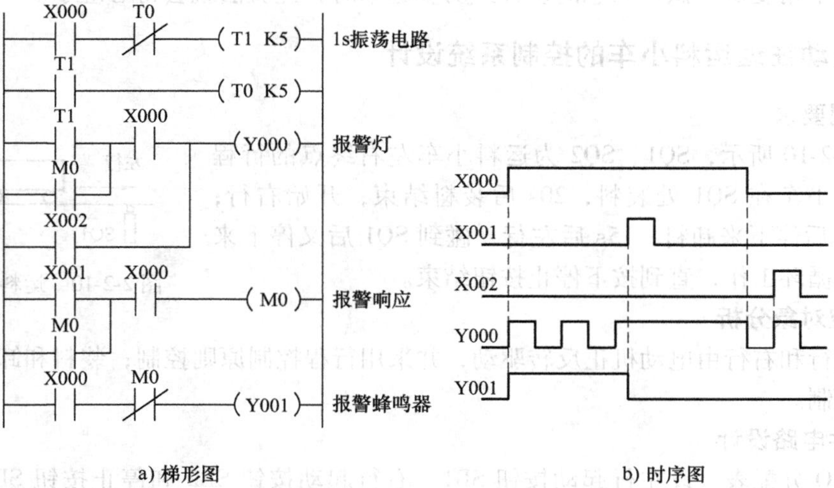

图 2-2-9 报警电路梯形图和时序图

2.2.3 经验法设计梯形图的步骤

经验法也叫试凑法，经验法需要设计者掌握大量的典型电路，在掌握这些典型电路的基础上，充分理解实际的控制问题，将实际控制问题分解成典型控制电路，然后用典型电路或修改的典型电路拼凑梯形图。

经验法对于一些较简单控制系统的设计可以收到快速、简单的效果，但由于这种方法依赖于设计人员的设计经验，所以对设计人员的要求比较高。对于复杂系统，经验法一般设计周期长，不易掌握，系统交付使用后维修困难。经验法设计梯形图的步骤如下。

（1）分配输入输出口　在准确了解控制要求后，合理地为控制系统中的事件分配输入输出口。选择必要的机内器件，如定时器、计数器、辅助继电器。

（2）根据控制要求分解梯形图程序　将要编制的梯形图分解成功能独立的子梯形图程序。

（3）对输入信号进行逻辑组合　利用输入信号逻辑组合直接控制输出信号。在画梯形图时应考虑输出线圈的得电条件、失电条件和自锁条件等，还要注意起动、停止、连续运行、选择性分支和并行分支。

（4）使用辅助元件和辅助触点　如果无法利用输入信号逻辑组合直接控制输出信号，则需要增加一些辅助元件和辅助触点以建立输出线圈的得电条件和失电条件。

（5）使用定时器和计数器　如果输出线圈的得电条件、失电条件中需要定时和计数条件时，则使用定时器和计数器逻辑组合建立输出线圈的得电条件和失电条件。

（6）使用功能指令　如果输出线圈的得电条件、失电条件中需要功能指令的执行结果作为条件时，则使用功能指令逻辑组合建立输出线圈的得电条件和失电条件。

（7）画互锁条件　画出各个线圈之间的互锁条件，避免同时发生相互冲突的动作。

（8）画保护条件　保护条件可以在系统异常时，使输出线圈动作，保护控制系统和生产过程。

“经验法”并无一定的章法可循。在设计过程中如发现初步的设计构想不能实现控制要求时，可换个角度试一试。当您的设计经历多起来时，经验法就会得心应手。

2.2.4 自动往返运料小车的控制系统设计

1. 控制要求

如图2-2-10所示，SQ1、SQ2为运料小车左右终点的行程开关。运料小车在SQ1处装料，20s后装料结束，开始右行；当碰到SQ2后停下来卸料，15s后左行，碰到SQ1后又停下来装料；如此循环工作，直到按下停止按钮结束。

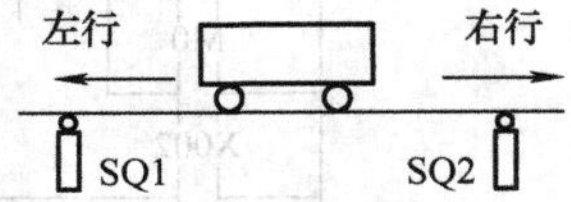

图2-2-10　运料小车示意图

2. 被控对象分析

小车左行和右行由电动机正反转驱动，并采用行程控制原则控制；装料和卸料采用时间控制原则控制。

3. 硬件电路设计

（1）I/O分配表　设左行起动按钮SB1、右行起动按钮SB2和停止按钮SB3分别对应X001、X002和X003，左行程开关SQ1、右行程开关SQ2分别对应X004、X005。Y000、

Y001分别用于控制小车左行和右行，Y002、Y003用于控制装料和卸料电磁铁。I/O分配表见表2-2-1。

表2-2-1 I/O分配表

输入元件		输出元件	
元件名称	元件功能	元件名称	元件功能
X001	SB1：左行起动	Y000	左行
X002	SB2：右行起动	Y001	右行
X003	SB3：停止	Y002	装料
X004	SQ1：左行程开关	Y003	卸料
X005	SQ2：右行程开关		

（2）I/O接线图　根据I/O分配表画出的I/O接线图如图2-2-11所示。

4. 程序设计

采用经验法设计小车控制系统的参考程序梯形图如图2-2-12所示。

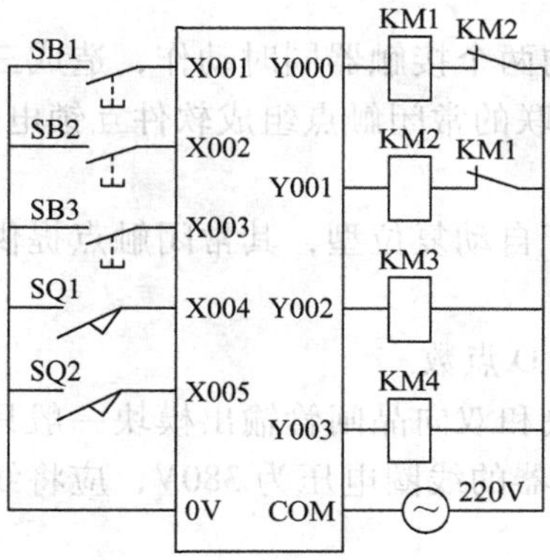

图2-2-11 I/O接线图

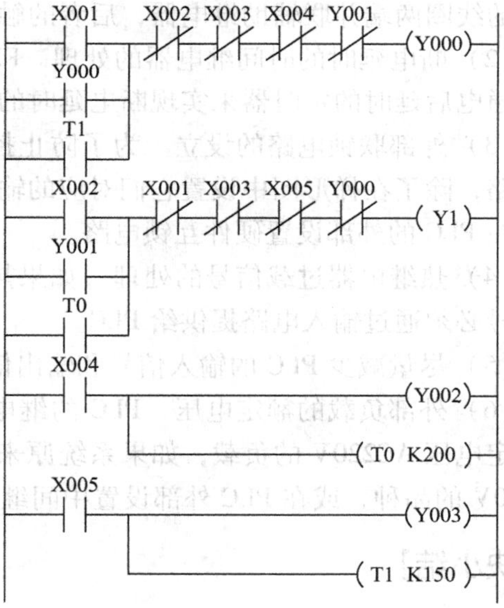

图2-2-12 运料小车控制程序梯形图

由于小车左行和右行互为互锁关系，即Y000与Y001不能同时得电，与电动机正反转控制一样。因此，可利用正反转梯形图画出小车左、右行的梯形图。小车左行（右行）至装料、卸料位置开关SQ1（X004）、SQ2（X005）处时，对应的常开触点分别接通，小车停止左行、右行，开始装料、卸料，对应的Y002、Y003有输出。与此同时，装料、卸料定时器T0、T1定时工作，定时时间到则停止装料、卸料，并分别接通右行、左行输出Y001、Y000。如此循环下去，直到按下停止按钮。

为了使小车到达装料、卸料位置能自动停止左行或右行，将X004和X005的常闭触点分别串入Y000和Y001的线圈电路中。为了使小车在装料、卸料结束后能自动起动右行和左行，将装料、卸料时间的定时器T0、T1的常开触点分别与起动右行和左行的X002、

X001 常开触点并联。

5. 仿真调试

仿真调试的方法、步骤与任务 2.1 相似。着重观察强制 X004 接通后，Y000 是否断电、T0 和 Y002 是否起动。当 T0 延时 20s 到达后，看 Y001 是否起动。当 Y001 起动后，表示小车已经右行，此时应该强制断开 X004。

6. 联机调试

当检查主电路、控制电路无误后，闭合 PLC 运行按钮，观察运行状态是否满足控制要求。

2.2.5 应用经验法设计时应注意的问题

经验法只能用于一些简单的梯形图程序或复杂系统的某一局部程序（如手动程序）。应用经验法设计时应注意以下问题：

（1）时间继电器瞬动触点的处理　除了延时动作的触点外，时间继电器还有在线圈通电和断电时马上动作的瞬动触点。对于有瞬动触点的时间继电器，可以在梯形图中对应的定时器的线圈两端并联辅助继电器，后者的触点相当于时间继电器的瞬动触点。

（2）断电延时的时间继电器的处理　FX 系列 PLC 没有相同功能的定时器，但是可以用线圈通电后延时的定时器来实现断电延时的功能。

（3）外部联锁电路的设立　为了防止控制正反转的两个接触器同时动作，造成三相电源短路，除了在梯形图中设置它们对应的输出继电器串联的常闭触点组成软件互锁电路外，还应在 PLC 的外部设置硬件互锁电路。

（4）热继电器过载信号的处理　如果热继电器属于自动复位型，其常闭触点提供的过载信号必须通过输入电路提供给 PLC。

（5）尽量减少 PLC 的输入信号和输出信号，节省 I/O 点数。

（6）外部负载的额定电压　PLC 的继电器输出模块和双向晶闸管输出模块一般只能驱动额定电压 AC220V 的负载，如果系统原来的交流接触器的线圈电压为 380V，应将线圈换成 220V 的品种，或在 PLC 外部设置中间继电器。

【模块小结】

1. 编程语言：梯形图、语句表。

2. 基本指令：取指令、与指令、或指令、块指令、脉冲式触点指令、堆栈指令、主控指令、输出指令和置位/复位指令。

3. 梯形图设计规则：线圈右边无触点；不允许出现桥式电路；上重下轻，左重右轻；不允许双线圈输出。

4. 典型编程环节：起停电路、定时应用、计数器应用。

5. 设计方法：继电器-接触器控制电路移植法、经验法。

【作业与思考】

2-1 简述梯形图、语句表编程语言的概念及特点。

2-2　简述用继电器-接触器控制电路移植法设计程序的方法及步骤。

2-3　分别写出图 2-1a、b 所示的梯形图程序对应的语句表。

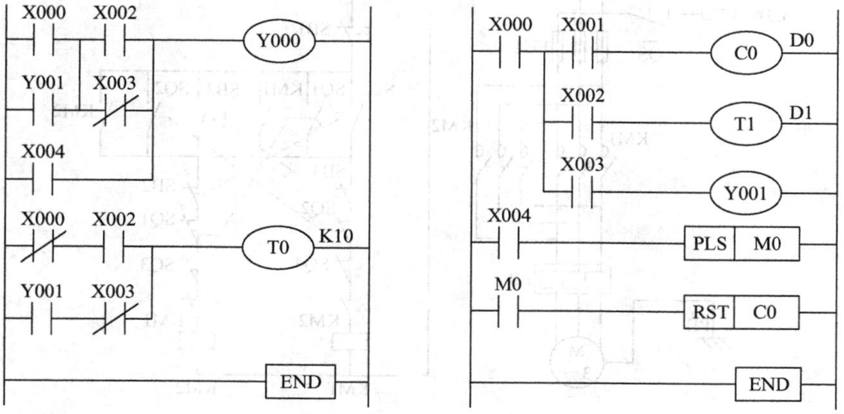

a)　　b)

图 2-1　梯形图

2-4　根据图 2-2 所示语句表绘出程序的梯形图。

LDI	X004	LDP	X002	LD	X007
ANI	M3	AND	M6	ANDP	X001
LDP	X024	ORI	M3	ORF	X015
AND	M37	MPS		MC	N0
ORB		AND	X012	SP	M10
ORI	X022	MPS		LD	X003
LD	Y013	AND	X005	AND	M5
OR	T10	OUT	M12	OUT	Y010
ANI	X012	MPP		LD	X021
ORF	X007	ANI	X034	SET	Y006
ANB		SET	Y002	MCR	N0
OR	X015	MRD		LD	X002
MPS		AND	X002	OUT	Y010
INV		OUT	Y005	END	
OUT	M34	MPP			
MPP		AND	X001		
ANI	X017	OUT	Y007		
OUT	T21 K100	END			
END					

a)　　b)　　c)

图 2-2　语句表

2-5　设计梯形图，用计数器和定时器实现 4h 的长时间延时。

2-6　图 2-3 所示是自动往返控制的电路原理图，试用继电器-接触器控制电路移植法设计 PLC 控制系统。

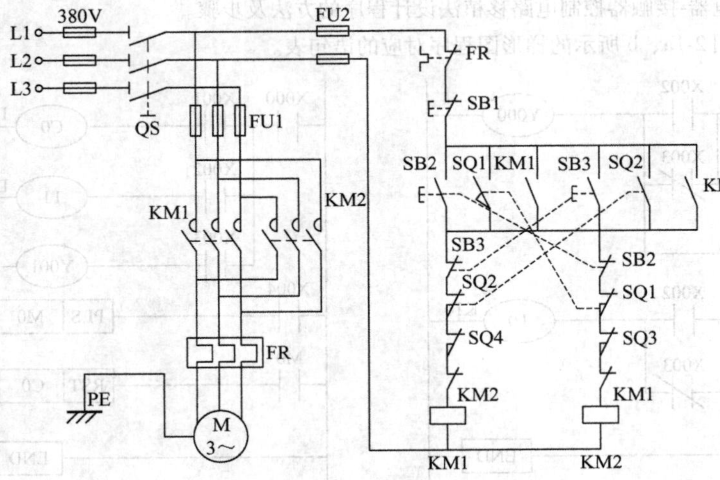

图 2-3　自动往返控制的电路原理图

2-7　某液压滑台的工作循环示意图和电磁阀动作顺序表如图 2-4 所示。其中，SQ1 为原位、快进开始，SQ2 为快进结束、工进开始，SQ3 为工进结束、快退开始，SB1 为停止，SB2 为起动，SA 为单/连续循环，HL 为原位指示。控制要求：能实现单周和连续循环工作，连续循环间隔时间 10s。试用经验法设计液压滑台的 PLC 控制系统。

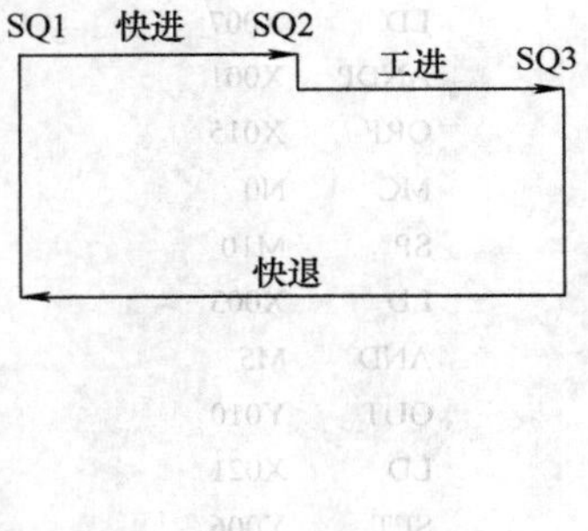

a) 示意图

	YA1	YA2	YA3	YA4
原位	–	–	–	–
快进	+	–	+	+
工进	+	–	–	+
快退	–	+	–	+

b) 顺序表

图 2-4　某液压滑台的工作循环示意图和电磁阀动作顺序表

2-8　十字路口交通灯控制要求：（1）系统工作后，首先南北红灯亮，并维持 15s；与此同时，东西绿灯亮，并维持 10s，到 10s 时，绿灯闪亮 3s 后熄灭。（2）在东西绿灯熄灭时，东西黄灯亮并维持 2s；然后东西黄灯熄灭，东西红灯亮，同时南北红灯熄灭，南北绿灯亮。（3）东西红灯亮并维持 15s，与此同时，南北绿灯亮并维持 10s；然后南北绿灯闪亮 3s 后熄灭。（4）南北绿灯熄灭时，南北黄灯亮并维持 2s；同时南北红灯亮，东西绿灯亮。至此结束一个工作循环。试设计十字路口交通灯控制梯形图。

2-9　某三级传送带运输机，由 M1、M2、M3 三台电动机拖动。按下起动按钮，按 M1→M2→M3 顺序起动，间隔时间 5s。按下停止按钮时，按 M3→M2→M1 顺序停机，间隔时间 8s。考虑过载保护，不考虑紧急停机。试设计其 PLC 控制系统。

模块 3 步进指令及顺序控制

工矿企业中有许多按时间、工步等形成的顺序控制。了解顺序控制的含义，熟悉顺序控制程序的结构，熟悉 PLC 状态元件的分类和使用方法，掌握 FX 系列步进指令 STL 和 RET 的功能和使用方法，掌握简单、分支和并行三类顺序控制程序的设计方法，学会分析顺序控制系统的工作过程，能够绘制 PLC 控制系统流程图，完成程序的离线和在线调试，是应用 PLC 控制技术不可或缺的技能。

【知识目标】

1. 掌握 FX 系列 PLC 的步进指令功能，熟悉状态元件的分类和使用方法。
2. 掌握状态流程图的绘制原则，以及将状态流程图转换成梯形图的方法。
3. 掌握顺序功能图编程方法、步骤。
4. 掌握简单顺序控制程序的设计方法、步骤。
5. 熟悉分支流程顺序控制程序的设计方法、步骤。

【能力目标】

1. 能依据控制要求或工艺要求绘制状态流程图，并将其转换为梯形图程序或顺序功能图程序。
2. 能设计简单顺序控制系统程序。
3. 能分析复杂顺序控制系统的工作过程，绘制控制系统结构图和电路图。
4. 初步具有设计分支流程顺序控制程序的能力。

任务 3.1　单流程顺序控制

【提出任务】

认真观察任务 2.2、作业 2-6 ~ 2-9，不论是小车自动往返还是红绿灯的交替亮灭，都有固定的动作流程。PLC 的控制程序设计和单片机的控制程序设计一样，先把控制要求归纳为顺序功能图（状态转移图），然后在此基础上完成程序设计，其逻辑关系更加简明。

【分解任务】

1. 边学边做，了解 FX 系列 PLC 步进指令、状态元件的用法，了解顺序控制的结构，并把控制要求归纳为状态转移图。

2. 边做边学，熟悉简单顺序控制程序的设计基本原则、设计内容及步骤。完成小车自动往返、液压滑台二次进给等单流程顺序控制系统的程序设计和调试。

【解答任务】

3.1.1 步进指令与顺序功能图表示方法

在多工步的控制中，系统按照一定的顺序分步动作，即上一步动作结束后，下一步动作才开始，因此可以按工步进行控制。步进指令是专门用于步进控制的指令。FX系列PLC有两条步进指令，步进接点指令STL和步进返回指令RET，同时附有大量的状态元件S，可以用梯形图和顺序功能图方式编程。

1. 步进指令格式

步进指令助记符及功能见表3-1-1。

表3-1-1 步进指令助记符及功能

助记符	名称	功能	回路表示和操作组件	程序步
STL	步进接点	步进梯形图开始	S0 ~ S899	1
RET	步进返回	步进梯形图结束	RET 无	1

2. 步进指令表示方法

顺序功能图（SFC）：是用状态继电器来描述工步转移的图形。满足转移条件时，实现状态转移，即上一状态（转移源）复位，下一状态（转移目标）置位。

STL：步进接点指令。STL指令只有与状态继电器S配合使用才具有步进功能。操作组件为状态继电器S0 ~ S899，S0 ~ S9用于初始步，S10 ~ S19用于自动返回原点。STL只有常开触点，没有常闭触点。

图3-1-1a是状态转移图，每个状态寄存器都有三个功能：驱动有关负载、指定转换目标和指定转移条件。如图3-1-1a中状态继电器S20驱动输出Y000，其转移条件为X001，当X001的常开触点闭合时，状态S20向S21转换。图3-1-1b是用步进指令编写的梯形图，图3-1-1c是对应图3-1-1b的语句表。

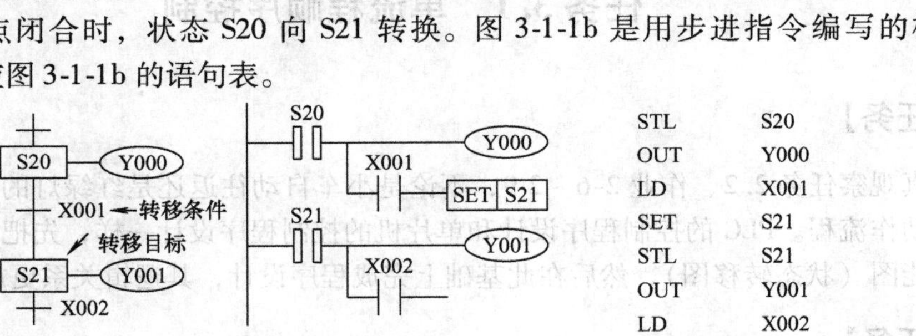

a) 状态转移图 b) 梯形图 c) 语句表

图3-1-1 STL指令使用说明示意图

RET：步进结束指令。该指令用于返回主程序（主母线）。在一系列 STL 指令的最后必须写入 RET 指令，表明步进梯形图指令结束。RET 指令使用说明示意图如图 3-1-2 所示。

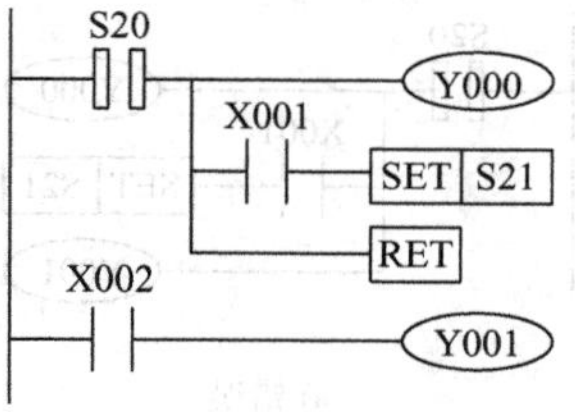

a) 梯形图

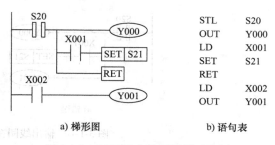

```
STL     S20
OUT     Y000
LD      X001
SET     S21
RET
LD      X002
OUT     Y001
```

b) 语句表

图 3-1-2　RET 指令使用说明示意图

步进指令具有如下特点：

1）转移源自动复位功能。当用 STL 指令进入初始状态 S0 时，如果转移条件 n 接通时，状态继电器 Sn 将接通，同时状态转移源 S0 自动复位。

2）允许双线圈输出。在步进梯形图中，由 STL 驱动的不同状态元件可以驱动同一输出，使得双线圈输出成为可能。

3）主控功能。使用 STL 指令相当于建立了一条子母线，要用 LD 指令从子母线上开始编程，使用 RET 指令之后，返回主母线，LD 指令从主母线上开始编程。

3. 步进指令的使用说明

1）在不相邻的步进段，允许使用同一地址编号的定时器。故对于一般的时间顺序控制，只需 2、3 个定时器即可。如果在相邻状态下编程，则转移状态时，定时器线圈不断开，当前值不能复位。定时器用法示意图如图 3-1-3 所示。

2）在梯形图编程时，不能在 STL 内的母线处直接使用栈指令（MPS/MRD/MPP），须在 LD 或 LDI 指令后使用栈指令。堆栈指令用法示意图如图 3-1-4 所示。

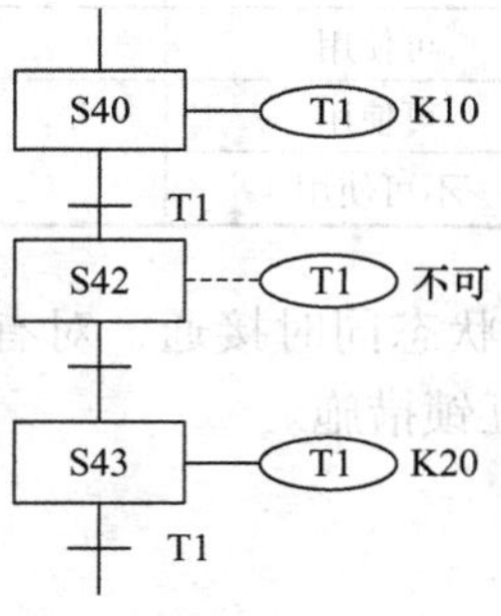

图 3-1-3　定时器用法示意图

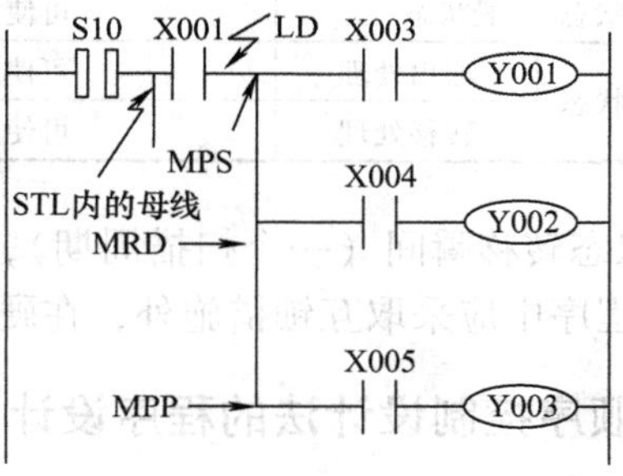

图 3-1-4　堆栈指令用法示意图

3）状态的转移方法。对于 STL 指令后的状态（S），OUT 指令和 SET 指令具有同样的功能，都将自动复位转移源和置位转移目标。但 OUT 指令用于向分离状态转移，而 SET 指令用于向下一个状态转移。状态转移方法示意图如图 3-1-5 所示。

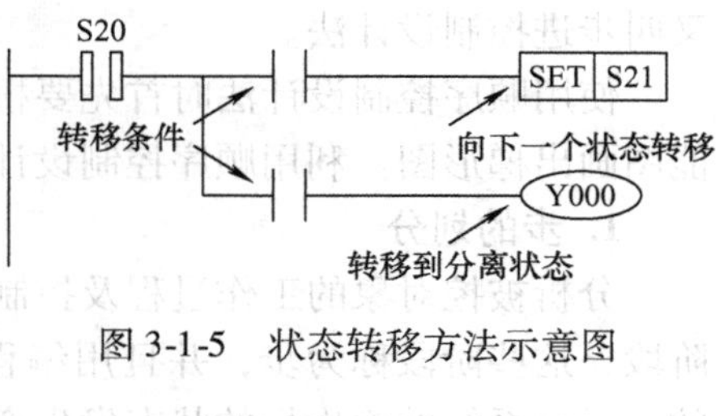

图 3-1-5　状态转移方法示意图

4）输出的驱动方法。STL 内的母线一旦写入 LD 或 LDI 指令后，对不需要触点的线圈就不能再编程。若要编程，需变换编程位置，如图 3-1-6 所示。

5）若需要保持某一个输出，可以采用置位指令 SET，当该输出不需要再保持时，可采用复位指令 RST。

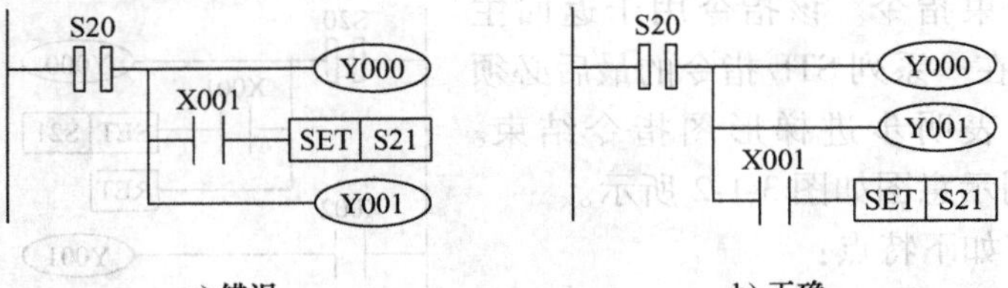

图 3-1-6 输出线圈在状态内的编程位置示意图

6）初始状态用双线框表示，通常用特殊辅助继电器 M8002 的常开触点提供初始信号。其作用是为起动做好准备，防止运行中的误操作引起的再次起动。

7）S 要有步进功能，必须要用置位指令（SET），才能提供步进接点，同时还可提供普通接点。

8）在中断程序与子程序内，不能使用 STL 指令。在 STL 指令内不禁止使用跳转指令，但其动作复杂，一般不要使用，表 3-1-2 列出了可在状态内使用的指令。

表 3-1-2 不同指令在状态内的可用性

状态		指令		
		LD/LDI/LDP/LDF AND/ANDI/ANDP/ANDF OR/ORI/ORP/ORF，INV，OUT SET/RST，PLS/PLF	ANB/ORB MPS/MRD/MPP	MC/MCR
初始状态/一般状态		可使用	可使用	不可使用
分支、汇合状态	输出处理	可使用	可使用	不可使用
	转移处理	可使用	不可使用	不可使用

9）状态转移瞬间（一个扫描周期），由于相邻两个状态同时接通，对有互锁要求的输出，除在程序中应采取互锁措施外，在硬件上也应采取互锁措施。

3.1.2 顺序控制设计法的程序设计步骤

所谓顺序控制，就是按照生产工艺预先规定的顺序，在各个输入信号的作用下，根据内部状态和时间的顺序，在生产过程中各个执行机构自动地有序地进行操作。顺序控制设计法又叫步进控制设计法。

使用顺序控制设计法时首先要根据系统的工艺过程，画出顺序功能图，然后根据顺序功能图画出梯形图。利用顺序控制设计法的基本步骤如下：

1. 步的划分

分析被控对象的工作过程及控制要求，将一个系统的工作过程划分为若干个顺序相连的阶段，这些阶段称为步，并且用编程元件来代表各步。步是根据输出量的状态变化来划分的，只要系统的输出量的状态发生变化，系统就要从原来的步进入新的步。在每一个步内，PLC 的各个输出量状态均保持不变，但两个相邻的步输出量总的状态是不同的。按时序划分步如图 3-1-7a 所示。

步也可以根据被控对象工作状态的变化来划分，但被控对象工作状态的变化应该由 PLC

输出状态变化引起。图3-1-7b所示为某动力滑台工作循环图，整个工作过程可以划分为停止（原位）、快进、工进、快退四步。但这些状态的改变都必须由PLC输出量的变化引起，否则就不能这样划分。

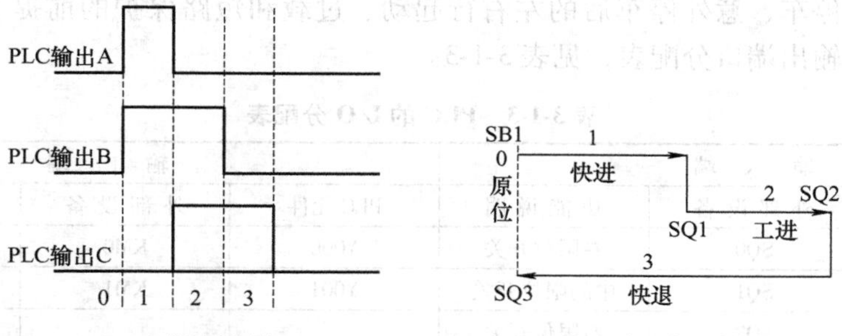

a) 按时序划分　　b) 按工步划分

图3-1-7　步的划分示意图

2. 转换条件的确定

转换条件是系统从当前步进入下一步的条件。常见的转换条件有按钮、行程开关、定时器和计数器触点的动作（通/断）等，例如图3-1-7b中，滑台由停止（原位）转为快进，其转换条件是按下SB1。转换条件也可以是若干个信号的逻辑组合。

3. 顺序功能图的绘制

顺序功能图也叫状态转移图、功能图。可根据上面划分的步和分析出的转换条件画出描述系统工作过程的顺序功能图，这是顺序控制设计法中最关键的一个步骤。

4. 梯形图的绘制

根据顺序功能图，采用某种编程方式设计出梯形图。顺序控制梯形图的编程方式有：使用起动、保持、停止电路的编程方法，以转换为中心的编程方法，使用STL指令的编程方法等。

3.1.3　小车自动往返运行的控制程序设计

1. 控制要求

某小车运动示意图如图3-1-8所示。设小车初始位置停在右边，限位开关SQ2为ON。按下起动按钮SB3后，小车向左运动，碰到限位开关SQ1时，变为右行；返回到限位开关SQ2处变为左行，碰到限位开关SQ0时，变为右行，返回起始位置后停止运动。

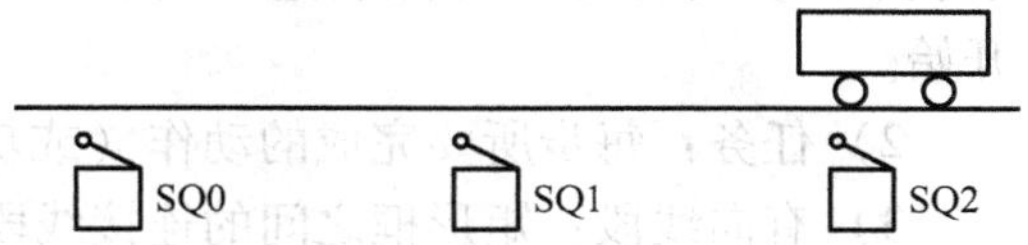

图3-1-8　小车运动示意图

2. 被控对象分析

1）本控制系统只有小车一个控制对象，其运动规律如下：

$\xrightarrow{\text{按下起动按钮SB3}}$左行$\xrightarrow{\text{第一次碰到SQ1}}$右行折返$\xrightarrow{\text{第一次碰到SQ2}}$左行$\xrightarrow{\text{第二次碰到SQ1}}$继续左行$\xrightarrow{\text{碰到SQ0}}$右行折返$\xrightarrow{\text{第三次碰到SQ1}}$继续右行$\xrightarrow{\text{第二次碰到SQ2}}$停止

2）在小车的一个循环运动中，将3次碰到限位开关SQ1，两次碰到SQ2，但每次碰到行程开关后，小车的运行状态变化都不相同，如果用经验法设计程序，需要3个继电器来记忆SQ1、SQ2状态改变的次数。如果用顺序控制设计法，逻辑关系更为简单明了。

3. 硬件电路设计

在省略紧急停车、意外停车后的左右行起动、过载和短路保护的前提下，依据控制要求，设置输入、输出端口分配表，见表3-1-3。

表3-1-3 PLC的I/O分配表

输入端			输出端		
PLC元件	外部设备	功能说明	PLC元件	外部设备	功能说明
X000	SQ0	左限位开关	Y000	KM0	左行电动机接触器
X001	SQ1	中间限位开关	Y001	KM1	右行电动机接触器
X002	SQ2	右限位开关			
X003	SB3	起动按钮			

PLC控制系统I/O接线图如图3-1-9所示。

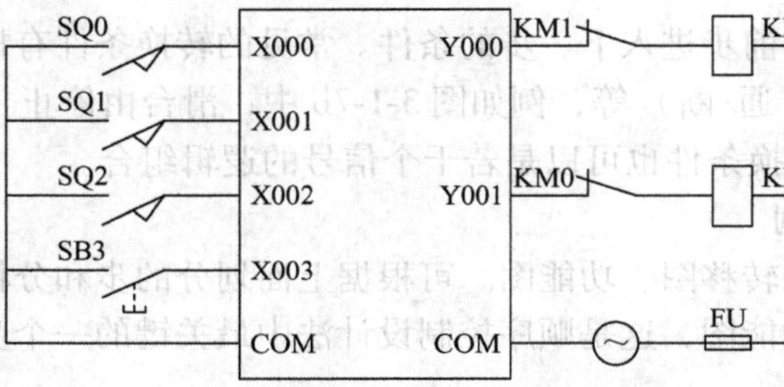

图3-1-9 PLC控制系统I/O接线图

4. 绘制状态流程图（划分工步、确定转移条件）

流程图是描述控制系统的控制过程、功能和特性的一种图形，流程图又叫功能表图。流程图主要由步、任务、有向线段、转移（换）和转移（换）条件组成。

1）步：工作步骤。每一步用一个矩形框表示，框中用文字表示该步的动作内容或用数字表示该步的标号。与控制过程的初始状态相对应的步称为初始步，初始步表示操作的开始。

2）任务：每步所要完成的动作（或功能）集合。向右用线段与方框连接。

3）有向线段：矩形框之间的连接线段。表示工作转移的方向，习惯的方向是从上至下或从左至右，必要时也可以选用其他方向。有向线段连接两个相邻矩形框时，可以省略表示工作转移方向的箭头。

4）转移：两步之间不能直接相连，必须用“转移”隔开。转移用有向线段上的短横线表示，两个转移之间必须用“步”隔开。

5）转移条件：从一步转移到另一步的条件。转移条件用文字或逻辑符号标注在对应转移的短横线旁边。

当相邻两步之间的转移条件得到满足时，转移去执行下一步动作，而上一步动作便结束，这种控制称为步进控制。

根据分析可知，小车运动系统状态由准备步和四个工作步组成，其状态流程图如图3-1-10所示。

在图3-1-10中的初始状态下，按下起动按钮SB3，则小车由初始状态转移到左行步，驱动对应的输出继电器Y000，当小车左行至限位开关SQ1时，则由左行步转移到右行步，这就完成了一个步进。以下的步进读者可以自行分析。

5. 绘制顺序功能图

顺序控制若采用步进指令编程，则可根据流程图绘制出顺序功能图。顺序功能图是用状态继电器（简称状态）描述的流程图。

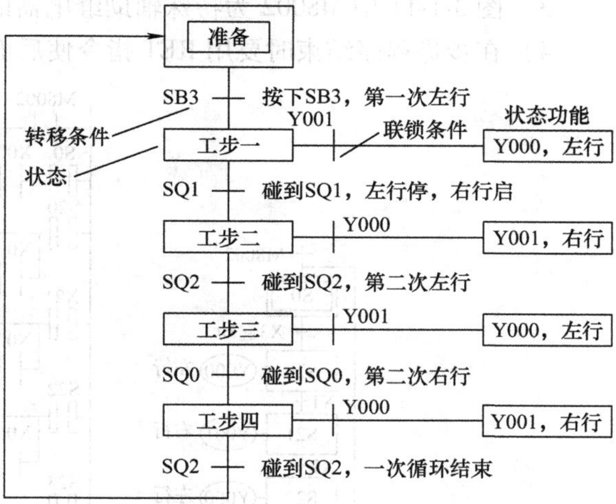

图3-1-10　小车运动系统状态流程图

状态元件是构成顺序功能图的基本元素，是可编程序控制器的元件之一。FX系列PLC共有1000个状态元件，其分类、编号、数量及用途见表3-1-4。

表3-1-4　FX系列PLC的状态元件

类　别	元件编号	数　量	用途及特点
初始状态	S0～S9	10	用作SFC的初始状态
返回状态	S10～S19	10	多运行模式控制中，用作返回原点的状态
一般状态	S20～S499	480	用作SFC的中间状态
掉电保持状态	S500～S899	400	具有停电保持功能，停电恢复后需继续执行的场合可用这些状态元件
信号报警状态	S900～S999	100	用作报警元件

流程图中的每一步，可用一个状态来表示，根据图3-1-10，分配初始状态元件为S0，工步一～工步四为S20～S23，绘制出的小车运动控制顺序功能图如图3-1-11a所示。

注意：虽然S20与S22活动时都接通Y000，S21与S23活动时都接通Y001，但它们是顺序功能图中的不同工序，也就是不同状态，故编号也不同。

小车运动系统一个工作周期由5步组成，它们可分别对应S0、S20～S23，步S0代表初始步。

6. 编辑步进梯形图

每个状态提供一个STL触点，当状态置位时，其步进触点接通。用步进触点连接负载的梯形图称为步进梯形图，它可以根据顺序功能图来绘制。根据顺序功能图绘制的步进梯形图如图3-1-11b所示，对应的句表如图3-1-11c所示。

下面对绘制步进梯形图的要点做一些说明：

1）状态必须用SET指令置位才有步进控制功能，这时状态才能提供STL触点。

2）在步进梯形图中，一般STL触点都是与母线连接的，或通过其他触点的组合来驱动线圈。线圈的通断由STL触点的通断来决定。

3）图 3-1-11 中 M8002 为特殊辅助继电器的触点，它提供开机初始脉冲。

4）在步进程序结束时要用 RET 指令使后面的程序返回原母线。

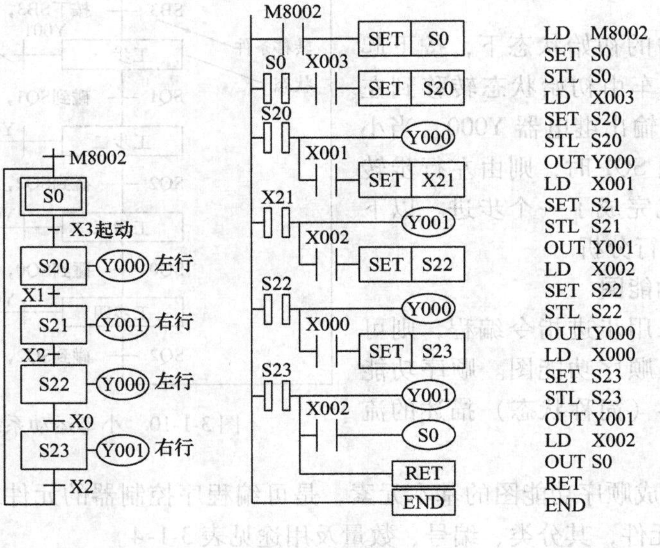

a) 顺序功能图　　b) 步进梯形图　　c) 语句表

图 3-1-11　小车运动控制的顺序功能图、梯形图及语句表

7. 仿真调试

仿真调试的过程与任务 2. 1 相似。用 GX-DEVELOPER 软件编程时，既可以用语句表编辑，也可以用梯形图编辑。用梯形图编辑时，状态寄存器 Sn 的常开触点用“STL　Sn”输入，并在编辑页上产生独立的一行。Sn 与 Sn +1 之间即为 Sn 内的小母线。

8. 联机调试

联机调试方法、步骤与任务 2. 1 相似，并可以通过“在线监视”功能观察梯形图运行情况。

3. 1. 4　液压滑台二次进给的控制程序设计

1. 控制要求

某机床的液压滑台需要进行二次进给控制：按下起动按钮 SB 后，开始第一次进给；当碰到限位开关 SQ1 时，第一次进给结束，并立即第一次退回；退回到限位开关 SQ2 处时，第一次退回结束；延时 5s 后，自动第二次进给，碰到限位开关 SQ3 时，第二次进给结束，并立即第二次退回；退回到 SQ2 后停止运动；第一次进给和第二次进给的速度相同。

2. 被控对象分析

被控对象为液压滑台，其进给和退回状态分别由液压电磁阀 YV1、YV2 控制，运动行程由限位开关 SQ1、SQ2 和 SQ3 控制；第一次进给结束到第二次进给的状态转换由时间继电器控制。

3. 硬件电路设计

在不考虑液压电动机控制时，I/O 分配表见表 3-1-5。依据 I/O 分配表可以方便地画出

I/O 接线图，在此省略 I/O 接线图。

表 3-1-5　PLC 的 I/O 分配表

输入端			输出端		
PLC 元件	外部设备	功能说明	PLC 元件	外部设备	功能说明
X000	SB	起动按钮	Y000	YV1	进给运动控制
X001	SQ1	第一次进给限位开关	Y001	YV2	退回运动控制
X002	SQ2	退回限位开关			
X003	SQ3	第二次进给限位开关			

4. 绘制顺序功能图

如果步进状态转换流程比较简单，也可以不绘制步进状态转移流程图，而直接绘制顺序功能图。

用 S0 表示初始状态，用 S20 ~ S24 状态器分别表示第一次进给到第二次退回的五个状态。按控制要求，其顺序功能图如图 3-1-12a 所示。

5. 编辑梯形图程序

根据顺序功能图绘制的梯形图如图 3-1-12b 所示。

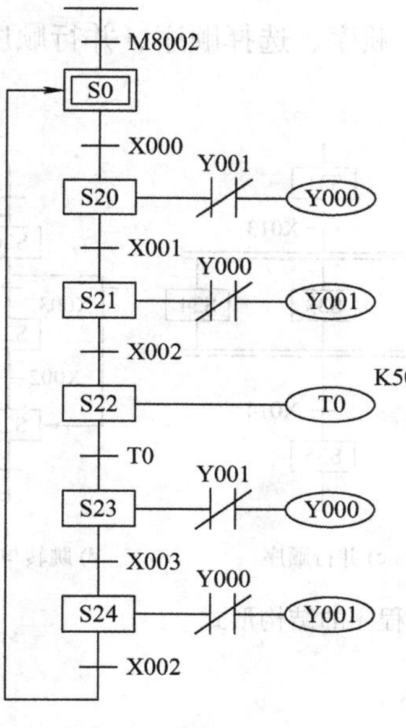

a) 顺序功能图

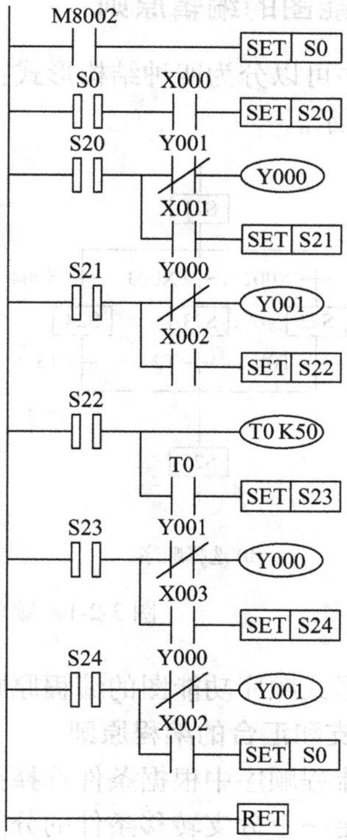

b) 梯形图

图 3-1-12　液压滑台顺序功能图及梯形图

6. 仿真调试

仿真调试的过程与前述任务相同。

任务3.2 分支流程顺序控制

【提出任务】

任务3.1中的小车自动往返、液压滑台二次进给，都是单一流程的简单顺序控制。若是自动门的控制装置，在关门的过程中如果检测到有人需要进出，应该停止关门且重新开门，因此会出现分支流程，构成复杂的顺序控制系统。

【分解任务】

1. 边学边做，了解分支流程图结构，绘制不同类型的顺序功能图。

2. 边做边学，熟悉复杂顺序控制程序的设计基本原则、设计内容及步骤。完成自动门、交通灯控制系统的设计、调试。

【解答任务】

3.2.1 顺序功能图的编辑原则

顺序控制程序可以分为四种结构形式：单一顺序、选择顺序、并行顺序和跳转与循环顺序。如图3-2-1所示。

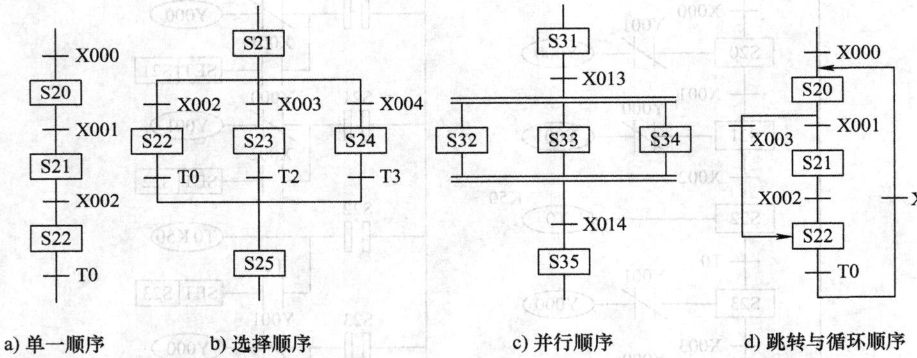

图3-2-1 顺序控制程序的结构形式

对不同结构形式顺序功能图的编程原则如下：

1. 选择性分支和汇合的编程原则

从多个分支流程顺序中根据条件选择执行其中一个分支，而其余分支的转移条件不能满足，即每次只满足一个分支转移条件的分支方式称为选择性分支。

编程原则：先处理分支状态，然后再处理汇合状态。

编程方法：对选择性分支处先进行分支状态的驱动处理，再依顺序进行转移处理；对选择性汇合处先进行汇合前状态的驱动处理，再依顺序进行向汇合状态转移处理。

在图3-2-1b中，分支选择条件X002、X003和X004不能同时接通。程序运行到状态器S21时，根据X002、X003和X004的状态决定执行哪一条分支。当状态器S22、S23或S24

中的一个接通时，S21 自动复位。状态器 S25 由 S22、S23 或 S24 置位，同时，前一状态器 S22、S23 或 S24 自动复位。与图 3-2-1b 对应的梯形图如图 3-2-2 所示，与图 3-2-1c 对应的梯形图如图 3-2-3 所示。

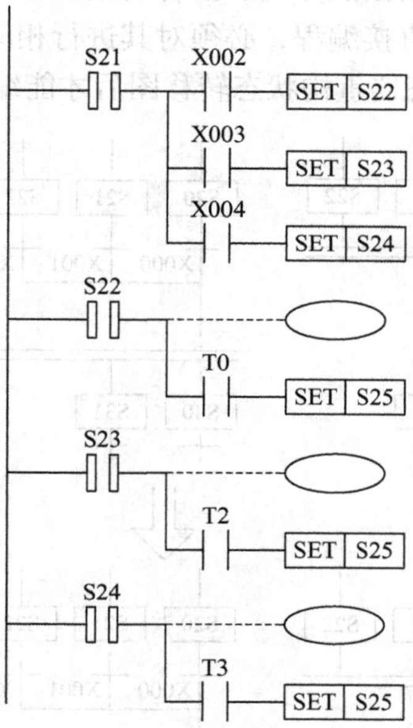

图 3-2-2　选择顺序的梯形图

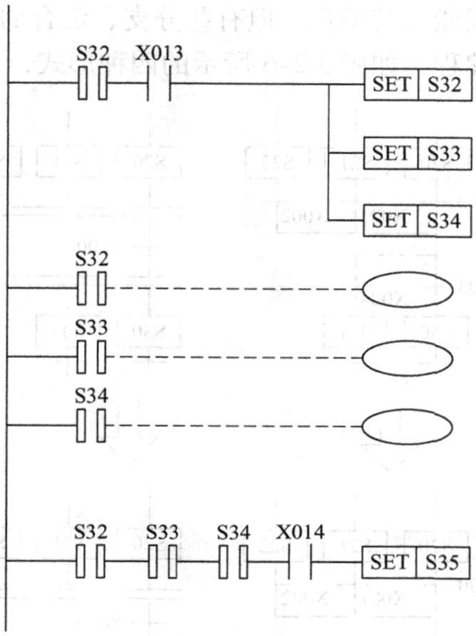

图 3-2-3　并行顺序的梯形图

2. 并行分支和汇合编程的原则

1）多条支路汇合在一起，实际上是 STL 指令的连续使用（在梯形图上是 STL 接点串联）。STL 指令最多可连续使用 8 次，即最多允许 8 条并行支路汇合在一起，如图 3-2-4 所示。

2）并行分支与汇合流程中，并行分支后面不能使用选择转移条件（如 X001、X002），在转移条件（如 X003、X004）后不允许并行汇合，如图 3-2-5 所示，在图 3-2-5a 中的状态转移图应进行适当修改方可编程，可修改成图 3-2-5b。

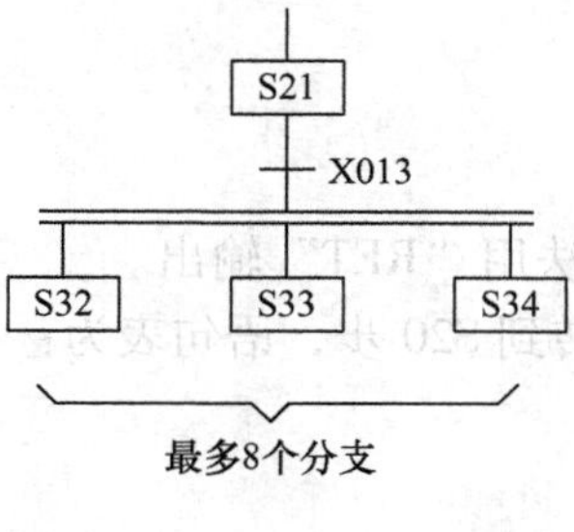

图 3-2-4　并行分支数量限制

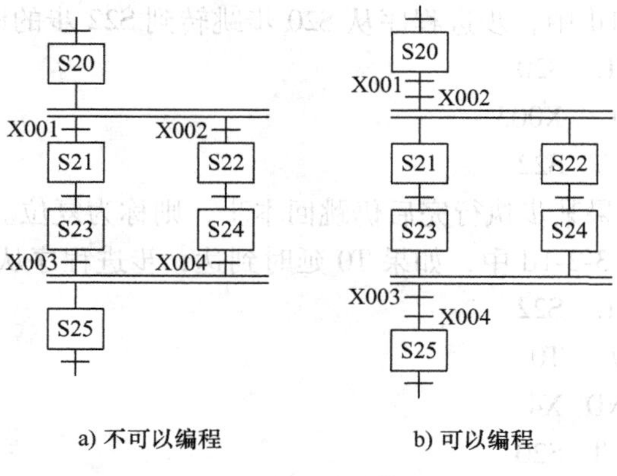

图 3-2-5　分支与汇合条件的修正

3. 组合流程设置虚拟状态原则

在运用状态编程方法解决问题时，状态转移图不单单是选择性分支、并行分支或汇合流程，还会碰到一些由若干个或若干类分支、汇合流程组合，即在并行分支、汇合中，存在选择性分支，在分支中还有分支，遇到这种情况时，只要严格按照分支、汇合的编程原则与方法，就能对其编程。但有些分支、汇合的组合流程并不能直接编程，必须对其进行相应转化才能编程，如图 3-2-6 所示的四种形式，只有设置虚拟状态器重构状态转移图后才能编程。

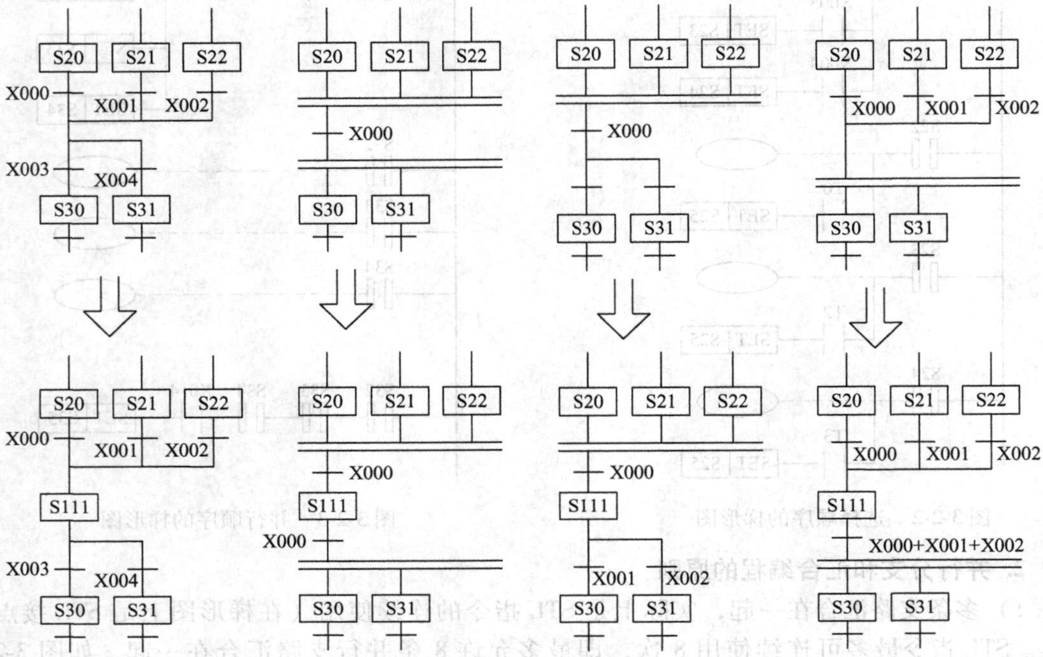

图 3-2-6 虚拟状态的设置

4. 跳转与循环的编程原则

图 3-2-1d 中，当条件 X003 满足时，步进程序从 S20 步跳转到 S22 步。从前往后跳称跳转，从后向前跳称重复，从后跳转到初始步称循环。

跳转与循环的编程原则和方法与分支编程相似，只是被转移的状态用 OUT 输出。如图 3-2-1d 中，步进程序从 S20 步跳转到 S22 步的语句表为：

```
STL  S20
LD   X003
OUT  S22
```

如果某步执行完后仍跳回本步，则称为复位。其编程方法用“RET”输出。

图 3-2-1d 中，如果 T0 延时到达，步进程序从 S22 步跳转到 S20 步，语句表为：

```
STL  S22
LD   T0
AND  X4
OUT  S20
RET
```

3.2.2　自动门控制系统设计

1. 控制要求

某自动门由电动机正、反转驱动开门和关门。当人进入自动门感应区时，先高速开门，开门至位置开关 SQ1 时改为减速开门，开门至极限开关 SQ2 时结束开门，并开始延时等待。若在 0.5s 内感应器检测无人，自动高速关门，关门至位置开关 SQ3 时改为减速关门，关门至极限开关 SQ4 时结束关门。若在关门期间检测到有人，则停止关门，并延时 0.5s 后自动转换为高速开门。

2. 被控对象分析

被控对象为驱动自动门开、关的电动机，其状态转移流程因关门期间是否有人进入感应区而出现了分支。因此，应用分支流程步进控制方案来设计 PLC 控制系统。

3. 硬件电路设计

(1) I/O 分配表

自动门控制系统有 5 个输入信号，4 个输出信号，I/O 分配表见 3-2-1。

表 3-2-1　PLC 的 I/O 分配表

输入端			输出端		
PLC 元件	外部设备	功能说明	PLC 元件	外部设备	功能说明
X000	SQ0	活动物体感应	Y000	KM0	高速开门
X001	SQ1	高速开门到位检测	Y001	KM1	减速开门
X002	SQ2	开门到位检测	Y002	KM2	高速关门
X003	SQ3	高速关门到位检测	Y003	KM3	减速关门
X004	SQ4	关门到位检测			

(2) I/O 接线图

根据 I/O 分配表绘制 I/O 接线图。

4. 绘制状态流程图

梳理自动门工作过程，可以得到如图 3-2-7 所示的状态流程图。

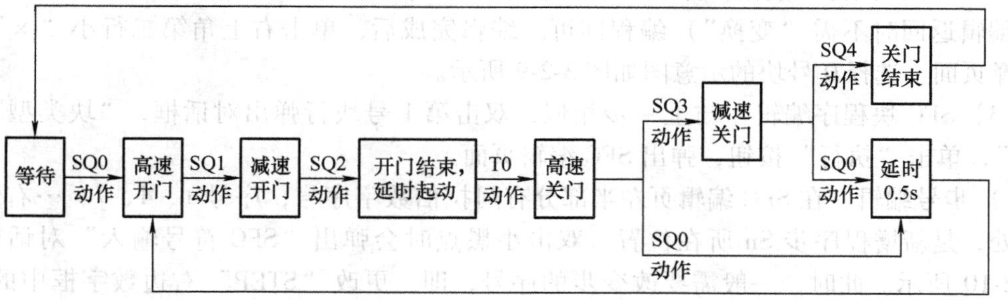

图 3-2-7　自动门状态流程图

5. 绘制顺序功能图

根据自动门工作流程图划分顺序功能图的步并确定转移条件。以 S0 为初始步，S20 ~ S25 为工作步，得到的顺序功能图如图 3-2-8 所示。

当程序运行到S23步（高速关门）时，如果检测到有人进出（转换条件X0闭合），则程序进入S25步；如果检测到没有人进出（转换条件X003闭合），则程序进入S24步。所以编辑顺序功能图时，在S23步状态方框之下有两条分支线引出。

图3-2-8中，步S20之前有一个由两条支路组成的选择序列的合并。当S0为活动步，转换条件X000得到满足时，或者S25为活动步，转换条件T1得到满足时，都将使步S20变为活动步，同时将步S0或步S25变为不活动步。

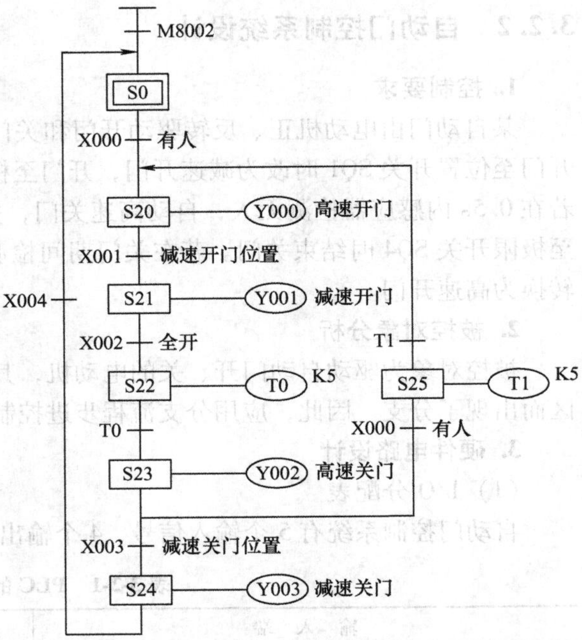

图3-2-8 自动门顺序功能图

在梯形图中，由S0和S25的STL触点驱动的电路块转换目标都是S20，对它们的后续步S20的置位是用SET指令实现的，对相应的前级步的复位是由系统程序自动完成的。其实在设计梯形图时，没有必要特别留意选择序列的合并如何处理，只要正确地确定每一步的转换条件和转换目标，就能自然地实现选择序列的合并。

6. 编辑顺序功能图（SFC）程序

（1）进入SFC块选择编辑页面 启动编程软件，单击“创建新工程”弹出对话框，在“PLC系列”下拉列表中选择“FXCPU”，在“PLC类型”下拉列表中选择“FX3U”，在“程序类型”上点选“SFC”，勾选“设置工程名”并输入工程名，单击“确定”按钮，弹出SFC块选择编辑页面。

（2）初始化块梯形图编辑 在SFC块选择编辑页面中，双击块列表第0号块（$N_0 0$）行任何位置，弹出“块信息”对话框，填写“块标题”（如初始化），“块类型”点选“梯形图”，单击“执行”按钮，弹出梯形图编辑页面。在编辑页面右边区域内用梯形图或语句表（编辑返回时不需“变换”）编程即可。编辑完成后，单击右上角第二行小“×”返回块选择页面。选择0号块的示意图如图3-2-9所示。

（3）SFC块程序编辑 与上一步相似，双击第1号块行弹出对话框，“块类型”选择“SFC”，单击“执行”按钮，弹出SFC编辑页面。

1）步号编辑。在SFC编辑页左半部分有阿拉伯数字序号，序号1、4、7、…右侧的小黑点处，是新增程序步Sn所在位置。双击小黑点时会弹出“SFC符号输入”对话框，如图3-2-10所示。此时，一般需要改变步的序号，即：更改“STEP”右边数字框中的数字，使其与顺序功能图中对应Sn的n值相同。如在编辑S20步时，将弹出对话框的“10”改为“20”，单击“确定”按钮后，原有小黑点就会变成右侧带字符“？20”的框。

2）步输出编辑。单击步号框，在编辑页面右半边弹出自带左、右母线的程序编辑区。如果采用语句表编程，可以连续使用“OUT”输出，且退出时不需要“变换”在编辑的程序。如果采用梯形图编程，不能连续在左母线上使用“OUT”输出，且退出时必须先“变换”，然后再退出编辑。例如，编辑图 3-2-11 中第 S20 步输出时，先单击“？20”框，再将光标移到程序编辑区左母线上，键入“OUT Y000”后回车，生成梯形图，单击工具栏“变换”，或者在键盘上按下“F4”变换所编辑的程序，完成输出编辑。完成编辑后，“？20”框变成“20”框，灰色编辑区变成白色编辑区。

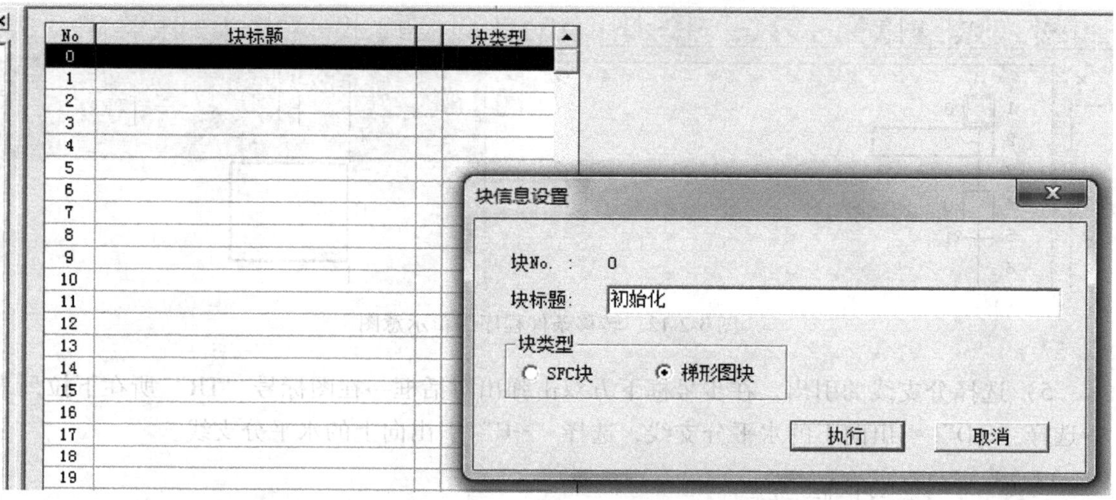

图 3-2-9　选择 0 号块的示意图

图 3-2-10　步号编辑示意图

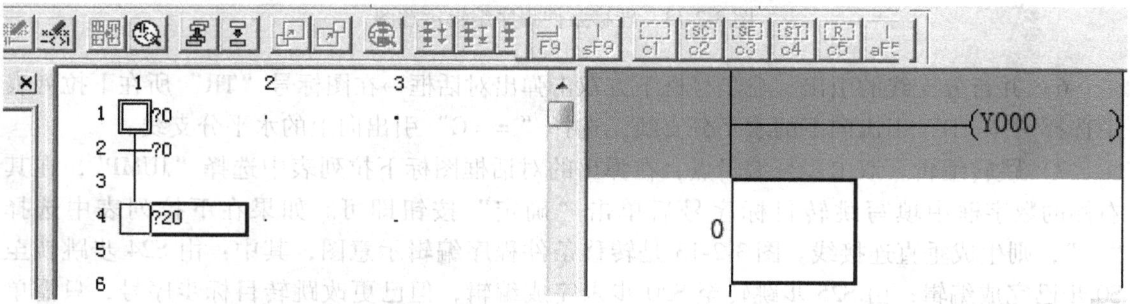

图 3-2-11　步输出编辑示意图

3）转移条件号编辑。在步号框下方双击条件区弹出对话框，图标号“TR”表示转移条件，其右侧数字框中的数字自动生成，一般不需要更改。单击“确定”后，自动生成垂直竖线和短横线，以及带“？”的转移条件序号。不能生成诸如 X000、T1 等条件转移编号。

4）转移条件程序编辑。单击条件转移号区域，在页面右半边弹出程序编辑区，用语句表或梯形图编辑。例如，第S0步转移到S20步的转移条件“X000”，其程序编辑示意图如图3-2-12所示。如果采用梯形图编程时，则输入“LD X000”→回车→输入“TRAN”→回车，完成编辑。“TRAN”相当于“行结束”。如果采用语句表编程时，则只要输入“LD X000”→回车即可。

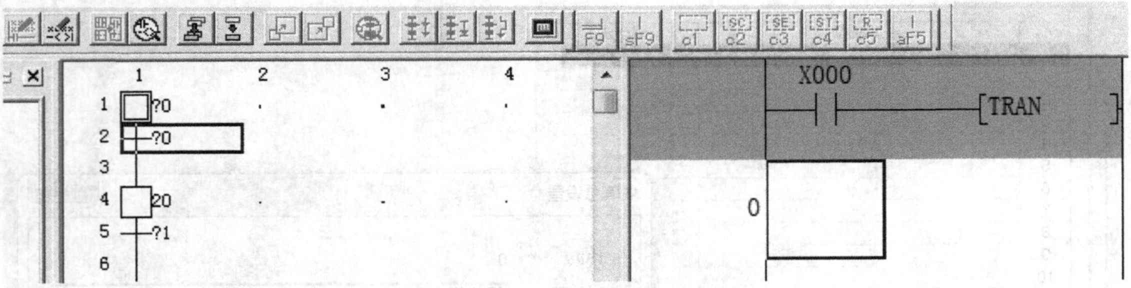

图3-2-12 转移条件程序编辑示意图

5）选择分支线的引出。在步号框下方双击弹出对话框→在图标号“TR”所在下拉列表中选择“--D”引出向下的水平分支线，选择“--C”引出向上的水平分支线。

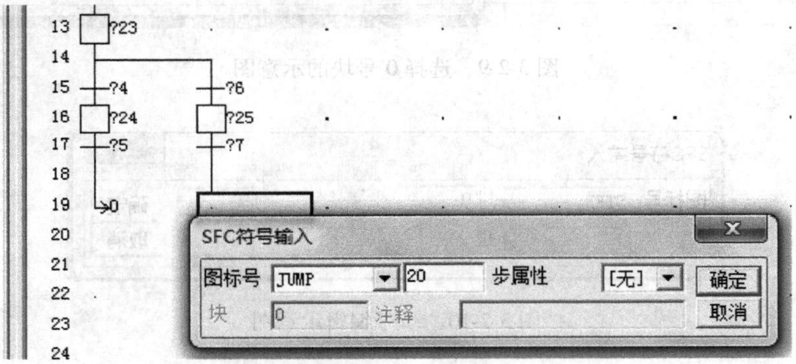

图3-2-13 转移条件程序编辑示意图

6）并行分支线的引出。在步号框下方双击弹出对话框→在图标号“TR”所在下拉列表中选择“==D”引出向下的水平分支线，选择“==C”引出向上的水平分支线。

7）跳转编辑。双击步号编辑点，在弹出的对话框图标下拉列表中选择“JUMP”，在其右侧的数字框中填写跳转目标序号后单击“确定”按钮即可。如果在下拉列表中选择“|”，则生成垂直连接线。图3-2-13是转移条件程序编辑示意图，其中：由S24步跳转至S0步已完成编辑；由S25步跳转至S20步未完成编辑，但已更改跳转目标步序号，只需单击SFC符号输入对话框中的“确定”就可完成编辑。

7. 仿真调试

SFC程序与梯形图程序仿真调试的方法、步骤相同。结束块编辑后返回块编辑页面，单击工具栏中“变换”下拉菜单，选择“变换编辑中的所有块”，然后再把程序写入PLC，并进行仿真调试。

在自动门控制系统仿真过程中，重点观察分支转移条件满足时，分支流向是否正确。

3.2.3　交通灯控制系统设计

1. 控制要求

交通灯 PLC 控制要求如下：

1）车道（东西方向）是绿灯时，人行道（南北方向）是红灯。

2）行人按下横穿按钮 X000 或 X001 后，30s 内交通信号灯状态不变：车道是绿灯，人行道是红灯。30s 以后车道为黄灯，再过 10s 以后变成车道为红灯。

3）车道变为红灯后，再过 5s 人行道变为绿灯。15s 以后，人行道绿灯闪烁，闪烁频率 1Hz，闪烁次数 5 次后人行道变为红灯。再过 5s 后车道变为绿灯，并返回平时状态。

各段时间分配如图 3-2-14 所示。

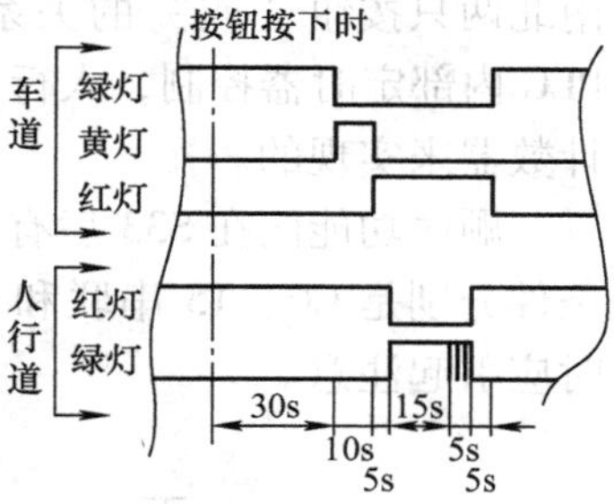

图 3-2-14　各时段分配图

2. 被控对象分析

按单流程编程：如果把东西方向和南北方向信号灯的动作视为一个顺序动作过程，其中每一个时序同时有两个输出，一个输出控制东西方向的信号灯，另一个输出控制南北方向的信号灯，这样就可以按单流程进行编程。

按双流程编程：东西方向和南北方向信号灯的动作过程也可以看成是两个独立的顺序动作过程，它具有两条状态转移支路，其结构为并联分支与汇合。按起动按钮 SB1 或 SB2，信号系统开始运行，并反复循环。

3. 硬件电路设计

输入端直流电源由 PLC 内部提供，可直接将 PLC 电源端子接在开关上。交流电源则是由外部供给。

根据人行道交通信号灯的控制要求，系统所需车道（东西方向）红、绿、黄各 2 个信号灯，人行道（南北方向）红、绿各 2 个信号灯，南北方向各需一个按钮。所以，硬件方面需要的器件，除 PLC 主机外，还需配备两个信号灯箱和两个按钮。

I/O 分配表见表 3-2-2。

表 3-2-2　交通灯控制系统的 I/O 分配表

PLC 元件名称	连接的外部设备	功 能 说 明
X000	SB1	人行道北按钮
X001	SB2	人行道南按钮
Y000	HL0	车道红灯
Y001	HL1	车道黄灯
Y002	HL2	车道绿灯
Y003	HL3	人行道红灯
Y004	HL4	人行道绿灯

I/O 接线图如图 3-2-15 所示。

4. 绘制顺序功能图

在本任务中，我们采用步进梯形图指令并联分支、汇合编程的方法来实现人行道信号灯

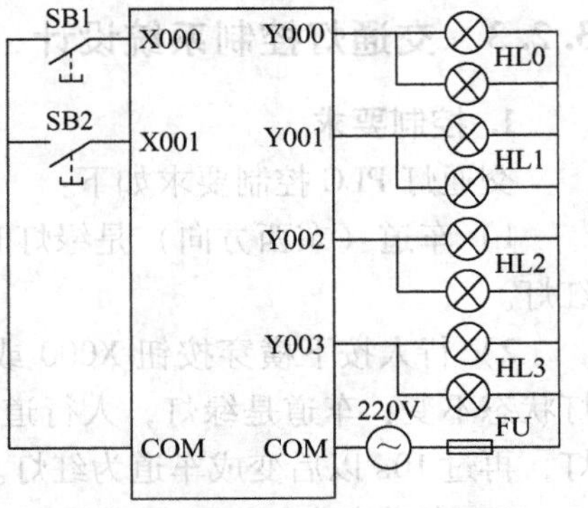

图 3-2-15 交通灯控制系统的 I/O 接线图

的功能。其顺序功能图如图 3-2-16 所示。由图可知，我们把车道（东西方向）信号灯的控制作为左面的并联分支，人行道（南北方向）信号灯的控制作为并联分支的右面支路，并联分支的转移条件是人行道南北两只按钮“或”的关系，灯亮的时间长短利用 PLC 内部定时器控制，人行道绿灯闪是利用子循环加计数器来实现的。

顺序功能图在 S33 后有一个选择性分支，其转移条件分别是 C0、T5 串联和 C0 非、T5 串联，在编程时应引起注意。

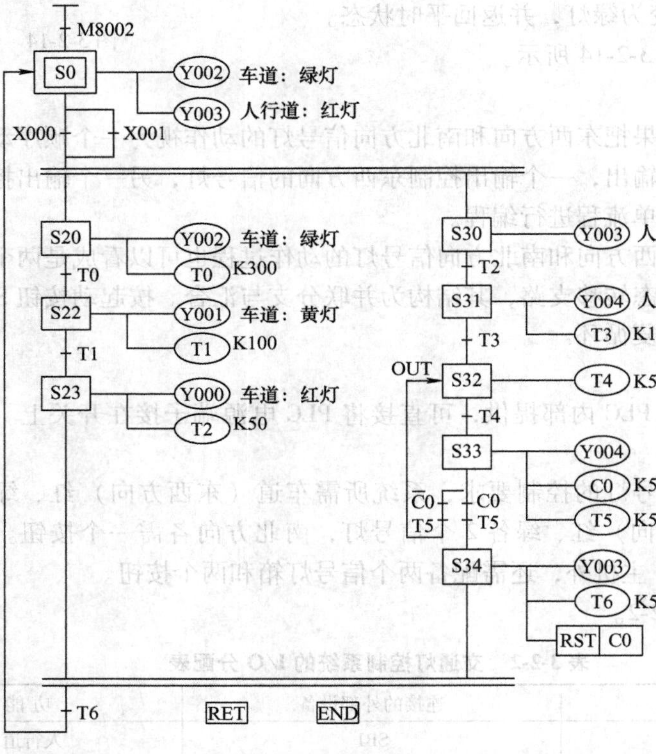

图 3-2-16 交通灯控制系统顺序功能图

5. 编辑程序

1）用梯形图编辑程序：在 X000“或”X001 之后，连续用“SET S20”“SET S30”实现并行分支。连续用“STL S23”“STL S34”实现分支的汇合。用梯形图编程的参考语句表见表 3-2-3。

2）用顺序功能图编辑：参考“3. 2. 2 自动门控制系统设计”中的方法编辑。

6. 仿真调试

方法及步骤与前面任务相同。

表 3-2-3　交通灯控制系统程序语句表

LD	M8002	OUT	T0	OUT	Y0	LD	T3	OUT	T5	OUT	T6
SET	S0		K300	OUT	T2	SET	S32		K5		K50
STL	S0	LD	T0		K50	STL	S32	LDI	C0	STL	S32
OUT	Y2	SET	S22	STL	S30	OUT	T4	AND	T5	STL	S34
OUT	Y3	STL	S22	OUT	Y3		K5	OUT	S32	AND	T6
LD	X0	OUT	Y1	LD	T2	LD	T4	LD	C0	OUT	S0
OR	X1	OUT	T1	SET	S31	SET	S33	AND	T5	RET	
SET	S20		K100	STL	S31	STL	S33	SET	S34	END	
SET	S30	LD	T1	OUT	Y4	OUT	Y4	STL	S34		
STL	S20	SET	S23	OUT	T3	OUT	C0	OUT	Y3		
OUT	Y2	STL	S23		K150		K5	RST	C0		

【模块小结】

1. 步进指令：步进接点指令 STL 和步进返回指令 RET。

2. 状态流程图组成：步、转移、转移条件、有向线段和动作。

3. 顺序控制程序的结构形式：单一顺序结构、选择顺序结构、并行顺序结构和跳转与循环顺序结构。

4. 顺序控制程序设计的四个基本步骤：步的划分、转换条件的确定、顺序功能图（SFC）的绘制和梯形图的绘制。

5. 顺序功能图的编辑原则：选择性分支和汇合的编程原则、并行分支和汇合编程原则、组合流程设置虚拟状态原则、跳转与循环的编程原则。

【作业与思考】

3-1　什么叫顺序功能图？它与梯形图有何区别？

3-2　顺序控制中“步”的划分依据是什么？

3-3　请用 STL 指令编写出图 3-1 所示顺序功能图的梯形图程序。

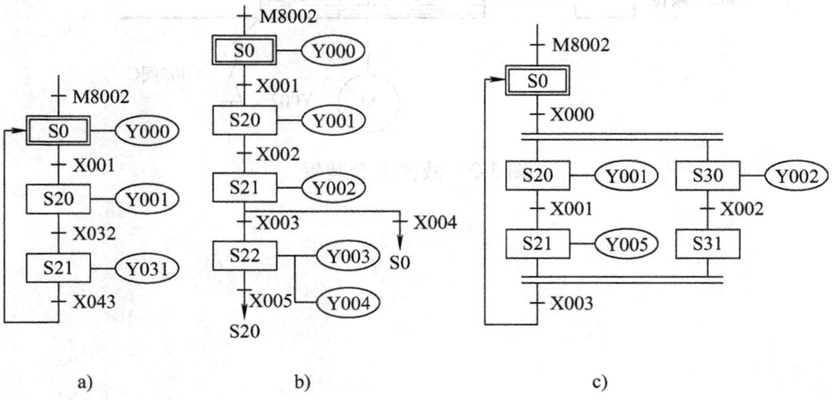

图 3-1　顺序功能图

3-4　声光报警控制要求：按下起动按钮，报警灯以1Hz的频率闪烁，蜂鸣器持续发声，闪烁100次停止5s后重复上面的过程，反复三次后停止，之后需按起动按钮又重新实现上述工作。试设计其PLC控制程序。

3-5　某钻床为同时在工件上钻大、小两个孔的专用机床，一个工件上要钻6个孔，间隔均匀分布。其控制要求如下：

（1）人工放好工件后，按下起动按钮X000，Y000为“ON”夹紧工件。

（2）夹紧后压力继电器X001为“ON”，Y001、Y003为“ON”，使大、小两钻头同时下行钻孔。

（3）大、小两钻头分别钻到由限位开关X002和X004设定的深度时停止下行，两钻头全停以后Y002、Y004为“ON”使两钻头同时上行。

（4）大、小两钻头分别升到由限位开关X003、X005设定的起始位置时停止上行，两个都到位后，Y005为“ON”使工件旋转120°。

（5）旋转到位时，X006为“ON”，设定值为3的计数器C0的当前值加1，系统开始下一个周期的钻孔工作。

（6）6个孔钻完后，C0的当前值等于设定值3，Y006为“ON”使工件松开。

（7）松开到位时，限位开关X007为“ON”，系统返回到初始状态。

3-6　液体混合装置示意图如图3-2所示，上限位、下限位和中限位液位传感器被淹没时为“ON”。阀A、阀B和阀C为电磁阀，线圈通电时打开，线圈断开时关闭。开始时容器是空的，各阀门均关闭，各传感器均为“OFF”。按下起动按钮（X003）后，打开阀A，液体A流入容器，中限位开关变为“ON”时，关闭阀A，打开阀B，液体B流入容器。当液面到达上限位开关时，关闭阀B，电动机M开始运行，搅动液体，6s后停止搅动，打开阀C，放出混合液，当液面降至下限位开关之后再过2s，容器放空，关闭阀C，打开阀A，又开始下一周期的操作。按下停止按钮（X004），在当前工作周期结束后，才停止操作（停在初始状态）。试设计该装置的控制程序。

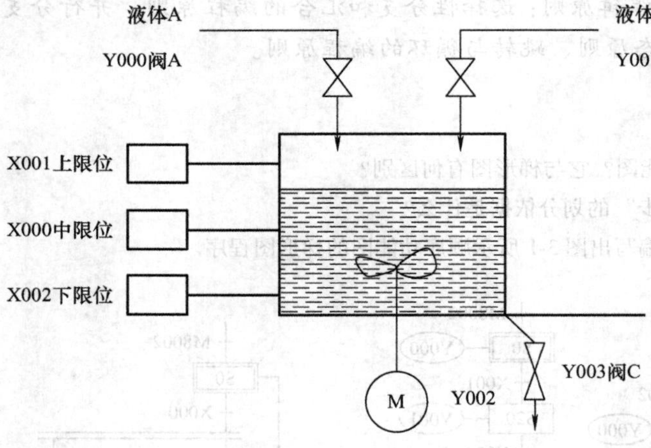

图3-2　液体混合装置

模块 4 功能指令的应用

功能指令是可编程序控制器数据处理能力的标志，用于数据的传送、运算、变换及程序控制等功能，这类指令实际上就是一个个功能完整的子程序。由于数据处理远比逻辑处理复杂，功能指令无论从梯形图的表达形式上，还是从涉及的机内器件种类及信息的数量上都有一定的特殊性。本模块将学习一些应用较为广泛的功能指令。

【知识目标】

1. 掌握位组件，理解它们与位元件的联系与区别。
2. 掌握传送指令 MOV 的使用方法，了解数据传送类指令的功能及其使用方法。
3. 掌握二进制加、减、乘、除算术运算指令的功能及其使用方法。
4. 熟悉程序流向控制类指令的功能及一般使用方法，掌握条件跳转和子程序调用指令的应用方法。
5. 熟悉循环移位类指令的功能及一般使用方法，掌握位左移指令的应用方法。
6. 熟悉比较类指令和逻辑运算类指令的功能及一般使用方法，掌握比较指令和字逻辑指令的应用方法。
7. 了解外部设备类指令，掌握七段译码指令 SEGD 及其使用方法。

【能力目标】

1. 能灵活运用传送指令 MOV、算术运算指令编程。
2. 会使用条件跳转指令设计手动/自动操作方式控制程序。
3. 会用位左移指令设计顺序控制程序。
4. 会用比较指令和字逻辑指令设计分支控制程序。
5. 会用 SEGD 指令编程驱动七段数码管的显示。

任务 4.1　用数据传送指令实现Y-△减压起动

【提出任务】

任务 2.1 ~ 任务 3.2 只用到了 PLC 的开关逻辑处理能力，与单片机相比，PLC 是深度开发的控制用计算机，具有更加强大的数字存储和处理能力。为了更有效地运用 PLC 的数据处理能力，首先必须弄清楚其内部元件之间的数据传递问题。

【分解任务】

1. 边学边做，理解位组件，熟悉功能指令格式。

2. 边做边学，掌握用 MOV 指令设计程序的方法及步骤。完成Y-△起动控制系统的程序设计和调试。

3. 熟悉数据传送类其他指令的功能及用法，会编写相应程序。

【解答任务】

4.1.1 位组件

字元件是位元件的有序集合，在任务 1.2 中已经学过数据寄存器 D、V、Z 等字元件的使用方法，在这里再介绍一类字元件，即位组件。

多个位元件按一定规律的组合叫位组件，例如输出位组件 KnY000，K 表示十进制，n 表示组数，n 的取值为 1 ~ 8，每组有 4 个位元件，Y000 是输出位组件的最低位。当 n 取值 1 ~ 4 时，适用 16 位指令；当 n 取值 5 ~ 8 时，只能使用 32 位指令。位组件一览表如表 4-1-1 所示。

表 4-1-1　位组件一览表

符　号	表 示 内 容
KnX	输入继电器位元件组合的字元件，也称为输入位组件
KnY	输出继电器位元件组合的字元件，也称为输出位组件
KnM	辅助继电器位元件组合的字元件，也称为辅助位组件
KnS	状态继电器位元件组合的字元件，也称为状态位组件

4.1.2 功能指令的使用说明

1）FX 系列 PLC 功能指令编号为 FNC0 ~ FNC246，实际有 130 个功能指令。

2）功能指令分为 16 位指令和 32 位指令。功能指令默认是 16 位指令，加上前缀 D 是 32 位指令，例如 DMOV。

3）功能指令默认是连续执行方式，加上后缀 P 表示为脉冲执行方式，例如 MOVP。

4）多数功能指令有操作数。执行指令后其内容不变的称为源操作数，用［S］表示。被刷新内容的称为目标操作数，用［D］表示。用常数来表示对源操作数或目标操作数作出补充说明的称为其他操作数。不论是哪种操作数，若具有变址功能，则加“.”表示，如［S.］。操作数多时，则加数字序号区别，如［S2.］。

4.1.3 数据传送指令

1. MOV 指令格式（如图 4-1-1 所示）

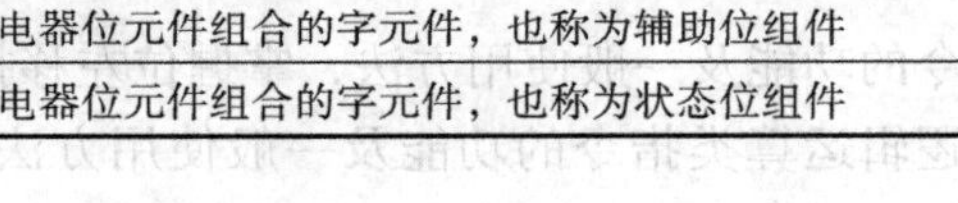

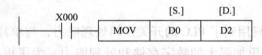

图 4-1-1　MOV 指令格式梯形图

2. MOV 指令要素（见表 4-1-2）

表 4-1-2　MOV 指令要素

指令名称	助记符	指令代码	操作数范围		程序步
			[S.]	[D.]	
传送指令	MOV	FNC12	K、H、KnX、KnY、KnM、KnS、T、C、D、V、Z	KnY、KnM、KnS T、C、D、V、Z	MOV（P）：5 步 DMOV（P）：9 步

3. MOV 指令使用说明

MOV 指令是将源操作数内的数据传送到目标操作数内，即［S］→［D］。

在图 4-1-2 中，当 X000 = ON 时，源操作数 D0 中的数据传送到目标操作元件 D2 中，并自动转换成二进制数。当 X000 断开时，指令不执行，数据保持不变。

【例 4-1-1】 设有 8 盏指示灯，控制要求是：当 X000 接通时，全部灯亮；当 X001 接通时，奇数灯亮；当 X002 接通时，偶数灯亮；当 X003 接通时，全部灯灭。试设计电路并用数据传送指令编写程序。

【解】（1）控制对象分析　控制对象为 8 盏指示灯。拟以 K2Y000 组件字节为目标操作数，十六进制常数为源操作数，得出 I/O 控制关系见表 4-1-3（以 Y001、Y003、Y005、Y007 为奇数）。

表 4-1-3　例 4-1-1 的 I/O 控制关系

输入端口	输出位组件　K2Y000								传送数据
	Y007	Y006	Y005	Y004	Y003	Y002	Y001	Y000	
X000	●	●	●	●	●	●	●	●	H0FF
X001	●		●		●		●		H0AA
X002		●		●		●		●	H55
X003									H0

（2）电路设计　根据控制要求，I/O 分配简单，拟订的控制电路图如图 4-1-2 所示。

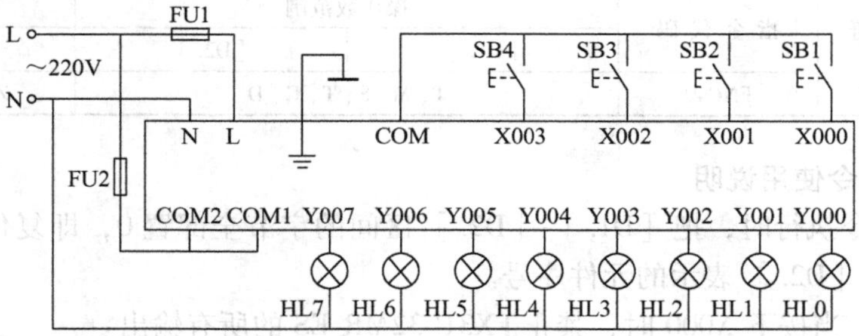

图 4-1-2　例 4-1-1 控制电路图

（3）程序设计　采用 MOV 指令编写的梯形图程序如图 4-1-3 所示。

（4）联机调试　方法、步骤与调试基本指令相同。

当 X000 接通时，仅在第一个扫描周期 Y000 ~ Y007 被刷新为 H0FF（即全灯亮），但这种状态在没有其他行执行结果刷新或断电的情况下一直保持，类似于 SET 指令的执行结果。

当 X000 = 1 时，如果闭合 X001，则 Y000 ~ Y007 被刷新为 H0AA（即奇数灯亮）。如果 X003 = 1，灯全灭，且不论怎样操作 X000 ~ X002，结果都一样，这是因为每个程序扫描周期都会执行“MOV H0000 K2Y000”，且它处于程序最后，其结果刷新 Y000 ~ Y007 输出。

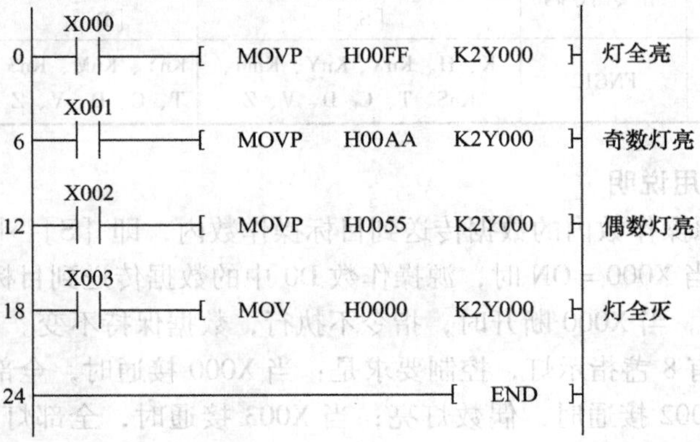

图 4-1-3 例 4-1-1 梯形图

4.1.4 区间复位指令

1. ZRST 指令格式（如图 4-1-4 所示）

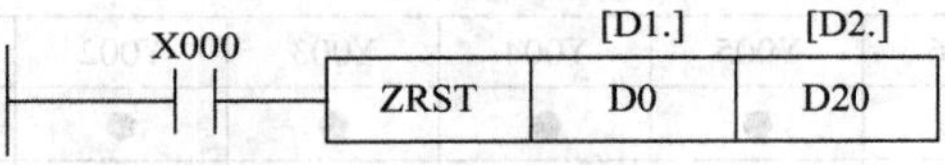

图 4-1-4 ZRST 指令格式梯形图

2. ZRST 指令要素（见表 4-1-4）

表 4-1-4 区间复位指令要素

指令名称	助记符	指令代码	操作数范围		程序步
			[D1.]	[D2.]	
区间复位	ZRST	FNC40	T、M、S、T、C、D		ZRST（P）：5 步

3. ZRST 指令使用说明

当 ZRST 指令执行时，把［D1.］~［D2.］区间的字节全部置 0，即复位。［D1.］表示的元件序号小于［D2.］表示的元件序号。

【例 4-1-2】 当按下 X000 时，禁止 FX3U-32MR-ES 的所有输出。

【解】（1）控制对象分析 在 X000 = 1 时，要求输出元件 Y000 ~ Y017 全部为“0”。拟用 ZRST 指令实现，设 Y000 为目标操作数［D1.］，Y017 为目标操作数［D2.］，无源操作数。

（2）电路设计 因控制要求对 I/O 分配明了，不必再做 I/O 分配表。

（3）程序设计 用区间复位指令编写的梯形图程序如图 4-1-5 所示。

（4）程序调试 当按下 X000 后，ZRST 指令被执行，通过“在线监视”检查 Y000 ~ Y017 是否等于“0”或直接观察 Y000 ~ Y017 输出指示灯。

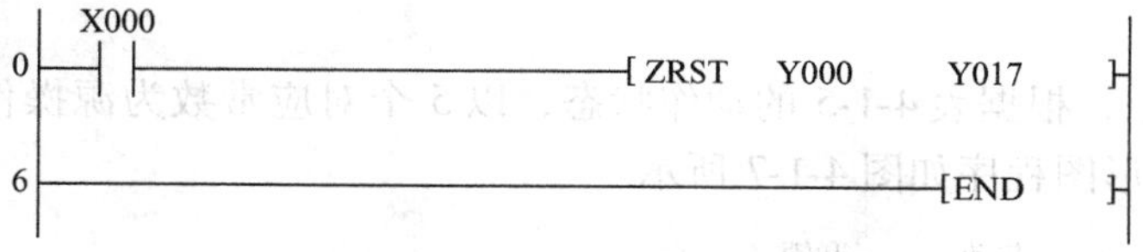

图 4-1-5　例 4-1-2 梯形图

4.1.5　电动机Y-△减压起动控制程序设计

1. 控制要求

按下起动按钮 SB2，电动机以Y方式起动，Y接法运行 10s，然后延时 1s，再转换为△运行。按下停止按钮 SB1，电动机立即停止运行。过载保护动作和Y起动时，指示灯点亮。

2. 控制对象分析

被控对象为电动机，根据控制要求可知，电动机有Y起动、暂时断电滑行、△运行、人为停车和保护动作停车五种运行状态。各状态对应的 Y000 ~ Y003 输出见表 4-1-5。

表 4-1-5　Y-△减压起动过程和传送控制数据表

操作元件	输入端口	状　态	输出端口				传送数据
			Y003/KM3	Y002/KM2	Y001/KM1	Y000/HL	
SB2	X002	Y起动，T0 延时 10s	0	1	1	1	K7
		T0 延时到，T1 延时 1s	0	0	1	1	K3
		T1 延时到，△运行	1	0	1	0	K10
SB1	X001	停止	0	0	0	0	K0
FR	X000	过载保护	0	0	0	1	K1

3. 电路设计

（1）I/O 分配　需要 3 个输入点，4 个输出点，其 I/O 分配见表 4-1-5。

（2）绘制电路接线图　Y-△控制电路图如图 4-1-6 所示。

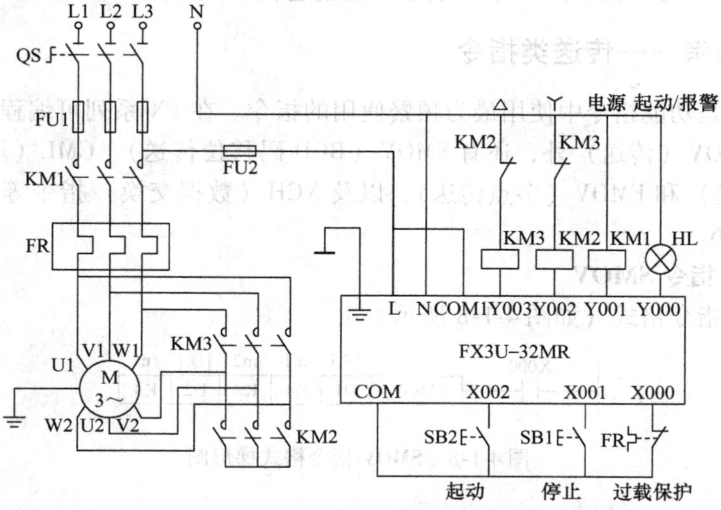

图 4-1-6　Y-△减压起动控制电路原理图

4. 程序设计

应用 MOV 指令，根据表 4-1-5 的动作状态，以 5 个对应常数为源操作数，K1Y000 为目标操作数，参考梯形图程序如图 4-1-7 所示。

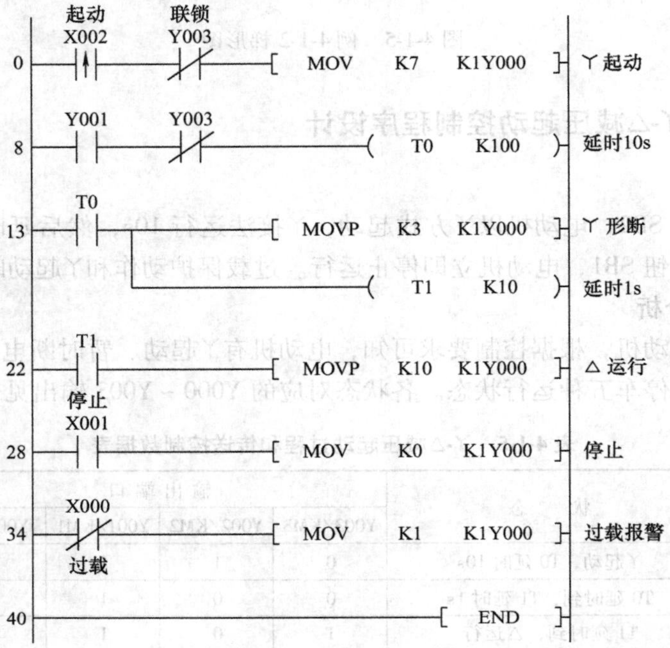

图 4-1-7 Y-△减压起动控制梯形图

5. 联机调试

方法步骤为：断电接线并检查→通电观察电源是否正常→导入程序→合上 PLC 的 “RUN” 开关→按下 “SB2” 起动按钮→观察Y-△转换是否正常→按下 “SB1” 停止按钮；重新起动控制系统→人为断开 X0 接线端子→检查过载保护是否正常。

4.1.6 选学参考——传送类指令

传送类指令是功能指令中使用最为频繁使用的指令。在 FX 系列可编程序控制器中，传送类指令除了 MOV（传送）外，还有 SMOV（BCD 码移位传送）、CML（取反传送）、BMOV（数据块传送）和 FMOV（多点传送），以及 XCH（数据交换）指令等。数据传送类指令要素见表 4-1-6。

1. 移位传送指令 SMOV

（1）SMOV 指令格式（如图 4-1-8 所示）

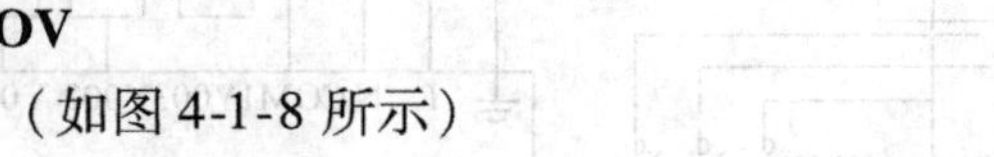

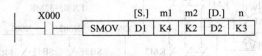

图 4-1-8 SMOV 指令格式梯形图

（2）SMOV 指令要素（见表 4-1-6）

表 4-1-6　数据传送类指令要素

指令名称	助记符	指令代码	操作数范围			程　序　步
			[S.]	[D.]	n	
移位传送	SMOV	FNC13	KnX、KnY、KnM、KnS、T、C、D、V、Z	KnY、KnM、KnS、T、C、D、V、Z	K、H	SMOV (P)：11 步
取反传送	CML	FNC14	KnX、KnY、KnM、KnS、T、C、D、V、Z	KnY、KnM、KnS、T、C、D、V、Z		CML (P)：5 步 DCML (P)：9 步
数据块传送	BMOV	FNC15	KnX、KnY、KnM、KnS、T、C、D、V、Z	KnY、KnM、KnS、T、C、D、V、Z	K、H ≤ 512	BMOV (P)：7 步
多点传送	FMOV	FNC16	K、H、KnY、KnX、KnM、KnS、T、C、D、V、Z	KnY、KnM、KnS、T、C、D、	K、H ≤ 512	FMOV (P)：7 步 DFMOV (P)：13 步
数据交换	XCH	FNC17	KnY、KnM、KnS、T、C、D、V、Z	KnY、KnM、KnS、T、C、D、V、Z		XCH (P)：5 步 DXCH (P)：9 步
BCD 码转换	BCD	FNC18	KnX、KnY、KnM、KnS、T、C、D、V、Z	KnY、KnM、KnS、T、C、D、V、Z		BCD (P)：5 步 DBCD (P)：9 步
BIN 转换	BIN	FNC19	KnX、KnY、KnM、KnS、T、C、D、V、Z	KnY、KnM、KnS、T、C、D、V、Z		BCD (P)：5 步 DBCD (P)：9 步

(3) SMOV 指令使用说明　移位传送指令的功能是源数据（二进制数）转换成 4 位 BCD 码然后将它移位传送。图 4-1-8 中的 X000 为 ON 时，将 D1 中右起第 4 位（m1 = 4）开始的 2 位（m2 = 2）BCD 码移到目标操作数（D2）的右起第 3 位（n = 3）和第 2 位（如图 4-1-9 所示），然后 D2 中的 BCD 码自动转换为二进制数，D2 中的第 1 位和第 4 位不受移位传送值的影响。

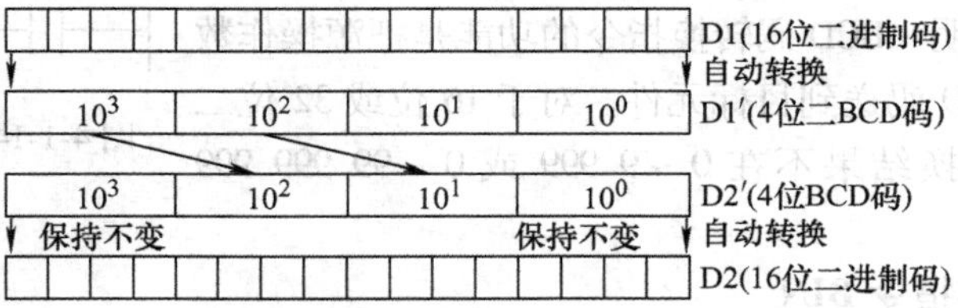

图 4-1-9　SMOV 指令梯形图及执行过程

2. 取反传送指令 CML

(1) 指令格式（如图 4-1-10 所示）

(2) 指令要素（见表 4-1-6）

(3) 指令使用说明　取反传送指令的功能是将源操作

图 4-1-10　CML 指令格式梯形图

数中的数据逐位取反（1→0，0→1）并传送到指定目标。若源操作数为常数 K，则该数据会自动转换为二进制数。CML 用于可编程序控制器取反逻辑输出时非常方便。在图 4-1-10 中，当 X000 = 1 时，执行 CML 指令，并将 D0 的低 4 位取反后传送到 Y000 ~ Y003 中。

3. 数据块传送指令 BMOV

（1）指令格式（如图 4-1-11 所示）

（2）指令要素（见表 4-1-6）

（3）指令使用说明　数据块传送指令的功能是将源操作数指定的元件开始的 n 个数据组成的数据块传送到指定的目标。如果元件号超出允许的范围，则数据仅仅传送到允许的范围。

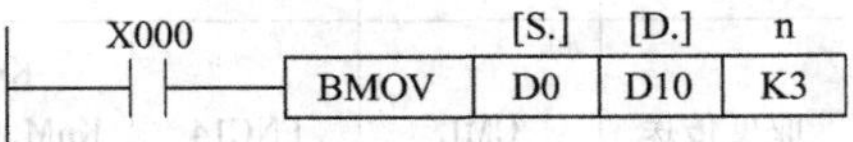

图 4-1-11　BMOV 指令格式梯形图

在图 4-1-11 中，当 X000 = 1 时，执行 BMOV 指令，即把 D0 ~ D2 三个存储器的内容送到 D10 ~ D12 中。

4. 多点传送指令 FMOV

（1）指令格式（如图 4-1-12 所示）

（2）指令要素（见表 4-1-6）

（3）指令使用说明　多点传送指令的功能是将源操作数中的数据传送到指定目标开始的 n 个元件中，传送后 n 个元件中的数据完全相同。如果元件号超出允许的范围，数据仅仅送到允许的范围中。

图 4-1-12　FMOV 指令格式梯形图

图 4-1-12 中的 X000 为 ON 时将常数 0 送到 D10 ~ D12 这 3 个（n = 3）数据寄存器中。

5. 数据交换指令 XCH

（1）指令格式（如图 4-1-13 所示）

（2）指令要素（见表 4-1-6）

（3）指令使用说明　数据交换指令的功能是将两个目标元件中的内容互换。指令中无源操作数。

图 4-1-13　XCH 指令格式梯形图

6. BCD 码转换指令 BCD

（1）指令格式（如图 4-1-14 所示）

（2）指令要素（见表 4-1-6）

（3）指令使用说明　BCD 码转换指令的功能是把源操作数中的二进制转换为 BCD 码送到目标元件。对于 16 位或 32 位二进制操作数，如果变换结果不在 0 ~ 9 999 或 0 ~ 99 999 999 会出错。

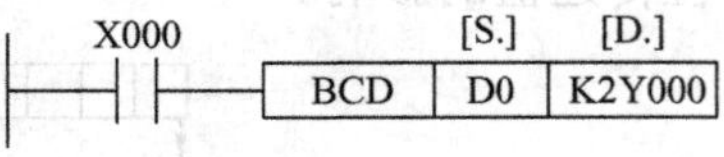

图 4-1-14　BCD 指令格式梯形图

7. 二进制码转换指令 BIN

（1）指令格式（如图 4-1-15 所示）

（2）指令要素（见表 4-1-6）

（3）指令使用说明　二进制码转换指令的功能是将源操作数中的 BCD 码转换成二进制数后，再送到目标元件中。

图 4-1-15　BIN 指令格式梯形图

数据传送类指令都具有 32 位指令和脉冲执行指令。

任务 4.2　算术运算控制输出

【提出任务】

在自动控制中常常需要用到参数的加、减、乘、除或加 1、减 1 等算术运算，例如包装计数、依据流量求体积等。那么算术运算指令具有哪些功能，又怎样应用呢？

【分解任务】

1. 边学边做，掌握二进制加、减、乘、除算术运算指令的功能及其用法。
2. 边做边学，熟悉用算术运算指令编程的方法及步骤，设计算术运算控制输出系统。

【解答任务】

算术运算包括 ADD、SUB、MUL、DIV（二进制加、减、乘、除）指令，源操作数可取所有的数据类型，目标操作数可取 KnY、KnM、KnS、T、C、D、V 和 Z（32 位乘除指令中 V 和 Z 不能用作［D］）。16 位运算占 7 个程序步，32 位运算占 13 个程序步。

4.2.1　算术运算指令

1. 加法指令 ADD

（1）指令格式（如图 4-2-1 所示）

（2）指令要素（见表 4-2-1）

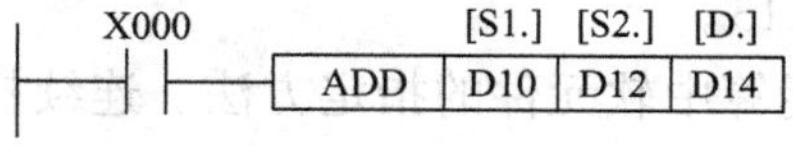

图 4-2-1　ADD 加法指令格式梯形图

表 4-2-1　加法、减法指令要素

指令名称	助记符	指令代码	操作数范围			程序步
			［S1.］	［S2.］	［D.］	
加法	ADD	FNC20	K、H、KnX、KnY、KnM、KnS、T、C、D、V、Z		KnY、KnM、KnS、T、C、D、V、Z	ADD（P）：7 步 DADD（P）：13 步
减法	SUB	FNC21				SUB（P）：7 步 DSUB（P）：13 步

（3）指令使用说明　加法指令是将指定的源元件中的二进制数相加，结果送到指定的目标元件中去。图 4-2-1 中，当执行条件 X000 由 OFF →ON 时，（D10）+（D12）→（D14）。运算是代数运算，如 5 +（ −8） = −3。

加法指令有 3 个常用标志。M8020 为零标志，M8021 为借位标志，M8022 为进位标志。如果运算结果为 0，则零标志 M8020 置 1；如果运算结果超过 32 767（16 位）或 2 147 483 647（32 位），则进位标志 M8022 置 1；如果运算结果小于 −32 767（16 位）或 −2 147 483 647

（32 位），则借位标志 M8021 置 1。

在 32 位运算中，被指定的字元件 n 是低 16 位元件，元件 n+1 是高 16 位元件。

源元件和目标元件可以用相同的元件号。若源和目标元件号相同，而采用连续执行的 ADD、DADD 指令时，加法的结果在每个扫描周期都会改变。

【例 4-2-1】 设计一个每按一次 X000，由 K1Y000 组成的组件输出增加 10 的程序。

【解】（1）控制对象分析　控制对象为组合的 4 位字节 Y000 ~ Y003，其输出状态的改变与 X000 按下的次数和常数 10 有关，可以采用加法指令实现。其中，K1Y000 既是源元件，也是目标元件。

（2）电路设计（仅 X000、Y000 ~ Y003，在此省略 I/O 分配表和 I/O 接线图）

（3）程序设计　为避免每个扫描周期执行相加，X000 采用取脉冲指令。参考程序如图 4-2-2 所示。

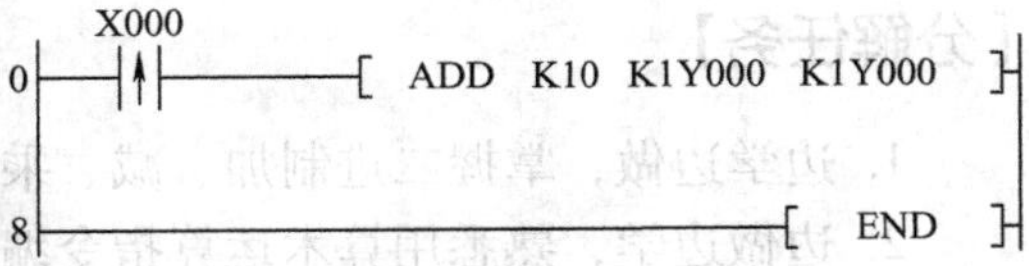

图 4-2-2　例 4-2-1 程序梯形图

（4）联机调试　运行 PLC 后，每按一次 X000，观察 Y000 ~ Y003 输出（亮灭）的数值（二进制）是否已加 10，或者通过在线监视观察 Y000 ~ Y003 组合字节数值变化。

2. 减法指令 SUB

（1）指令格式（如图 4-2-3 所示）

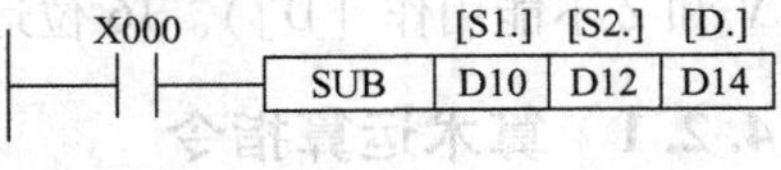

图 4-2-3　减法指令梯形图

（2）指令要素（见表 4-2-1）

（3）指令使用说明　减法指令是将指定的源元件中的二进制数相减，结果送到指定的目标元件中去。

当执行条件 X000 由 OFF→ON 时，执行（D10）-（D12）→（D14）运算。SUB 指令运算是代数运算，如 5 -（ -8 ）= 13。

各种标志的动作、32 位运算中软元件的指定方法、连续执行型和脉冲执行型的差异均与上述加法指令 ADD 相同。

3. 乘法指令 MUL

（1）指令格式（如图 4-2-4 所示）

（2）指令要素（见表 4-2-2）

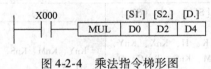

图 4-2-4　乘法指令梯形图

表 4-2-2　乘法、除法指令要素

指令名称	助记符	指令代码	操作数范围			程序步
			[S1.]	[S2.]	[D.]	
乘法	MUL	FNC22	K、H、KnX、KnY、KnM、KnS、T、C、D、V、Z		KnY、KnM、KnS、T、C、D、Z	MUL（P）：7 步 DMUL（P）：13 步
除法	DIV	FNC23	K、H、KnX、KnY、KnM、KnS、T、C、D、V、Z		KnY、KnM、KnS、T、C、D、Z	DIV（P）：7 步 DDIV（P）：13 步

（3）指令使用说明　乘法指令是将指定的源元件中的二进制数相乘，结果送到指定的目标元件中去。它分 16 位和 32 位两种情况，最高位为符号位，0 为正，1 为负。

16 位运算：执行条件 X000 由 OFF→ON 时，(D0)×(D2)→(D5,D4)。源操作数是 16 位，目标操作数是 32 位。例如，当（D0）=8，（D2）=9 时，（D5，D4）=72。最高位为符号位，0 为正，1 为负。

32 位运算：执行条件 X000 由 OFF→ON 时，(D1,D0)×(D3,D2)→(D7，D6,D5,D4)。源操作数是 32 位，目标操作数是 64 位。例如，当（D1，D0）=238，（D3，D2）=189 时，(D7,D6,D5,D4)=44982。

如将位组件用于目标操作数时，限于 K 的取值范围，只能得到低位 32 位的结果，不能得到高位 32 位的结果。这时，应将数据移入字元件再进行计算。

用字元件时，也不可能监视 64 位数据，只能监视高位 32 位和低 32 位。

在乘、除法运算中，V 不能用于［D.］目标元件，Z 只能用于 16 位目标元件。

4. 除法指令 DIV

（1）指令格式（如图 4-2-5 所示）

（2）指令要素（见表 4-2-2）

（3）指令使用说明　除法指令是将指定的源元件中的二进制数相除，［S1.］为被除数，［S2.］为除数，商送到指定的目标元件［D.］中去，余数送到［D.］的下一个目标元件。

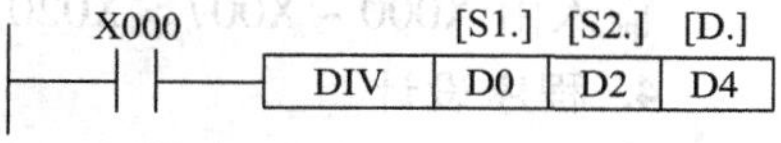

图 4-2-5　除法指令梯形图

16 位运算：执行条件 X000 由 OFF→ON 时，D0 除以 D2 的商存入 D4，余数存入 D5。如果 D0 =19，D2 =3 时，则商 D4 =6，余数 D5 =1。

32 位运算：执行条件 X000 由 OFF→ON 时，(D1,D0)/(D3,D2)，商在（D5,D4）中，余数在（D7,D6）中。

除数为 0 时，有运算错误，不执行指令。若［D.］指定位元件，得不到余数。商和余数的最高位是符号位。被除数或余数中有一个为负数，商为负数；被除数为负数时，余数为负数。

5. 加 1 指令 INC、减 1 指令 DEC

（1）指令格式（如图 4-2-6、图 4-2-7 所示）

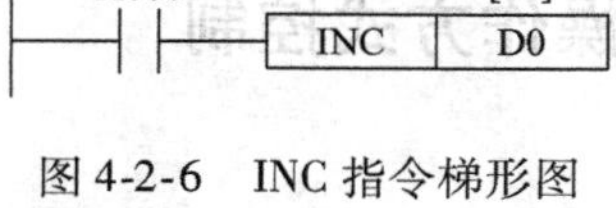

图 4-2-6　INC 指令梯形图

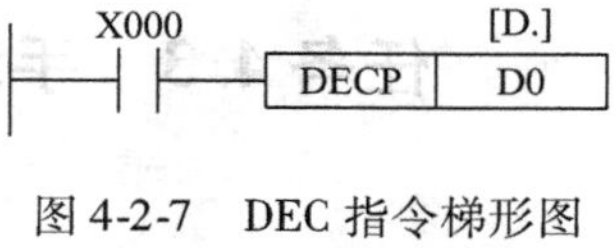

图 4-2-7　DEC 指令梯形图

（2）指令要素（见表 4-2-3）

表 4-2-3　加 1、减 1 指令要素

指令名称	助记符	指令代码（位数）	操作数范围［D.］	程序步
加 1	INC	FNC24（16/32）	KnY、KnM、KnS、T、C、D、V、Z	INC（P）、DEC（P）：3 步
减 1	DEC	FNC25（16/32）		DINC（P）、DDEC（P）：5 步

(3) 指令使用说明 INC 指令的功能是把目标元件的内容加 1 后再送回目标元件。图 4-2-6 中，当 X000 接通时，每一程序扫描周期都执行（D0） +1 →（D0）。

DEC 指令的功能是把目标元件的内容减 1 后再送回目标元件。图 4-2-7 中，当 X000 由 OFF→ON 时，只执行一次（D0）-1→(D0)。

4.2.2 算术运算控制输出的程序设计

1. 控制要求

某控制程序中要进行以下算式的运算：38X/255 +2，式中“ X ”代表输入端口 K2X000 送入的二进制数，运算结果需送输出口 K2Y000，X020 为执行算术运算的条件开关。

2. 控制对象分析

被控对象为组件 K2Y000，即输出端口 Y000 ~ Y007，也是最终运算的目标元件。组件 K2X000、常数 38 为乘法运算的源；38 × X 的结果、常数 255 为除法运算的源；除法运算的结果和常数 2 为加法运算的源；加法运算的结果直接送至最终目标 K2Y000。

3. 电路设计

输入由 X000 ~ X007、X020 组成，输出由 Y000 ~ Y007 组成。

4. 程序设计

设 D0、D10 分别为乘法运算和除法运算的目标元件，参考程序如图 4-2-8 所示。

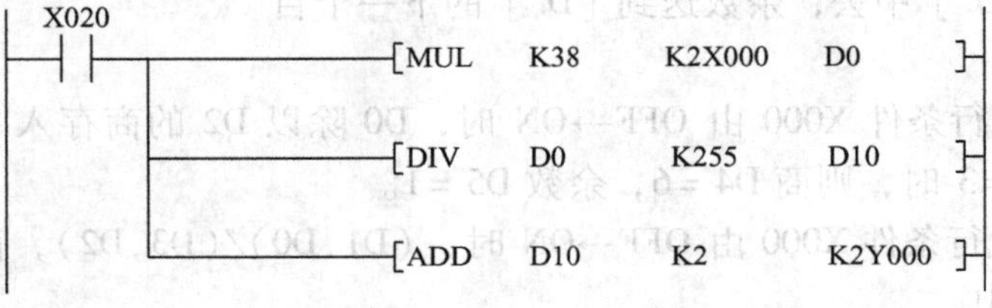

图 4-2-8 实现 38X/255 +2 的梯形图

5. 联机调试

在 X020 闭合期间，因为输出 K2Y000 的值要能随时反映 K2X000 的状态变化，因此，X020 不能用取脉冲指令，乘法、除法、加法指令也不能用脉冲指令。

任务 4.3 手动/自动操作方式控制

【提出任务】

在模块 3 的学习中，我们用步进指令实现程序分支控制；在单片机学习中，我们用跳转、子程序、循环和中断等指令实现程序流向控制。那么，在 PLC 的功能指令中，有哪些可以控制程序流向呢？

【分解任务】

1. 边学边做，掌握条件跳转和子程序指令的功能及其用法。

2. 边做边学，熟悉用子程序指令设计程序的方法及步骤，设计手动/自动操作方式控制程序。

3. 选学中断指令、循环指令的一般用法。为特殊功能模块的学习做准备。

【解答任务】

4.3.1　条件跳转指令

1. 指令格式（如图4-3-1所示）

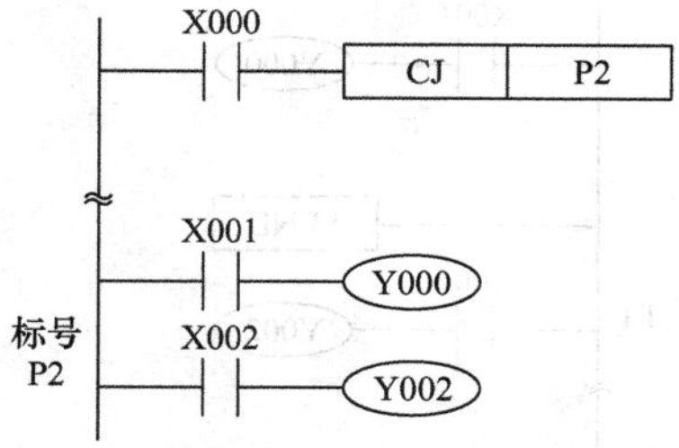

图4-3-1　CJ指令格式梯形图

2. 指令要素（见表4-3-1）

表4-3-1　条件跳转指令要素

指令名称	助记符	指令代码	操作数范围	程序步
			[Pn.]	
条件跳转	CJ	FNC00	P0 ~ P127。其中，P63专用于END所在步序，不需标记	CJ（P）：3步 标号P：1步

3. 指令使用说明

1）条件跳转指令用于跳过顺序程序中的某一部分，以控制程序的流程。如图4-3-1所示的梯形图中，X000为ON时，Y000的状态并不会随X001发生变化，因为跳步期间根本没有执行这一段程序。

2）FX系列PLC的标号P有128点（P0 ~ P127），用于分支和跳转程序。

3）标号P放置在左母线的左边，一个标号只能出现一次，若出现两次或两次以上，则程序报错。标号P占一步步长。

4）如果跳转条件满足，则执行跳转指令，程序跳到以标号P为入口的程序段中执行。否则不执行跳转指令，按顺序执行下一条指令。

5）多个跳转指令可以使用同一个标号。

6）如果用M8000作为控制跳转的条件，CJ则变成无条件跳转指令。

7）如果Y、M、S被OUT、SET、RST指令驱动，跳步期间即使驱动Y、M、S的电路状态改变，它们仍保持跳步前的状态。

8）如果跳转开始时定时器和计数器已经开始工作，在跳转执行期间它们将会停止工作。但对于T192 ~ T199和C235 ~ C255，不管有无跳转，仍继续工作。

4.3.2 子程序指令

子程序是为了一些特定的控制目的编制的相对独立的程序。涉及子程序的相关指令有子程序调用、子程序返回和主程序结束三条。

1. 指令格式（如图4-3-2所示）

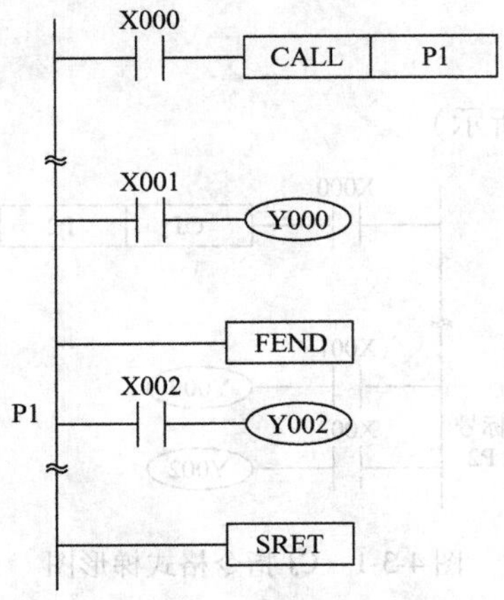

图4-3-2 子程序指令格式梯形图

2. 指令要素（见表4-3-2）

表4-3-2 子程序指令要素

指令名称	助记符	指令代码	操作数范围 [Pn.]	程序步
子程序调用	CALL	FNC01	指针 P0 ~ P127	CALL（P）：3步 标号P：1步
子程序返回	SRET	FNC02	无	SRET：1步
主程序结束	FEND	FNC06	无	FEND：1步

3. 指令使用说明

1）当CALL执行条件为ON时，指令使主程序跳到指定标号处执行子程序。子程序结束时，执行SRET指令后返回主程序。

2）将主程序排在前边，子程序排在后边，并以主程序结束指令FEND将这两部分分隔开。

3）同一指针只能出现一次，CJ用过的指针不能再用。不同位置的CALL可以调用同一指针的子程序。子程序可调用子程序，形成子程序嵌套，最多嵌套5级。

4）在子程序中规定使用的定时器为T192 ~ T199，计数器为C246 ~ C249。

4.3.3 手动/自动操作方式选择的控制程序设计

1. 控制要求

某台设备具有手动/自动两种操作方式。SA是操作方式选择开关，当SA处于断开状态时，选择手动操作方式；当SA处于接通状态时，选择自动操作方式，不同操作方式进程如下：

手动操作：按起动按钮SB2，电动机运转；按停止按钮SB1，电动机停机。

自动操作：按起动按钮SB2，电动机连续运转1min后自动停机。

停机操作：按停止按钮SB1，电动机立即停机。

2. 控制对象分析

被控对象为电动机，它有不定时运行（手动操作）、运行1min（自动操作）和停止运行三种状态，即电动机的工作流程有分支。在此，拟采用条件跳转指令CJ来控制程序流向，SA为执行CJ指令的条件开关。

3. 电路设计

被控电动机单向运行，设由KM控制，只用PLC的Y000输出元件即可。设X001、X002、X003和X000分别对应于SB1、SB2、SA和FR，电路原理图如图4-3-3所示。

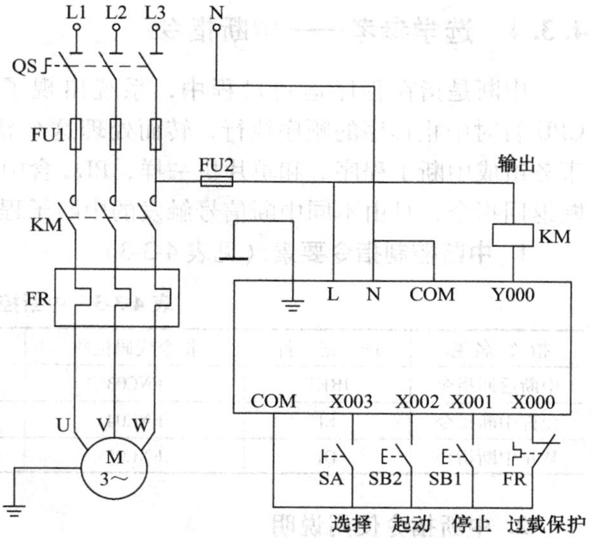

图4-3-3　电路原理图

4. 程序设计

从控制要求可知，手动操作方式程序为自锁环节程序。自动操作方式的程序可由自锁环节“与”定时器环节程序组合而成。用跳转指令实现的手动/自动两种操作方式选择的参考程序梯形图如图4-3-4所示。

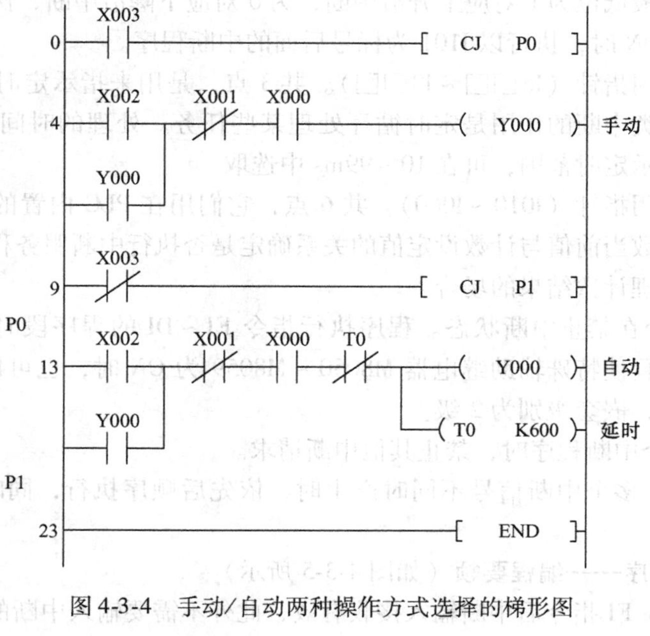

图4-3-4　手动/自动两种操作方式选择的梯形图

5. 联机调试

当 X003 =1 时，执行"CJ P0"，跳过第 4 ~ 12 程序步，执行后面的"自动"程序段。当 X003 =0 时，不执行"CJ P0"，但执行第 4 ~8 程序步的"手动"程序段。在随后执行第 9 程序步行时，跳到第 23 程序步行（END 行），返回第一行重新扫描执行程序。

4.3.4 选学参考——中断指令

中断是指在程序运行过程中，系统出现了一个必须由 CPU 立即处理的情况，此时，CPU 暂时中止程序的顺序执行，转而处理这个新情况的过程就称为中断。需要中断处理的事务组成中断子程序。和单片机一样，PLC 含中断处理的程序中，也有开中断、关中断和中断返回指令，且由不同中断信号触发的中断子程序有指定的中断指针编号。

1. 中断控制指令要素（见表 4-3-3）

表 4-3-3 中断控制指令要素

指令名称	助记符	指令代码位数	操作数元件	程序步
中断返回指令	IRET	FNC03	无	1步
允许中断指令	EI	FNC04	无	1步
禁止中断指令	DI	FNC05	无	1步

2. 中断指令使用说明

1）中断指针（I0□□ ~ I8□□）。用来指示某一中断程序的入口位置，应放在主程序结束指令 FEND 之后使用。执行中断后遇到 IRET（中断返回）指令，则返回主程序。中断用指针有以下三种类型：

①输入中断用指针（I00□ ~ I50□）。共 6 点，它是用来指示由特定输入端的输入信号产生中断的中断服务程序的入口位置，这类中断不受 PLC 扫描周期的影响，可以及时处理外界信息。其中，最低位为 1 对应上升沿中断，为 0 对应下降沿中断，例如：I101 为当输入 X001 从 OFF 变为 ON 时，执行以 I101 为标号后面的中断程序。

②定时器中断用指针（I6□□ ~ I8□□）。共 3 点，是用来指示定时中断的中断服务程序的入口位置，这类中断的作用是定时循环处理某些任务。处理的时间也不受 PLC 扫描周期的限制。□□表示定时范围，可在 10 ~99ms 中选取。

③计数器中断用指针（I010 ~ I060）。共 6 点，它们用在 PLC 内置的高速计数器中。根据高速计数器的计数当前值与计数设定值的关系确定是否执行中断服务程序。它常用于利用高速计数器优先处理计数结果的场合。

2）PLC 一般处在禁止中断状态。程序执行指令 EI ~ DI 的程序段时允许中断，DI ~ EI 禁止中断。通过编程使特殊辅助继电器 M8050 ~ M8059 为 ON 时，也可以禁止相应的中断。中断程序允许嵌套，嵌套级别为 2 级。

3）在执行某个中断程序时，禁止其他中断请求。

4）优先级别。多个中断信号不同时产生时，依先后顺序执行，同时产生中断请求时，标号小的优先执行。

3. 中断基本程序——编程要领（如图 4-3-5 所示）

1）主程序。在 EI 指令后中断输入接收有效，此外不需要输入中断的禁止区域时，就没有必要编写 DI（禁止中断）指令。FEND 指令为主程序的结束，中断子程序必须在 FEND 之后描述。

2）中断服务程序 1。当 X000 接通后，检测出其上升沿，执行中断子程序 1，并通过 IRET 指令返回到主程序。

3）当 X001 断开后，检测出其下降沿，执行中断子程序 2，并通过 IRET 指令返回到主程序。

4）END 表示程序的结束。

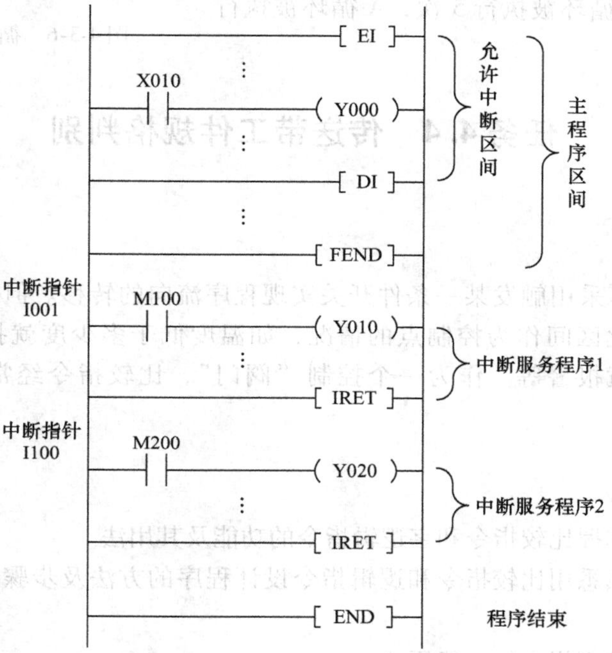

图 4-3-5　中断指令示例梯形图

4.3.5　选学参考——循环指令

从 FOR 指令开始到 NEXT 指令之间的程序按指定次数重复运行，称为循环。

1. 循环指令要素（见表 4-3-4）

表 4-3-4　循环指令要素

指令名称	助记符	指令代码位数	操作数范围 [S.]	程序步
循环开始指令	FOR	FNC08	K、H、KnX、KnY、KnM、KnS、T、C、D、V、Z	3 步
循环结束指令	NEXT	FNC09	无	1 步

2. 循环指令使用说明

1）循环指令可反复执行 FOR 到 NEXT 之间的循环体程序段 n 次，待规定的 n 次循环完成后，才执行下一条指令。循环次数 n =1 ~ 32 767。最多允许嵌套 5 层循环体。

2）FOR指令必须与NEXT指令成对使用。无NEXT指令，或NEXT指令在FOR指令之前或在FEND、END指令之后，或NEXT与FOR个数不等都会出错。

3）在循环体中可以利用CJ指令在循环没有结束时跳出循环体。

3. 循环基本程序——编程要领

在如图4-3-6所示的梯形图中，外层循环B内嵌套了内层循环A。B循环被执行5次，A循环被执行5×10次。

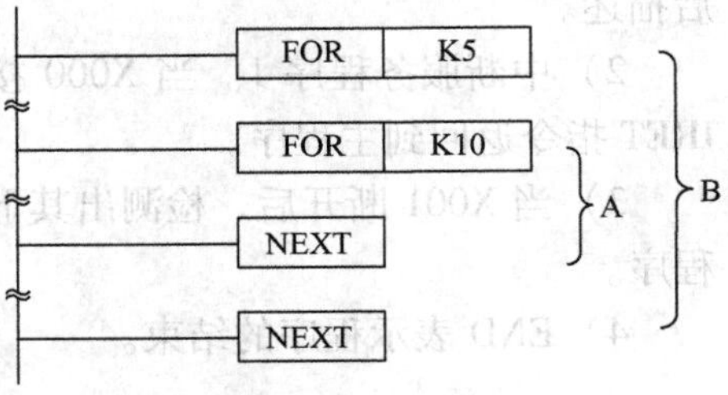

图4-3-6　循环指令示例梯形图

任务4.4　传送带工件规格判别

【提出任务】

在任务4.3中，采用触发某一条件开关实现程序流向的转移。但控制现场常有将某个物理量的量值或变化区间作为控制点的情况，如温度低于多少度就打开电热器，速度高于或低于一个区间就报警等。作为一个控制“阀门”，比较指令经常出现在工业控制程序中。

【分解任务】

1. 边学边做，掌握比较指令和字逻辑指令的功能及其用法。
2. 边做边学，熟悉用比较指令和逻辑指令设计程序的方法及步骤，设计工件规格判别的程序。
3. 选学触点比较型指令的一般用法。

【解答任务】

4.4.1　比较指令和区间比较指令

1. 比较指令CMP

（1）比较指令CMP格式（如图4-4-1所示）

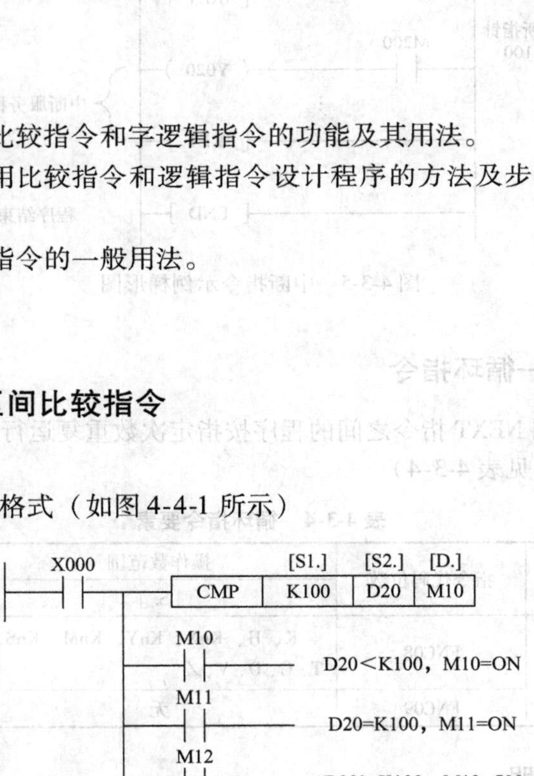

图4-4-1　CMP指令格式梯形图

（2）比较指令 CMP 要素（见表4-4-1）

表4-4-1　比较指令、区间比较指令要素

<table>
<tr><th rowspan="2">指令名称</th><th rowspan="2">助记符</th><th rowspan="2">指令代码</th><th colspan="2">操作数范围</th><th rowspan="2">程序步</th></tr>
<tr><th>[Sn.]</th><th>[D.]</th></tr>
<tr><td>比较</td><td>CMP</td><td>FNC10</td><td rowspan="2">K、H、KnX、KnY、KnM、KnST、C、D、V、Z</td><td rowspan="2">Y、M、S</td><td>CMP（P）：7步
DCMP（P）：13步</td></tr>
<tr><td>区间比较</td><td>ZCP</td><td>FNC11</td><td>ZCP（P）：9步
DZCP（P）：17步</td></tr>
</table>

（3）比较指令 CMP 使用说明

1）功能。比较指令 CMP 是将源操作数［S1.］和［S2.］的数据进行比较，结果送到目标操作数［D.］中。

2）数据。数据比较是代数值大小比较（带符号），源数据均按二进制处理。

3）规则。在图4-4-1中，当 X000 为 ON 时，执行比较指令，即 K100 与 D20 的内容进行比较，并将比较的结果写入 M10 ~ M12 中。操作规则：若 D20 < K100，则 M10 被置 1；若 D20 = K100，则 M11 被置 1；若 D20 > K100，则 M12 被置 1。可见，指令的执行结果是 M10 ~ M12 总有一个被置 1。

2. 区间比较指令 ZCP

（1）区间比较指令 ZCP 格式（如图4-4-2所示）

（2）区间比较指令 ZCP 要素（见表4-4-1）

（3）区间比较指令 ZCP 使用说明

1）功能。ZCP 指令是将一个操作数［S.］与两个操作数［S1.］和［S2.］（［S1.］不得大于［S2.］）形成的区间进行比较，其结果送到［D.］中。

2）数据。数据比较是代数值大小比较（带符号），源数据均按二进制处理。

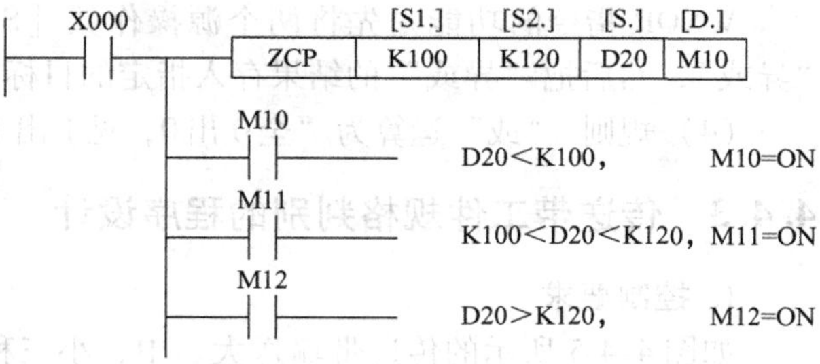

图4-4-2　ZCP 指令格式梯形图

3）规则。在图4-4-2中，当 X000 为 ON 时，执行区间比较指令，即 D20 的内容与 K100 ~ K120 区间的上下限进行比较，其结果写入 M10 ~ M12 中。操作规则：若 D20 < 下限，则 M10 被置 1；若 D20 介于上、下限之间，则 M11 被置 1；若 D20 > 上限，则 M12 被置 1。如果 X000 为 OFF，指令不被执行，M10 ~ M12 中的状态不变。

4.4.2　逻辑运算指令

1. 逻辑与运算指令 WAND 格式（如图4-4-3所示）

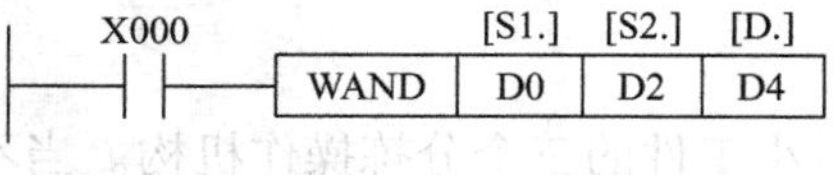

图4-4-3　WAND 指令梯形图

2. 逻辑运算指令要素（见表4-4-2）

表4-4-2 逻辑运算指令要素

指令名称	助记符	指令代码	操作数范围 [S1.]	操作数范围 [S2.]	操作数范围 [D.]	程序步
字逻辑与	WAND	FNC26	K、H、KnX、KnY、KnM、KnS、T、C、D、V、Z		KnY、KnM、KnS、T、C、D、V、Z	16位操作：7步 32位操作：13步
字逻辑或	WOR	FNC27				
字逻辑异或	WXOR	FNC28				

3. 逻辑与指令WAND使用说明

（1）功能 WAND指令的功能是先将两个源操作数［S1.］和［S2.］中的数进行二进制按位相“与”，然后把“与”的结果存入指定的目标元件［D.］中。

（2）规则 WAND指令前面的W表示字操作，而基本指令中的AND是位操作。逻辑与指令WAND的运算规则是：全1出1，见0出0。逻辑与指令执行过程如图4-4-4所示。

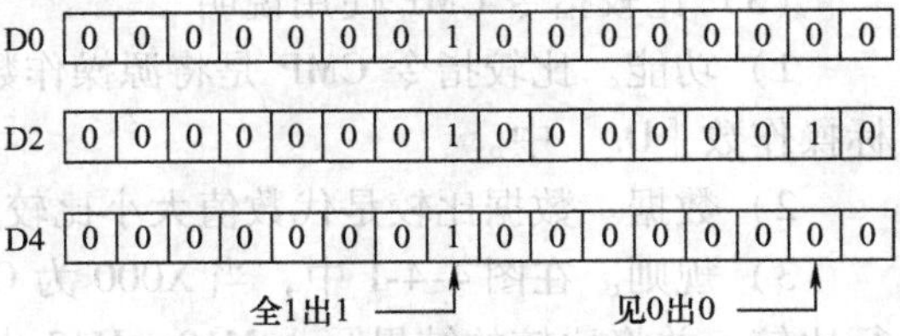

图4-4-4 逻辑与指令的执行过程

4. 关于逻辑或指令WOR和逻辑异或指令WXOR的使用说明

（1）指令格式 与图4-4-3相似，只要分别用WOR、WXOR取代WAND即可。

（2）指令要素（见表4-4-2）

（3）功能 WOR指令的功能是先将两个源操作数［S1.］和［S2.］中的数进行二进制按位相“或”，然后把“或”的结果存入指定的目标元件［D.］中。

WXOR指令的功能是先将两个源操作数［S1.］和［S2.］中的数进行二进制按位相“异或”，然后把“异或”的结果存入指定的目标元件［D.］中。

（4）规则 “或”运算为“全0出0，见1出1”，“异或”运算为“相同出0，相异出1”。

4.4.3 传送带工件规格判别的程序设计

1. 控制要求

如图4-4-5所示的传送带输送大、中、小三种规格的工件，用连接X000、X001、X002端子的光电传感器判别工件规格，然后控制分别连接Y000、Y001、Y002端子的相应操作机构分拣工件。连接X004～X006的光电传感器用于复位操作机构。

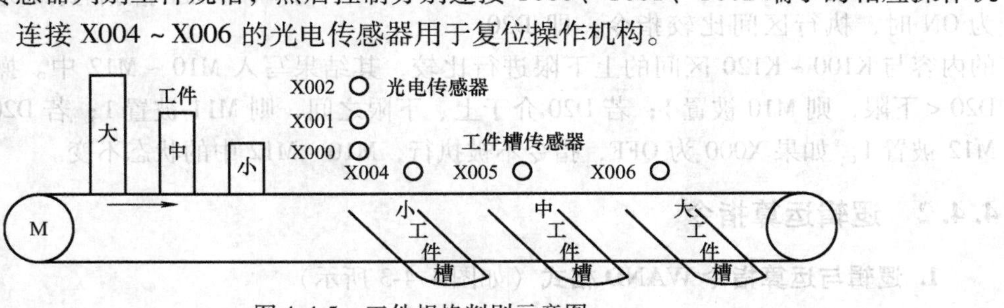

图4-4-5 工件规格判别示意图

2. 控制对象分析

被控对象是分拣大、中、小工件的三个分拣操作机构。当不同规格工件经过光电传感器时，K1X000组件会获得不同的数值，并依据这一数值来判断应该由哪个工件分拣操作机构动作。为此，可用比较指令 CMP 来构成工件规格判别程序。

3. 电路设计

用于工件规格识别的 3 路光电传感器开关，占用 X000 ~ X003；用于操作机构复位的 3 个工件槽传感器开关，拟占用 X004 ~ X006；与大、中、小 3 种规格对应的操作机构电磁阀，拟用 Y000 ~ Y002。

4. 程序设计

从工件规格判别示意图可知，当小工件经过光电传感器组时，只有 X000 被工件遮挡，X000 = 1；当大工件经过时，光电传感器 X000 ~ X002 均被遮挡。工件规格与光电信号转换关系表见表 4-4-3。

表 4-4-3　工件规格与光电信号转换关系表

工件规格	光电信号输入控制字 K1X000				光电转换数据
	X003	X002	X001	X000	
小	0	0	0	1	K1
中	0	0	1	1	K3
大	0	1	1	1	K7

传送带工件规格判别程序由以下环节构成：

（1）连续工作　用 PLC 内部元件 M8000 实现。

（2）工件规格现场值读取　用 WAND 指令完成 K1X000 组件数值和二进制“0111”的相“与”，实现对 K1X000 组件高位 X003 状态的屏蔽，即只取 X000 ~ X002 的值。

（3）规格判别　用 3 条 CMP 指令判别小、中、大工件，并将其结果分别送入 M1、M11 和 M21 去控制 Y000 ~ Y002，由 Y000 ~ Y002 驱动对应操作机构电磁阀。

传送带工件规格判别参考程序如图 4-4-6 所示。

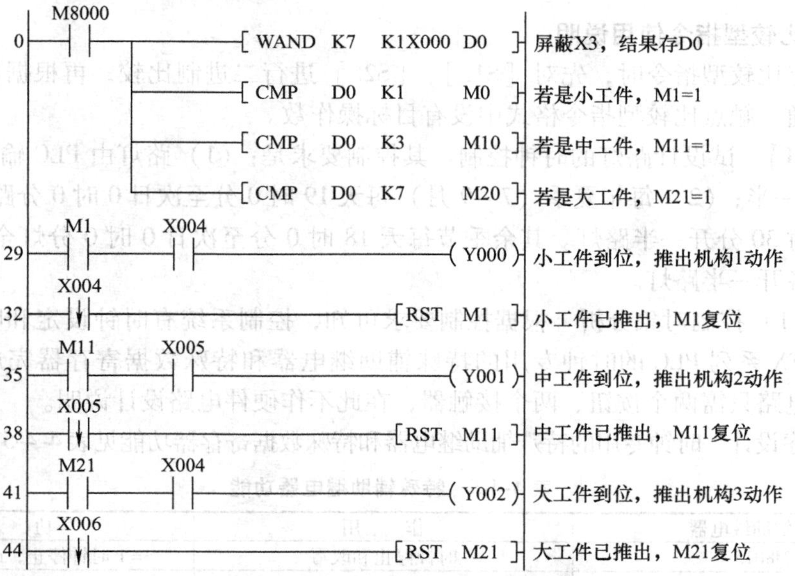

图 4-4-6　传送带工件规格判别程序梯形图

5. 联机调试

先仿真调试，分析参考程序是否满足控制要求。如果删除第 32、38 和 44 程序步行，还能否满足控制要求？最后再进行联机调试。

4.4.4 选学参考——触点比较型指令

1. 触点比较型指令要素（见表 4-4-4）

表 4-4-4 触点比较型指令要素

功能号	助记符	指令格式举例	对指令功能举例的说明
与左母线相连的比较型触点			
224	LD =	LD = D1 K6	D1 = K6 成立→触点［接通］
225	LD >	LD > D1 K6	D1 > K6 成立→触点［接通］
226	LD <	LD < D1 K6	D1 < K6 成立→触点［接通］
228	LD < >	LD < > D1 K6	D1 < > K6 成立→触点［接通］
229	LD≤	LD≤ D1 K6	D1≤K6 成立→触点［接通］
230	LD≥	LD≥ D1 K6	D1≥K6 成立→触点［接通］
与之前的“电路块”相串联的比较型触点			
232	AND =	AND = D1 K6	D1 = K6 成立→触点［接通］
233	AND >	AND > D1 K6	D1 > K6 成立→触点［接通］
234	AND <	AND < D1 K6	D1 < K6 成立→触点［接通］
236	AND < >	AND < > D1 K6	D1 < > K6 成立→触点［接通］
237	AND≤	AND≤ D1 K6	D1≤K6 成立→触点［接通］
238	AND≥	AND≥ D1 K6	D1≥K6 成立→触点［接通］
与之前的“电路块”相并联的比较型触点			
240	OR =	OR = D1 K6	D1 = K6 成立→触点［接通］
241	OR >	OR > D1 K6	D1 > K6 成立→触点［接通］
242	OR <	OR < D1 K6	D1 < K6 成立→触点［接通］
244	OR < >	OR < > D1 K6	D1 < > K6 成立→触点［接通］
245	OR≤	OR≤ D1 K6	D1≤K6 成立→触点［接通］
246	OR≥	OR≥ D1 K6	D1≥K6 成立→触点［接通］

2. 触点比较型指令使用说明

执行触点比较型指令时，先对［S1.］、［S2.］进行二进制比较，再根据比较结果判断触点是否接通。触点比较型指令格式中没有目标操作数。

【例 4-4-1】 试设计路灯的时钟控制。其控制要求是：(1) 路灯由 PLC 输出端口 Y000、Y001 各控制一半；(2) 每年夏季（7 ~ 9 月）每天 19 时 0 分至次日 0 时 0 分路灯全部开，0 时 0 分至 5 时 30 分开一半路灯。其余季节每天 18 时 0 分至次日 0 时 0 分灯全部开，0 时 0 分至 7 时 0 各开一半路灯。

【解】 (1) 控制对象分析 根据控制要求可知，控制系统有时钟设定和时钟比较两种功能。利用 FX 系列 PLC 的时钟专用的特殊辅助继电器和特殊数据寄存器完成时钟设定功能。因控制电路只需两个按钮、两个接触器，在此不作硬件电路设计说明。

(2) 程序设计 时钟专用的特殊辅助继电器和特殊数据寄存器功能见表 4-4-5 和表 4-4-6。

表 4-4-5 特殊辅助继电器功能

特殊辅助继电器	作 用	功 能
M8015	时钟停止和改写	=1 时钟停止，改写时钟数据
M8016	时钟显示停止	=1 停止显示
M8017	秒复位清 0	上升沿时修正秒数
M8018	内装 RTC 检测	平时为 1
M8019	内装 RTC 错误	改写时间数据超出范围时 =1

表 4-4-6　特殊数据寄存器功能

特殊数据寄存器	作　用	范　围	特殊数据寄存器	作　用	范　围
D8013	秒	0～59	D8017	月	1～12
D8014	分	0～59	D8018	年	公历 4 位
D8015	时	0～23	D8019	星期	0～6（周日～周六）
D8016	日	1～31			

路灯时钟控制的参考程序梯形图如图 4-4-7 所示。

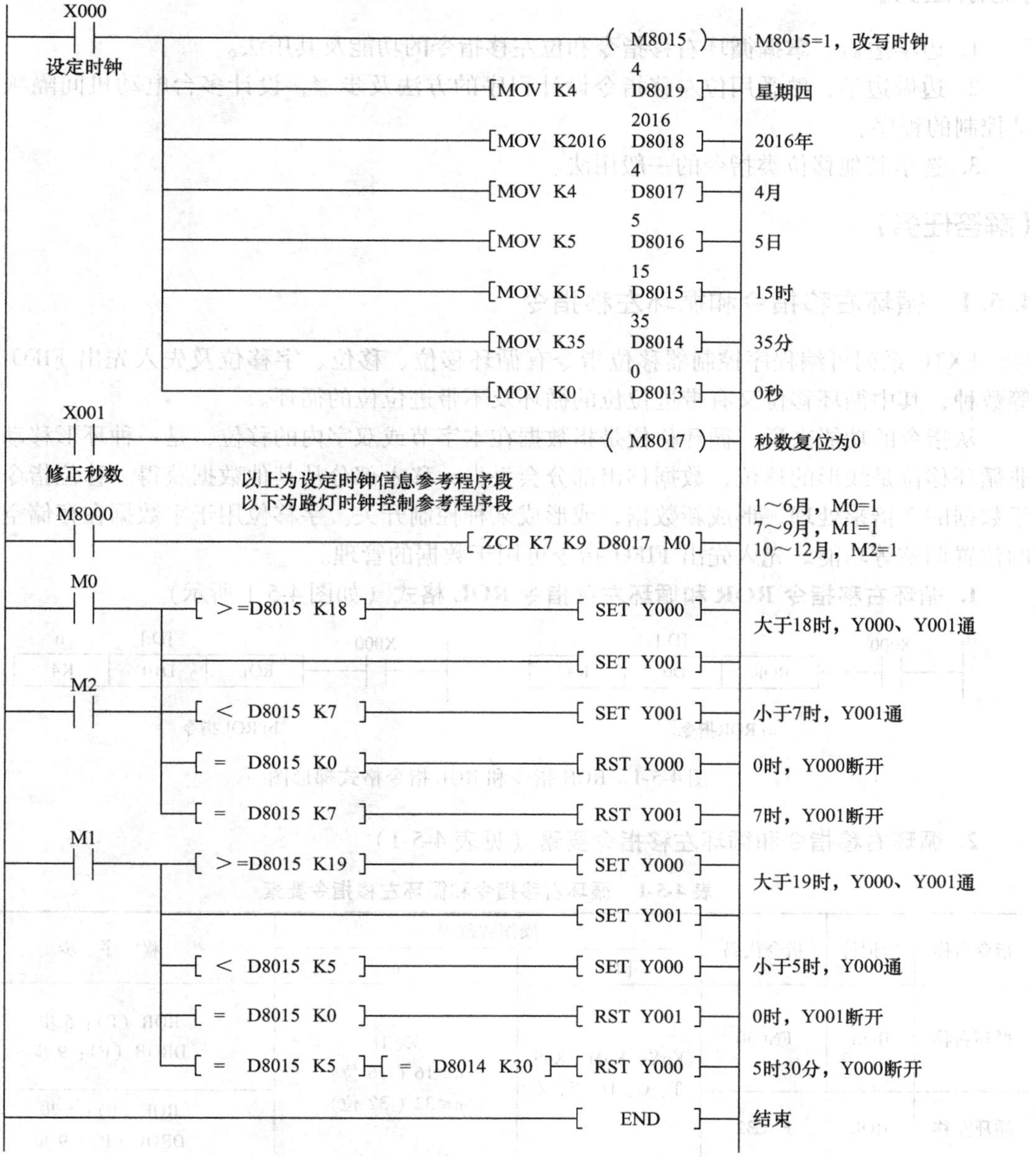

图 4-4-7　路灯时钟控制的参考程序梯形图

任务 4.5　多台电动机顺序起动控制

【提出任务】

在工业控制中，有时需要对多台设备按一定规律分组起动，如生产线上的多台电动机逐一间隔起动，并联电容补偿分组轮流工作等。这些都会用到位左移、位右移指令。

【分解任务】

1. 边学边做，掌握循环右移指令和位左移指令的功能及其用法。
2. 边做边学，熟悉用位左移指令设计程序的方法及步骤，设计多台电动机间隔顺序起动控制的程序。
3. 选学其他移位类指令的一般用法。

【解答任务】

4.5.1　循环右移指令和循环左移指令

FX3U 系列可编程序控制器移位指令有循环移位、移位、字移位及先入先出 FIFO 指令等数种，其中循环移位又有带进位位的循环及不带进位位的循环。

从指令的功能来说，循环移位是指数据在本字节或双字内的移位，是一种环形移动。而非循环移位是线形的移位，数据移出部分会丢失，移入部分从其他数据获得。移位指令可用于数据的 2 倍乘处理，形成新数据，或形成某种控制开关。字移位用于字数据在存储空间中的位置调整等功能。先入先出 FIFO 指令可用于数据的管理。

1. 循环右移指令 ROR 和循环左移指令 ROL 格式（如图 4-5-1 所示）

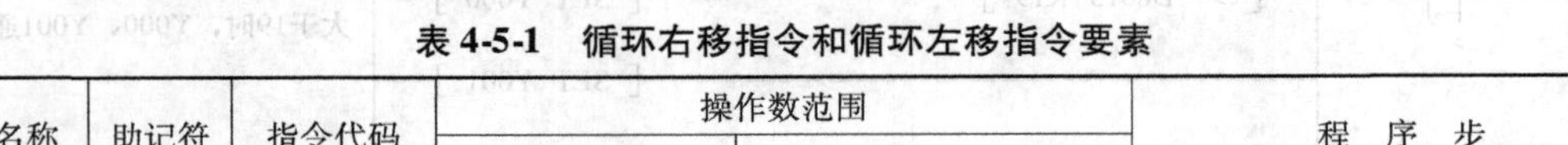

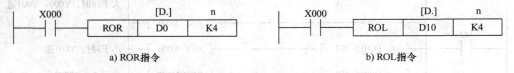

a) ROR指令　　b) ROL指令

图 4-5-1　ROR 指令和 ROL 指令格式梯形图

2. 循环右移指令和循环左移指令要素（见表 4-5-1）

表 4-5-1　循环右移指令和循环左移指令要素

指令名称	助记符	指令代码	操作数范围		程序步
			[D.]	n	
循环右移	ROR	FNC30	KnY、KnM、KnS T、C、D、V、Z	K、H n≤16（16 位） n≤32（32 位）	ROR（P）：5 步 DROR（P）：9 步
循环左移	ROL	FNC32			ROL（P）：5 步 DROL（P）：9 步

3. 循环右移指令和循环左移指令使用说明

循环右移指令的运算功能是使数据向右循环移动 n 位，即从高位移向低位，从低位移出而进入高位，16 位和 32 位的 n 分别小于 16 和 32，每次最后移出的那一位同时存入进位标志位 M8022。

执行 ROL 指令只是移动方向与 ROR 指令相反，其他一致。

【例 4-5-1】 设图 4-5-1 中 D0 初始值为 H0FF00，试用示意图分析 X0 = 1 后的 D0 值。

【解】 执行"RORP　D0　K4"指令的过程示意如图 4-5-2 所示。从图中可以看出，指令执行后，D0 的值为 H0FF0，进位标志位 M8022 = 0（右移时最后移出的位是 n - 1 位）。

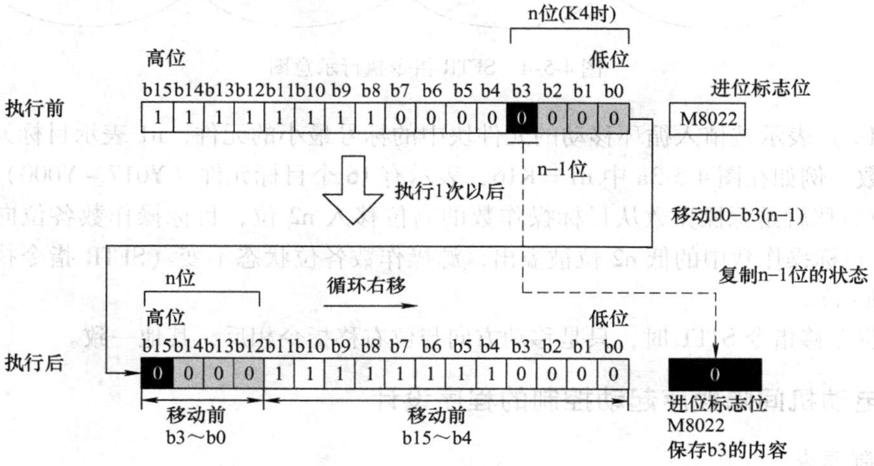

图 4-5-2　例 4-5-1 程序执行过程示意图

如果执行的是左移 ROLP 指令，则执行后，D0 = H0F00F，M8022 = 1（左移时最后移出的位是 16 - n 位）。

4.5.2 位右移指令和位左移指令

1. 位右移指令 SFTR 和位左移指令 SFTL 格式（如图 4-5-3 所示）

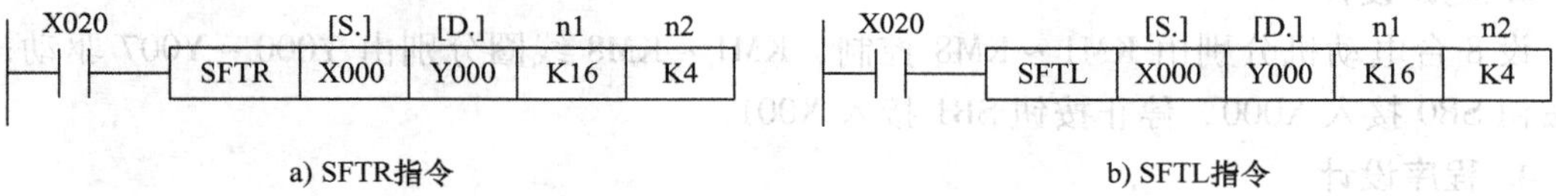

图 4-5-3　SFTR 指令和 SFTL 格式梯形图

2. 位右移指令 SFTR 和位左移指令 SFTL 要素（见表 4-5-2）

表 4-5-2　位右移指令和位左移指令要素

指令名称	助记符	指令代码	操作数范围				程序步
			[S.]	[D.]	n1	n2	
位右移	SFTR	FNC34	X、Y、M、S	Y、M、S	K、H		SFTR（P）：9 步
位左移	SFTL	FNC35	X、Y、M、S	Y、M、S	K、H		SFTL（P）：9 步

3. 位右移指令和位左移指令使用说明

1）[S.] 表示需要植入移动的位元件块中的标号最小的元件，n2 表示源元件块中位元件的个数。例如在图 4-5-3a 中 n2 = K4，表示有 4 个源元件（X003、X002、X001、X000）。

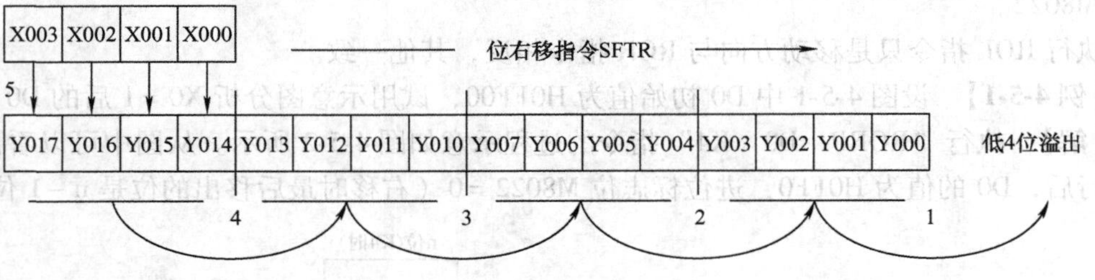

图 4-5-4　SFTR 指令执行示意图

2）[D.] 表示被植入循环移动的元件块中的标号最小的元件，n1 表示目标元件块中位元件的个数。例如在图 4-5-3a 中 n1 = K16，表示有 16 个目标元件（Y017 ~ Y000）。

3）位右移就是源操作数从目标操作数的高位移入 n2 位，目标操作数各位向低位方向移 n2 位，目标操作数中的低 n2 位被溢出，源操作数各位状态不变（SFTR 指令执行示意如图 4-5-4 所示）。

执行位左移指令 STFL 时，只是移动方向与位右移指令相反，其他一致。

4.5.3　电动机间隔顺序起动控制的程序设计

1. 控制要求

某泵站有 8 台电动机工作。为了减小电动机同时起动对电源的影响，按下起动按钮后，需要按 10s 的间隔逐一起动电动机；按下停止按钮时，则同时停止工作。

2. 控制对象分析

被控对象为 8 台电动机，它们有运行和停止两种工作状态。8 台电动机的起动是符合时间原则的顺序控制，可以用 7 个时间继电器组成逐级起动的控制系统，也可以用步进指令组成控制系统，还可以用位左移指令每隔 10s 移动 1 位组成控制系统。

3. 电路设计

设 8 台电动机分别由 KM1 ~ KM8 控制，KM1 ~ KM8 线圈分别由 Y000 ~ Y007 驱动；起动按钮 SB0 接入 X000，停止按钮 SB1 接入 X001。

4. 程序设计

用位左移指令每隔 10s 移动 1 位组成控制系统。位左移的 8 个目标位为 Y000 ~ Y007，1 个源位为 M0。用位左移指令构成的顺序起动程序由以下环节构成。

由 PLC 内部元件 M0 构成起动自锁环节，实现连续工作。

由 T0、T1 构成 10s 振荡环节，得到 10s 间隔。

由 T0 触点上升沿控制位左移指令执行，实现顺序起动。

由 Y007 的常闭触点控制左移位 8 次。如果不限定位左移次数，位左移 8 次后 Y000 ~ Y007 已全为 1，继续移位也不影响控制结果。同时停止程序由 ZRST 块复位指令完成。控制 8 台电动机间隔顺序起动的梯形图如图 4-5-5 所示。

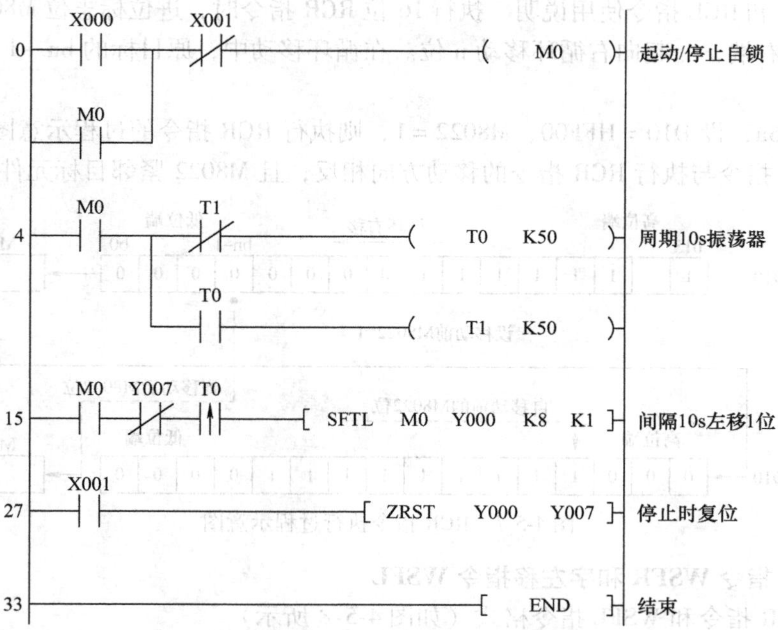

图4-5-5　顺序通电控制的梯形图

5. 联机调试

按下起动按钮SB0后，观察是否按10s间隔起动8台电动机；任何时候按下停止按钮SB1，8台电动机同时停止工作。

4.5.4　其他移位类指令

1. 带进位循环右移指令RCR和带进位循环左移指令RCL

（1）RCR和RCL指令格式（如图4-5-6所示）

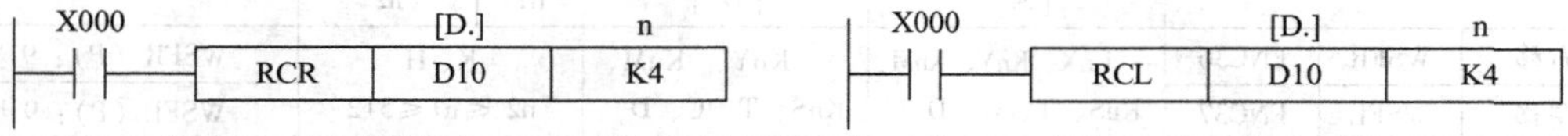

a) RCR指令　　b) RCL指令

图4-5-6　RCR和RCL指令梯形图

（2）RCR和RCL指令要素（见表4-5-3）

表4-5-3　带进位循环右移指令和循环左移指令要素

指令名称	助记符	指令代码	操作数范围		程序步
			[D.]	n	
带进位循环右移	RCR	FNC32	KnY、KnM、KnS、T、C、D、V、Z	K、H n≤16（16位） n≤32（32位）	RCR（P）：5步 DRCR（P）：9步
带进位循环左移	RCL	FNC33	KnY、KnM、KnS、T、C、D、V、Z	K、H n≤16（16位） n≤32（32位）	RCL（P）：5步 DRCL（P）：9步

（3）RCR 和 RCL 指令使用说明　执行 16 位 RCR 指令时，进位标志位 M8022 紧邻 16 位目标位元件的右端，一起向右循环移动 n 位。在循环移动中，原目标的 bn－1 位被送往进位标志 M8022。

对图 4-5-6a，设 D10＝HFF00，M8022＝1，则执行 RCR 指令的过程示意图如图 4-5-7 所示。执行 RCL 指令与执行 RCR 指令的移动方向相反，且 M8022 紧邻目标元件高位端。

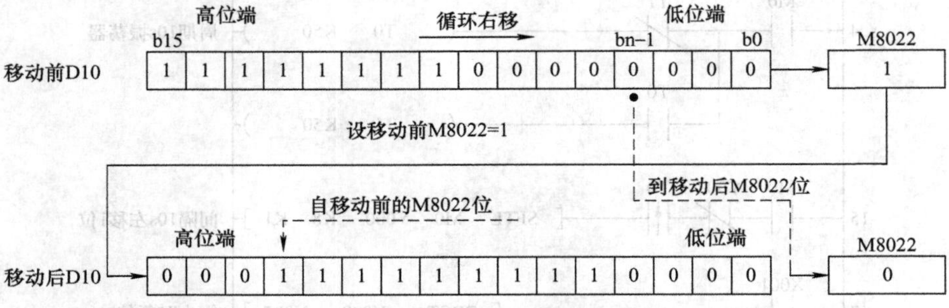

图 4-5-7　RCR 指令执行过程示意图

2. 字右移指令 WSFR 和字左移指令 WSFL

（1）WSFR 指令和 WSFL 指令格式（如图 4-5-8 所示）

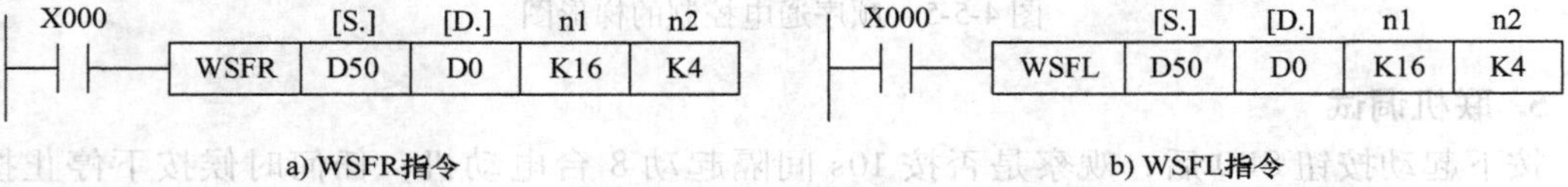

图 4-5-8　WSFR 指令和 WSFL 指令格式梯形图

（2）WSFR 指令和 WSFL 指令要素（见表 4-5-4）

表 4-5-4　字右移指令和字左移指令要素

指令名称	助记符	指令代码	操作数范围				程　序　步
			［S.］	［D.］	n1	n2	
字右移	WSFR	FNC36	KnX、KnY、KnM、KnS、T、C、D	KnY、KnM、KnS、T、C、D	K、H n2 ≤n1 ≤512		WSFR（P）：9 步
字左移	WSFL	FNC37					WSFL（P）：9 步

（3）WSFR 指令和 WSFL 指令使用说明　WSFR（WSFL）指令的源操作数和目标操作数都是字元件，n1 指定元件的长度，n2 为移位位数。

在图 4-5-8a 中，当 X000 为 ON 时，字右移指令 WSFR 执行，把 D50～D53 单元的状态值移入 D0～D15 的高端。原低端 D0～D3 的值自动溢出，D12～D15 移到 D8～D11…程序执行过程如图 4-5-9 所示。

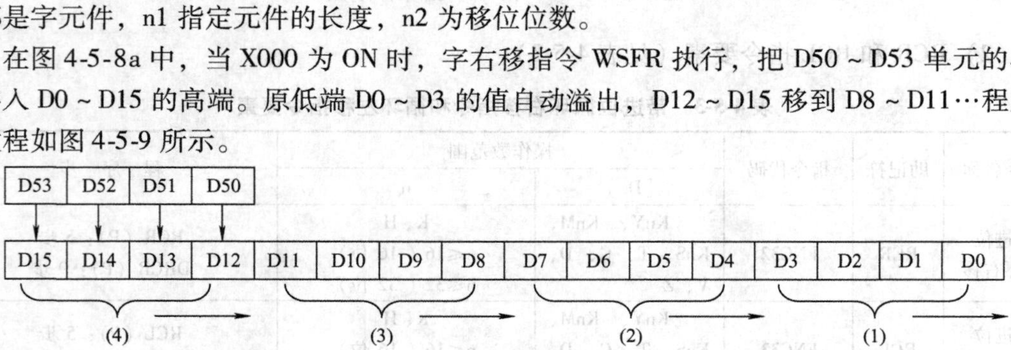

图 4-5-9　WSFR 指令的执行过程

3. 先入先出写入指令 SFWR 和先入先出读出指令 SFRD

（1）SFWR 指令和 SFRD 指令格式（如图 4-5-10 所示）

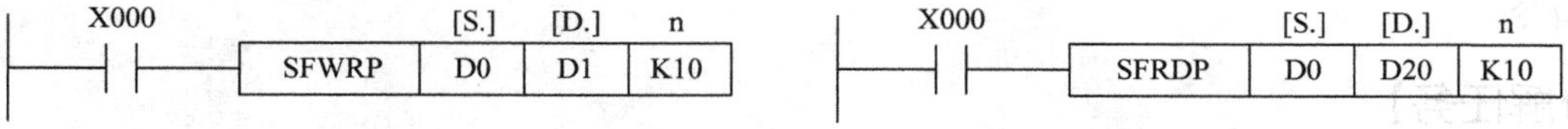

a) SFWR指令　　　　b) SFRD指令

图 4-5-10　SFWR 指令和 SFRD 指令格式梯形图

（2）SFWR 指令和 SFRD 指令要素（见表 4-5-5）

表 4-5-5　SFWR 指令和 SFRD 指令要素

指令名称	助记符	指令代码	操作数范围			程序步
			[S.]	[D.]	n	
先入先出写入	SFWR	FNC38	K、H、KnX、KnY、KnM、KnS、T、C、D、V、Z	KnY、KnM、KnS、T、C、D、V、Z	K、H 位移量 2 ≤n ≤512	SFWR（P）：7 步
先入先出读出	SFRD	FNC39				SFRD（P）：7 步

（3）SFWR 指令和 SFRD 指令使用方法　在图 4-5-10a 中，当 X000 由 OFF 变为 ON 时，SFWR 被执行，D0 中的数据写入 D2，而 D1 变成指针，其值为 1（D1 必须先清 0）；当 X000 再次由 OFF 变为 ON 时，D0 中的数据写入 D3，D1 变为 2，依次类推逐字右移，D0 中的数据依次写入数据寄存器。D0 中的数据从右边的 D2 顺序存入，源数据写入的次数放在 D1 中，当 D1 中的数达到 n－1 后不再执行上述操作，同时进位标志位 M8022 置 1。执行过程如图 4-5-11 所示。

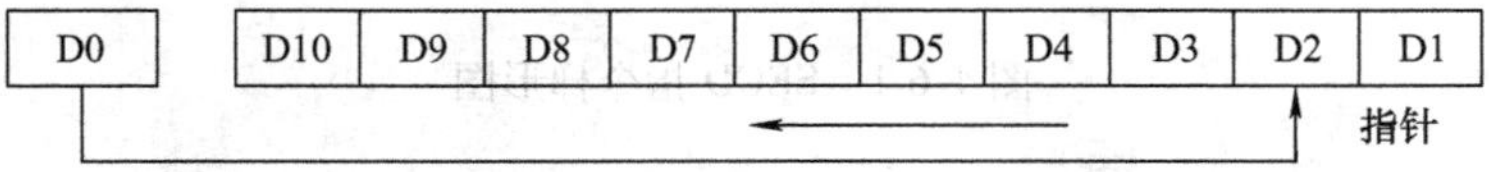

图 4-5-11　SFWR 指令执行过程

在图 4-5-10b 中，当 X000 由 OFF 变为 ON 时，SFRD 被执行，源操作数中 D1 的数据送到 D20，同时指针 D0 的值减 1，D10～D2 的数据向右移一个字。数据总是从 D1 读出，指针 D0 为 0 时，不再执行上述操作，且零标志位 M8020 置 1。执行过程如图 4-5-12 所示。

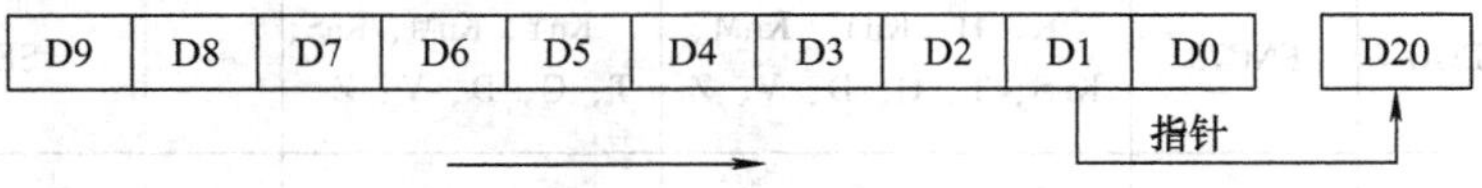

图 4-5-12　SFRD 指令执行过程

任务 4.6　停车场内车辆计数显示

【提出任务】

在前面的学习中，不论是输入元件、还是输出元件，每个元件都只占 PLC 的一个 I/O

端口。但是，诸如 16 键输入、七段数码管输出、打印机输出等设备都会占用多个 I/O 端口。若要把这些外部 I/O 设备的功能融入 PLC 控制系统，就必须会用外部 I/O 设备类功能指令。

【分解任务】

1. 边学边做，掌握七段译码指令的功能及其用法。

2. 边做边学，熟悉用 SEGD 指令设计程序的方法及步骤，设计停车场内车辆计数的显示程序。

3. 选学十六键输入指令的一般用法。

【解答任务】

外部 I/O 设备类功能指令的编号为 FNC70 ~ FNC79。由于触摸屏等智能终端技术的快速发展，很多传统的 PLC 外部 I/O 设备已被其取代。本任务只学习七段译码指令 SEGD、带锁存的多路七段译码指令 SEGL、十六键输入指令 HKY。读/写特殊功能模块指令 FROM/TO 将在下一任务中学习。

4.6.1 七段译码指令

1. SEGD 指令格式（如图 4-6-1 所示）

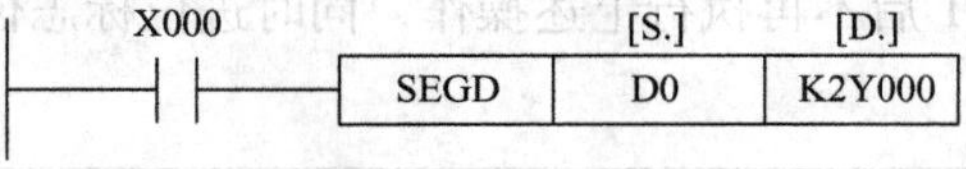

图 4-6-1 SEGD 指令梯形图

2. SEGD 指令要素（见表 4-6-1）

表 4-6-1 七段译码指令和带锁存的七段译码指令要素

指令名称	助记符	指令代码	操作数范围			程序步
			[S.]	[D.]	n	
七段译码	SEGD	FNC73	K、H、KnY、KnM、KnS、T、C、D、V、Z	KnY、KnM、KnS、T、C、D、V、Z	—	SEGD（P）：5 步
带锁存的七段译码	SEGL	FNC74	K、H、KnY、KnM、KnS、T、C、D、V、Z	Y	K、H	SEGL（P）：7 步

3. SEGD 指令使用说明

1）功能。将［S.］的低 4 位所确定的十六进制数（0 ~ F）译码成七段显示用的数据，并保存到［D.］低 8 位中，［D.］的高 8 位不变。

2）七段数码管外形和结构如图 4-6-2 所示。

3）十进制数字与七段显示（共阴极结构）电平和显示代码逻辑关系见表 4-6-2。

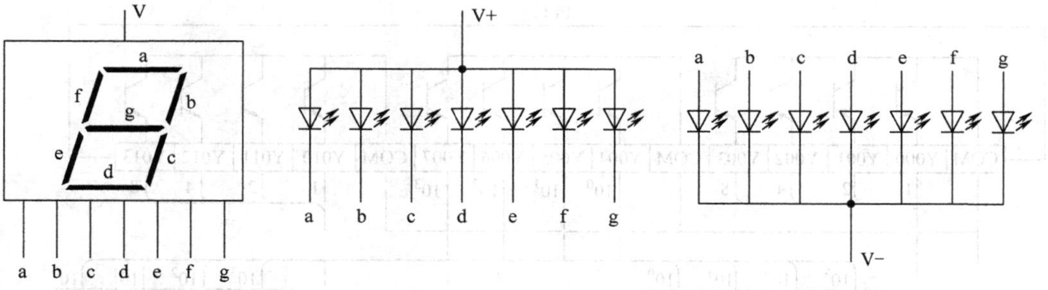

a) 外形　　b) 共阳极结构　　c) 共阴极结构

图 4-6-2　七段数码管外形和结构

表 4-6-2　十进制数字与七段显示（共阴极结构）电平和显示代码的逻辑关系

十进制数字	二进制数字	七段显示电平							显示代码
		g	f	e	d	c	b	a	
0	0000	0	1	1	1	1	1	1	H3F
1	0001	0	0	0	0	1	1	0	H06
2	0010	1	0	1	1	0	1	1	H5B
3	0011	1	0	0	1	1	1	1	H4F
4	0100	1	1	0	0	1	1	0	H66
5	0101	1	1	0	1	1	0	1	H6D
6	0110	1	1	1	1	1	0	1	H7D
7	0111	0	1	0	0	1	1	1	H27
8	1000	1	1	1	1	1	1	1	H7F
9	1001	1	1	0	1	1	1	1	H6F

4.6.2　7SEG 码时分显示指令

7SEG 码时分显示指令 SEGL 也称为多位数码显示指令或带锁存的七段译码指令。

1. 指令格式（如图 4-6-3 所示）

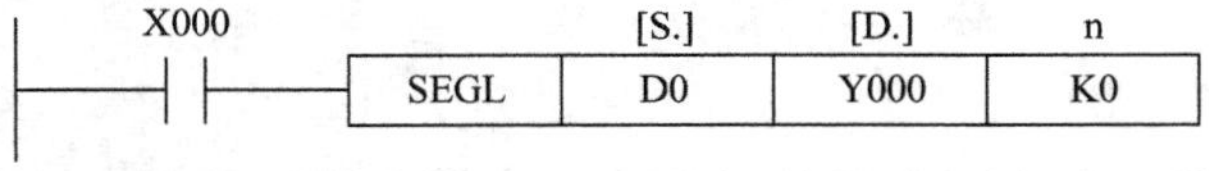

图 4-6-3　SEGL 指令梯形图

2. 指令要素（见表 4-6-1）

3. 指令使用说明

1）功能。SEGL 是用于控制一组或两组带锁存的七段译码显示器显示的指令。

2）带锁存的七段译码显示器与 PLC 连接的电路原理图如图 4-6-4 所示。

3）若 n = 0 ~ 3，是四位一组锁存显示。指令将［S.］所指定的 D0 中的二进制转换成四位一组的 BCD 码，按［D.］指定的第二个四位 Y004 ~ Y007 的选通信号，依次从［D.］指定的第一个四位 Y000 ~ Y003 输出，锁存于七段译码显示器的锁存器中进行显示。

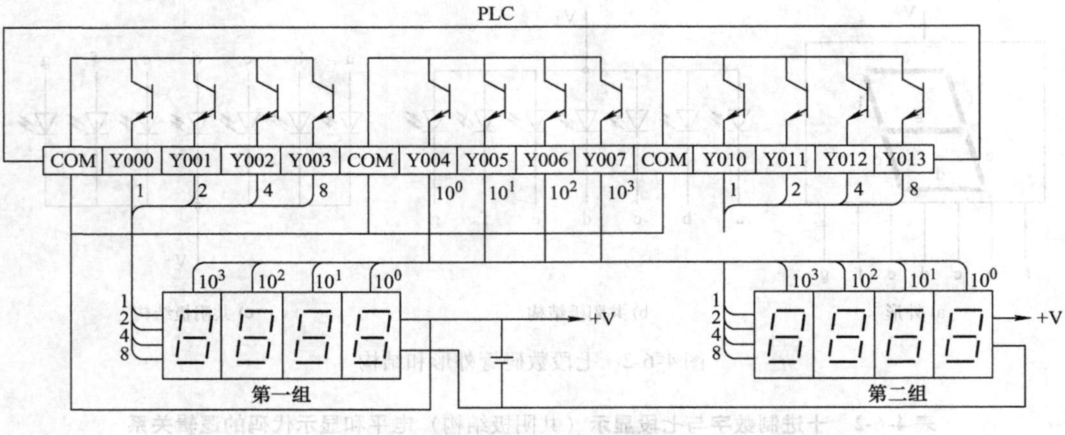

图 4-6-4　带锁存的七段译码显示器与 PLC 连接电路原理图

4）若 n=4～7，是四位二组锁存显示。指令将［S.］所指定的 D0 中的二进制转换成四位一组的 BCD 码，按［D.］指定的第二个四位 Y004～Y007 的选通信号，依次从［D.］指定的第一个四位 Y000～Y003 输出，D1 中的二进制转换成四位一组的 BCD 码，依次从［D.］指定的第三个四位 Y010～Y013 输出（第二组显示），Y004～Y007 中的信号两组共用。

4.6.3　停车场内车辆计数显示系统设计

1. 控制要求

某停车场最多可停 50 辆车，用两位数码管显示停车数量。用出入传感器检测进出车辆数，每进一辆车停车数量增 1，每出一辆车减 1。场内停车数量小于 45 时，入口处绿灯亮，允许入场；等于和大于 45 时，绿灯闪烁，提醒待进车辆注意将满场；等于 50 时，红灯亮，禁止车辆入场。

2. 控制对象分析

被控对象为两位数码管。两位数码管的显示输出数值是停车场内车辆数量，可用加 1 和减 1 指令计数获得；临满信号和已满信号可用触点比较型指令输出；数值显示用七段译码指令输出。

3. 电路设计

用两个光电传感器分别检测车辆的进和出，占用 X000、X001。用 Y000～Y006 控制个位数数码管的七个显示段，Y010～Y016 控制十位数数码管的七个显示段。Y020、Y021 分别驱动绿、红指示灯。

停车场控制电路原理如图 4-6-5 所示。

4. 程序设计

用加 1、减 1 指令统计停车场内的汽车数量，并存入 D0。

用 BCD 指令转换 D0 的数值，以 8 位 BCD 码存入组件 K2M0。

用 SEGD 指令编译 K1M0 和 K1M4 七段显示码，并分别存入 K2Y000 和 K2Y010。

根据停车场内的车辆数用触点比较指令判别是应该发出绿灯亮，绿灯闪烁，还是红灯亮的提示。

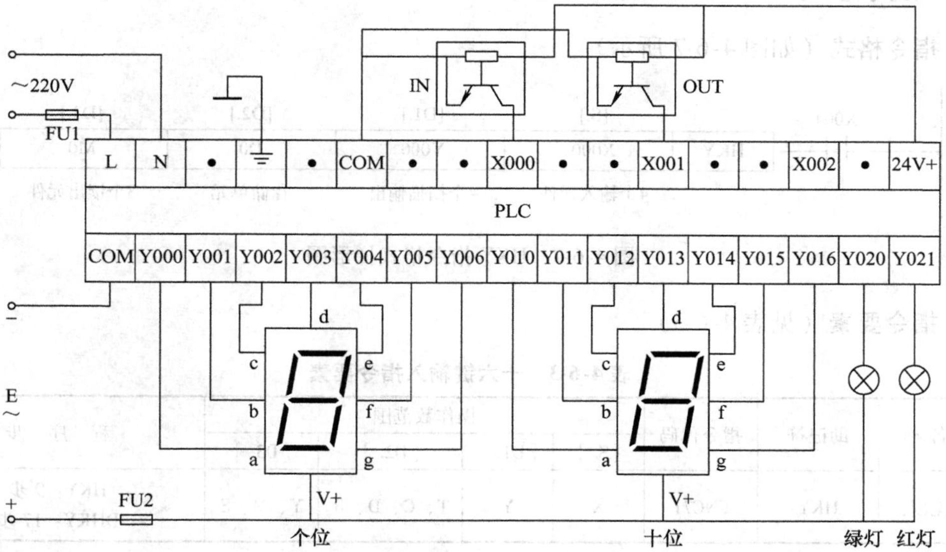

图 4-6-5　停车场车辆数量控制电路原理图

停车场车辆数量控制系统参考程序如图 4-6-6 所示。

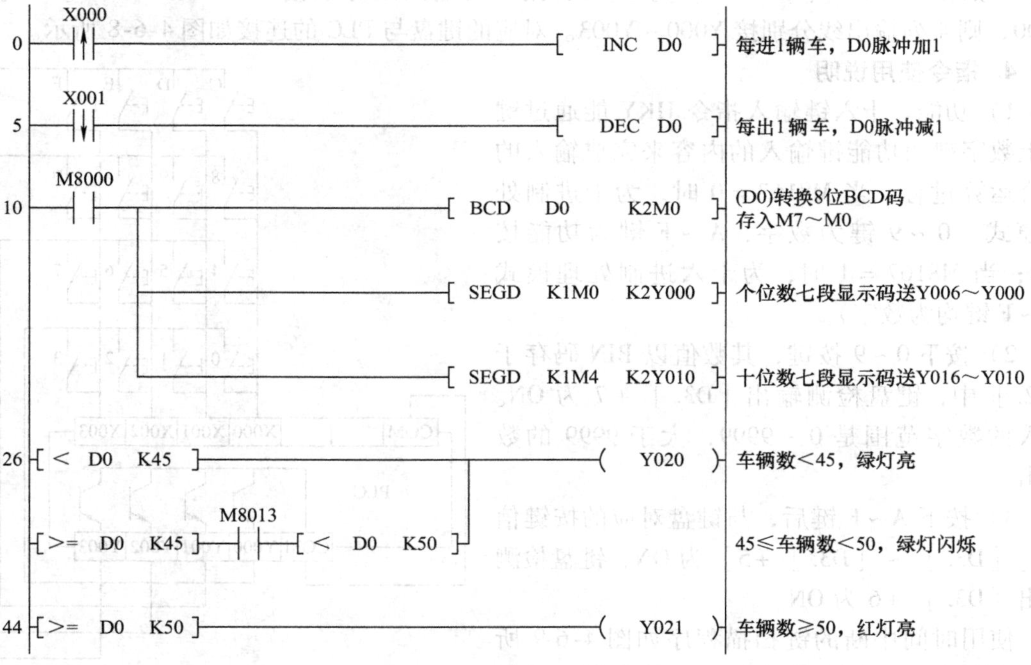

图 4-6-6　停车场车辆数量控制系统程序梯形图

5. 联机调试

以纸板遮挡光电传感器的方式模拟车辆进出，观察并分析程序运行结果。

4.6.4 选学参考——十六键输入指令

1. 指令格式（如图4-6-7所示）

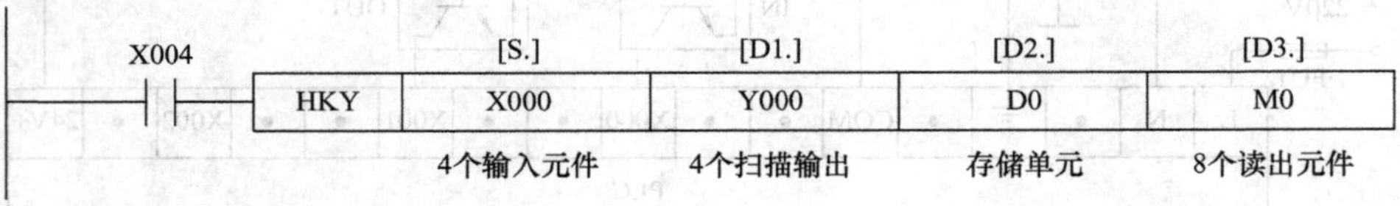

图4-6-7 HKY指令格式梯形图

2. 指令要素（见表4-6-3）

表4-6-3 十六键输入指令要素

指令名称	助记符	指令代码	操作数范围				程序步
			[S.]	[D1.]	[D2.]	[D3.]	
十六键输入	HKY	FNC71	X	Y	T、C、D、R	Y、M、S	HKY：9步 DHKY：17步

3. 键盘与PLC的连接

十六键输入分为数字键0~9和功能键A~F，由4行源输入和4列目标扫描输出矩阵构成。例如在图4-6-7中，［S.］为X000，则4行输入线分别接X000~X003；［D1.］为Y000，则4列输出线分别接Y000~Y003。对应的键盘与PLC的连接如图4-6-8所示。

4. 指令使用说明

1）功能。十六键输入指令HKY能通过键盘上数字键和功能键输入的内容来完成输入的复合运算过程。当M8167=0时，为十进制处理模式（0~9键为数字，A~F键为功能按键）；当M8167=1时，为十六进制处理模式（0~F键均为数字）。

2）按下0~9按键，其数值以BIN码存于［D2.］中，键盘检测输出［D3.］+7为ON。输入的数字范围是0~9999，大于9999的数溢出。

3）按下A~F键后，与键盘对应的按键信息［［D3.］~［D3.］+5］为ON，键盘检测输出［D3.］+6为ON。

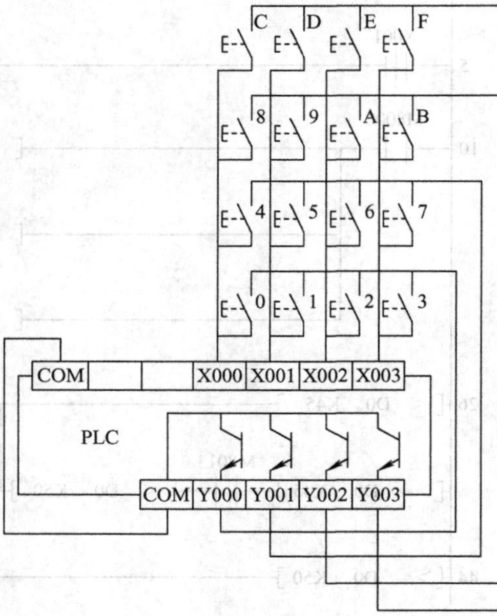

图4-6-8 键盘与PLC连接的电路原理图

使用时间中断的键扫描程序如图4-6-9所示。在图中，输入输出刷新REF是在顺序控制程序扫描过程中，想要获得最新的输入（X）信息，以及将输出（Y）扫描结果立即输出的指令。REF只有目标操作数X、Y，并且X、Y的序号最低位只能是0，如X000，Y020等。操作数n表示要刷新的目标操作数的位数，8≤

n≤256，且 n 必须是 8 的倍数。

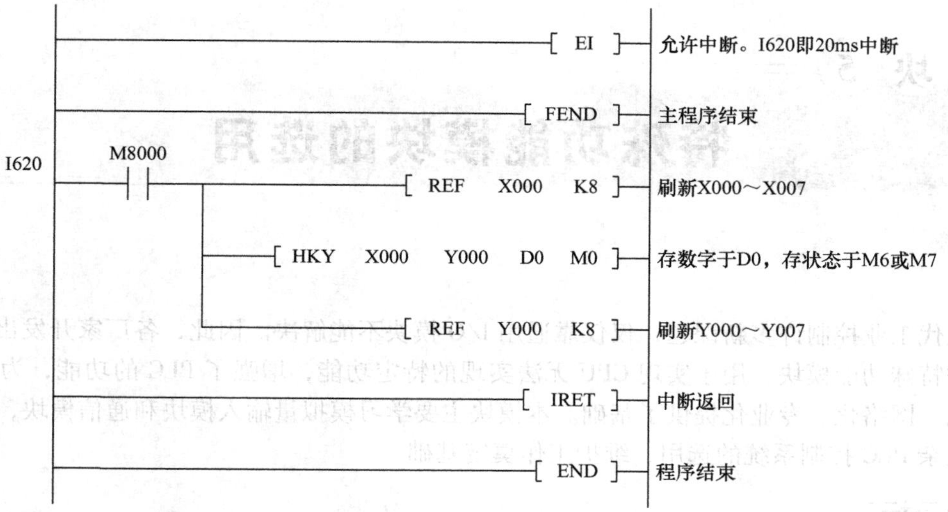

图 4-6-9　HKY 指令中使用时间中断的键扫描程序

【模块小结】

1. 功能指令格式：助记符、操作数。

2. 功能指令执行方式：连续和脉冲。

3. 操作数数据长度：16 位或 32 位。

4. 功能指令主要分类：程序流程控制指令、传送比较指令、四则运算指令、循环移位指令和外部 I/O 指令。

5. 功能指令标志位：零位标志 M8020、借位标志 M8021、进位标志 M8022 等。

【作业与思考】

4-1　什么是功能指令？有何作用？

4-2　用 MOV 指令编写电动机Y-△减压起动梯形图。控制要求：按下 X000，电动机Y起动。延时 6s 后，将星点断开，再延时 1s，电动机转为△正常运行。按下 X001，电动机停止。

4-3　用 CMP 指令实现如下功能：X000 为脉冲输入，当脉冲数大于 10 时，Y001 为 ON；当脉冲数小于 10 时，Y000 为 OFF。试编写其梯形图。

4-4　现有 16 个彩灯，摆放成圆形，按下起动按钮，彩灯以顺时针方向间隔 1s 轮流点亮，循环三次后彩灯转换成逆时针方向间隔 2s 轮流点亮，循环三次后自动停止工作。按下停止按钮，立即停止工作。试分别用基本指令、步进指令和功能指令编写梯形图。

4-5　求运算表达式 10X/300 +30，X 值由 K2X000 以 BCD 码送到内存中。试编写其梯形图。

4-6　报警电路要求起动之后，以 1Hz 频率灯闪，蜂鸣器响。灯闪烁 30 次之后，灯灭，蜂鸣器停，间歇 5s。如此进行三次，自动熄灭。试用调用子程序方法编写。

模块 5 特殊功能模块的选用

现代工业控制许多新课题，仅仅靠通用 I/O 模块不能解决。因此，各厂家开发出了品种繁多的特殊功能模块，用于实现 CPU 无法实现的特定功能，增强了 PLC 的功能，为 PLC 的智能化、网络化、专业化提供了基础。本模块主要学习模拟量输入模块和通信模块，为今后从事复杂 PLC 控制系统的选用、维护工作奠定基础。

【知识目标】

1. 掌握 A-D 转换模块 FX3U-4AD-PT-ADP 的技术指标、相关特殊编程元件的功能和使用方法，熟悉 PWM、PID 指令的功能和应用方法。
2. 熟悉 A-D 转换模块 FX2N-4AD 的技术指标及其 BFM 各字节的功能，掌握 FROM、TO 指令的功能和使用方法。
3. 熟悉 D-A 转换模块 FX3U-4DA-ADP 的技术指标、相关特殊编程元件的功能和使用方法。
4. 熟悉用 RS 指令和 FX3U-232-BD 通信模块构建无协议通信的控制程序设计方法、步骤。
5. 熟悉用 FX3U-485-BD 通信模块构建 N：N 网络通信的控制程序设计方法、步骤。

【能力目标】

1. 能运用 FX3U-4AD-PT-ADP 模块，构建电加热的温度控制系统。
2. 能运用 FX2N-4AD 模块，设计 A-D 转换控制程序。
3. 能运用 FX3U-4DA-ADP 模块，设计 D-A 转换控制程序。
4. 能运用 FX3U-232-BD 模块，设计 PLC 控制打印机的程序。
5. 能运用 FX3U-485-BD 模块，构建 PLC 的 N：N 网络系统。

任务 5.1 带动态显示的 PID 恒温控制

【提出任务】

在工程实践中除开关量外，还存在大量的模拟量需要自动控制系统处理，如温度的实时控制等。PLC 在处理模拟量时，需要通过相应的模拟量特殊功能模块采集或输出模拟量。

【分解任务】

1. 边学边做，熟悉 FX3U-4AD-PT-ADP 模块的功能及其用法。
2. 边做边学，设计带动态显示的 PID 恒温控制系统。
3. 选学具有 BFM 缓冲存储器和有增益/偏移调整功能的 A-D 输入模块的一般用法，熟悉特殊功能模块指令 FROM/TO 的功能和使用方法。

【解答任务】

5.1.1　PLC 模拟量控制系统的组成

FX 系列 PLC 常用的模拟量控制设备有普通模拟量输入模块（FX2N-2AD、FX2N-4AD、FX3U-4AD、FX3U-8AD）、模拟量输出模块（FX2N-2DA、FX2N-4DA、FX3U-4DA）、模拟量输入输出混合模块（FX0N-3A）、温度传感器用输入模块（FX2N-4AD-PT、FX2N-4AD-TC、FX3U-4AD-PT-ADP、FX3U-4AD-TC-ADP）等。FX3U 可有条件地兼容早期产品。

1. 模拟量的特点

模拟量是在时间上、数值上都连续变化的物理量。具有以下特点：

（1）初始性　模拟量大部分是自然界中的初始变量，有很多是非电量。对非电量进行测量、处理、控制时，要把非电量转化成模拟电信号。模拟电信号的产生过程如图 5-1-1 所示。

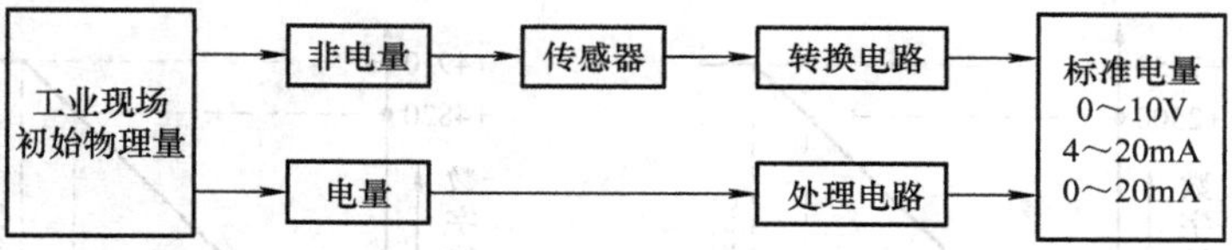

图 5-1-1　模拟电信号的产生过程

（2）连续性　模拟量随时间的变化曲线是光滑而连续的，没有间断点。

（3）转换性　模拟量可转换为数字量（A-D 转换）；数字量可转换为模拟量（D-A 转换）。

2. PLC 模拟量控制系统的基本结构

PLC 模拟量控制系统的组成框图如图 5-1-2 所示。

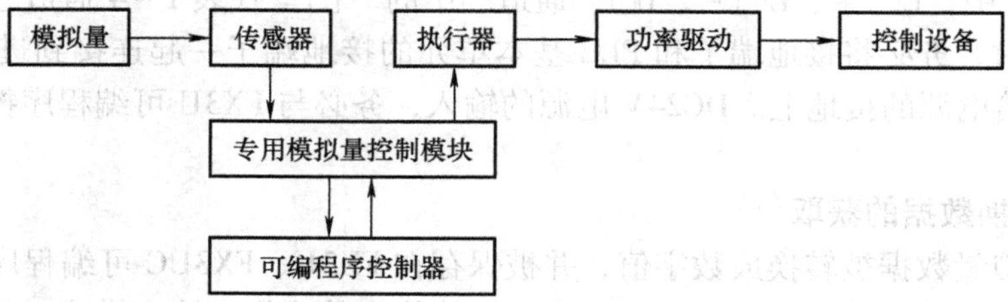

图 5-1-2　PLC 模拟量控制系统框图

5.1.2 温度A-D输入模块FX3U-4AD-PT-ADP

1. FX3U-4AD-PT-ADP的技术指标

FX3U-4AD-PT-ADP连接在FX3U、FX3UC可编程序控制器上，是获取4个通道的铂电阻温度的模拟量特殊适配器，测定单位可设定为摄氏度或者华氏度。与FX2N-4AD-PT不同，它没有BFM缓冲存储器，无需用FROM、TO指令编程，测定的温度被自动写入FX3U、FX3UC可编程序控制器的特殊数据存储器中。FX3U最多可以连接4台FX3U-4AD-PT-ADP（或其他模拟特殊适配器），其技术指标见表5-1-1，输入特性如图5-1-3所示。

表5-1-1 FX3U-4AD-PT-ADP技术指标表

项　目	摄氏度（℃）	华氏度（℉）
模拟量输入信号	PT100传感器（100W），3线，4通道	
传感器电流	1mA	
补偿范围	-50～+250℃	-58～+482℉
数字输出	-500～+2500	-580～+4820
分辨率	0.1℃	0.18℉
整体准确度	满量程的±1.0%（环境温度0～55℃）	
转换时间	200μs每个扫描周期更新数据	
电源	主单元提供5V/15mA直流，外部提供24V/40mA直流	
占用I/O点数	0点，与PLC的最大输入输出点数无关	
适用PLC	FX3U、FX3UC等	

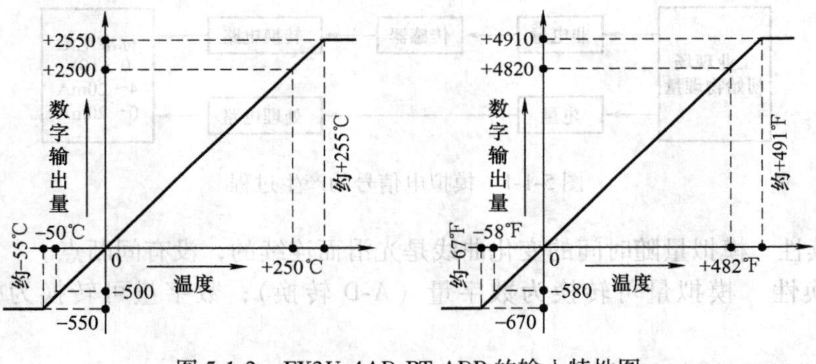

图5-1-3 FX3U-4AD-PT-ADP的输入特性图

2. 接线

在图5-1-4中，L□+、L□-、I□、通道□中的“□”代表1～4通道号中的一个。

电源接线时，务必将接地端子和PLC基本单元的接地端子一起连接到进行了D类接地（100Ω）的供给电源的接地上。DC24V电源的输入，务必与FX3U可编程序控制器的电源使用同一电源。

3. A-D转换数据的获取

输入的模拟量数据被转换成数字值，并被保存在FX3U、FX3UC可编程序控制器的特殊元件中。通过向特殊元件写入数值，可以设定平均值次数或指定输入模式。依照从基本单元开始的连接顺序，分配特殊元件，每台分配特殊辅助继电器、特殊数据寄存器各10个。

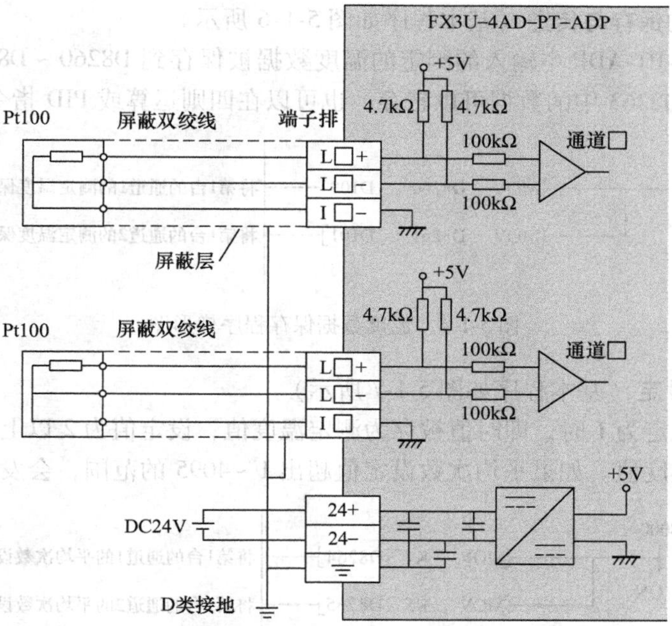

图 5-1-4　FX3U-4AD-PT-ADP 的接线图

4. 特殊软元件分配表（见表 5-1-2）

表 5-1-2　FX3U-4AD-PT-ADP 特殊软元件分配表

特殊软元件	软元件编号 第 1 台	第 2 台	第 3 台	第 4 台	内　容	属性
特殊辅助继电器	M8260	M8270	M8280	M8290	温度单位选择（OFF：华氏度，ON：摄氏度）	R/W
	M8261 ~ M8269	M8271 ~ M8279	M8281 ~ M8289	M8291 ~ M8299	未使用（请不要使用）	—
特殊数据寄存器	D8260	D8270	D8280	D8290	通道 1 测定温度	R
	D8261	D8271	D8281	D8291	通道 2 测定温度	R
	D8262	D8272	D8282	D8292	通道 3 测定温度	R
	D8263	D8273	D8283	D8293	通道 4 测定温度	R
	D8264	D8274	D8284	D8294	通道 1 平均次数（设定范围：1 ~4095）	R/W
	D8265	D8275	D8285	D8295	通道 2 平均次数（设定范围：1 ~4095）	R/W
	D8266	D8276	D8286	D8296	通道 3 平均次数（设定范围：1 ~4095）	R/W
	D8267	D8277	D8287	D8297	通道 4 平均次数（设定范围：1 ~4095）	R/W
	D8268	D8278	D8288	D8298	出错状态	R/W
	D8269	D8279	D8289	D8299	机型代码 =20	R

若第 1 台设为华氏温度单位，第 2 台设为摄氏温度单位，则程序如图 5-1-5 所示。

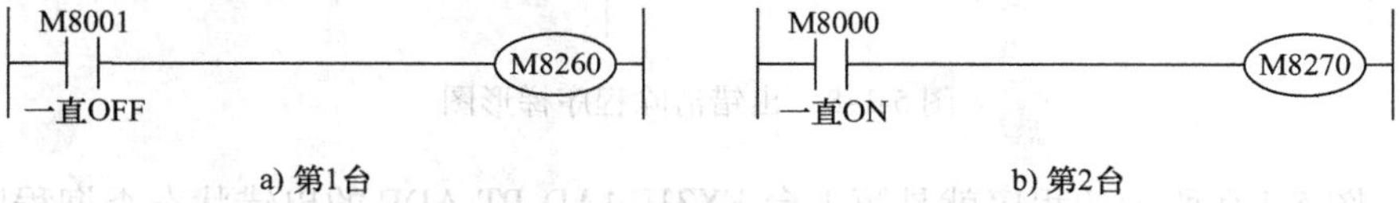

图 5-1-5　温度单位设定程序梯形图

5. 测定温度的保存与传送（基本程序如图 5-1-6 所示）

从 FX3U-4AD-PT-ADP 中输入的测定的温度数据被保存到 D8260 ~ D8263 等特殊数据寄存器中。D8260 ~ D8263 中的数据可以转存，也可以在四则运算或 PID 指令中直接使用。

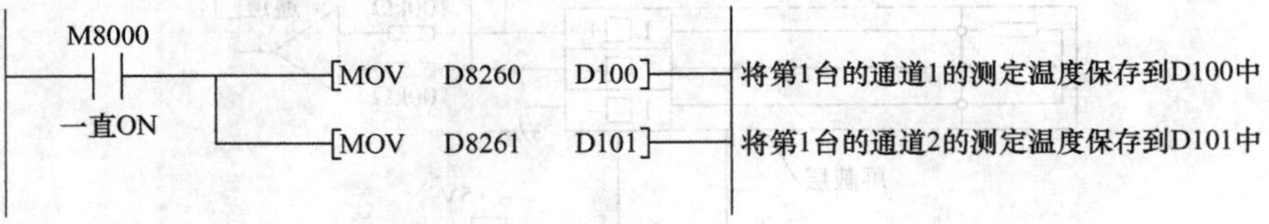

图 5-1-6 温度数据保存程序梯形图

6. 平均次数设定（基本程序如图 5-1-7 所示）

当平均次数设定为 1 时，即时值被存为测定温度值；设定值为 2 以上时，设定次数的平均值保存为测定温度值。如果平均次数设定值超出 1 ~ 4095 的范围，会发生错误。

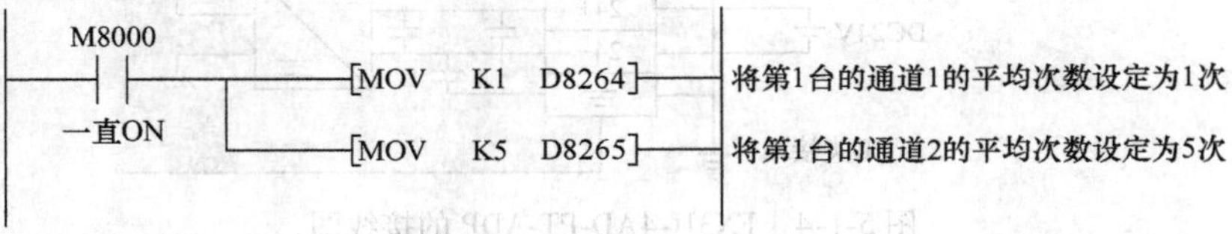

图 5-1-7 平均次数设定程序梯形图

7. 错误状态

FX3U-4AD-PT-ADP 中发生错误时，在出错状态特殊寄存器中保存发生的出错状态。通过出错状态各位的 ON/OFF 状态，可以确认发生的出错内容，各位的出错内容分配见表 5-1-3。

表 5-1-3 出错内容分配表

位	内 容	位	内 容
b0	通道 1 测定温度范围外，以及检测出断线	b5	平均次数的设定出错
b1	通道 2 测定温度范围外，以及检测出断线	b6	硬件出错
b2	通道 3 测定温度范围外，以及检测出断线	b7	通信数据出错
b3	通道 4 测定温度范围外，以及检测出断线	b8 ~ b15	未使用
b4	EEPROM 出错	—	—

必须注意，FX3U-4AD-PT-ADP 硬件出错（b6）、FX3U-4AD-PT-ADP 通信数据出错（b7），在可编程序控制器的电源由 OFF 变为 ON 时，需要用程序来清除，如图 5-1-8 所示。

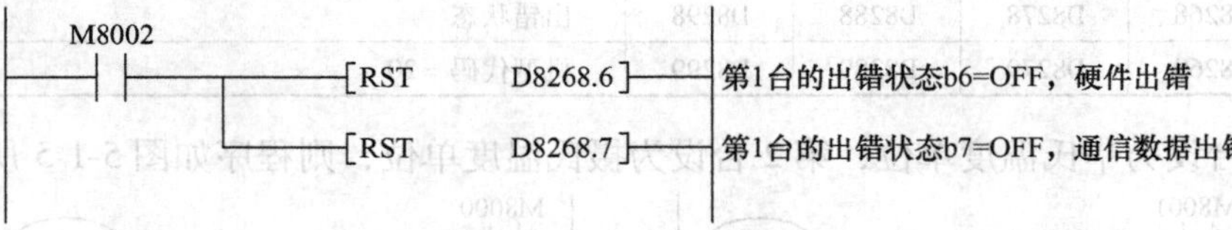

图 5-1-8 出错清除程序梯形图

例如，图 5-1-9 所示的程序就是第 1 台 FX3U-4AD-PT-ADP 的出错状态查询程序。

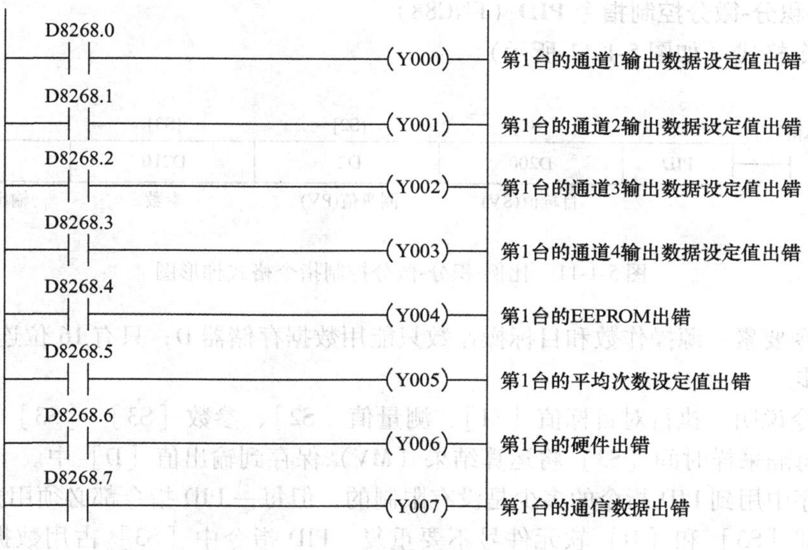

图5-1-9　出错状态查询程序梯形图

5.1.3　与PID调节相关的指令

1. 脉宽调制指令PWM（FNC58）

（1）指令格式（如图5-1-10a所示）

（2）指令要素　PWM指令的两个源操作数可以是任何类型字元件，目标操作数是基本单元的晶体管输出Y000、Y001、Y002，或是高速输出特殊适配器的Y000、Y001、Y002、Y003。

（3）指令说明　扫描执行PWM指令时，立即采用中断方式通过［D.］输出占空比为*t/T*的脉冲。［S1.］指定脉宽*t*(ms)，［S2.］指定周期*T*(ms，设定范围：1～32，767ms)。

在图5-1-10a中，当X010断开时，输出Y000始终为“0”，没有脉冲输出；当X010闭合时，通过Y000输出频率为10Hz的脉冲。改变D10的数值，就能使输出脉冲的占空比在0%～100%变化，有关波形如图5-1-10b所示。

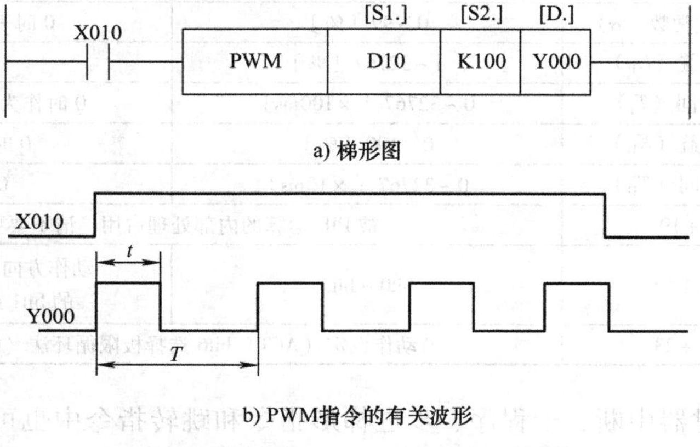

图5-1-10　PWM指令的使用说明示意图

2. 比例-积分-微分控制指令 PID（FNC88）

（1）指令格式（如图 5-1-11 所示）

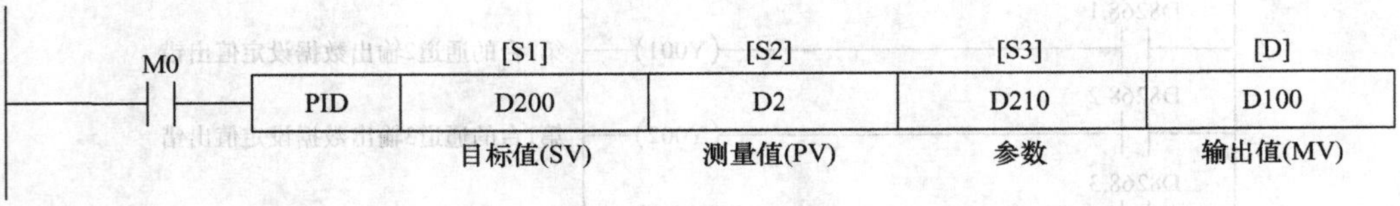

图 5-1-11　比例-积分-微分控制指令格式梯形图

（2）指令要素　源操作数和目标操作数只能用数据存储器 D；只有 16 位连续执行类型，程序步为 9 步。

（3）指令说明　执行对目标值［S1］、测量值［S2］、参数［S3］~［S3］+6 进行设定的程序后，每隔采样时间［S3］将运算结果（MV）保存到输出值［D］中。

一个程序中用到 PID 指令的多少是没有限制的，但每一 PID 指令都必须用独立的一组数据寄存器，即［S3］和［D］软元件号不要重复。PID 指令中［S3］占用数据存储器可以多达 29 个（见表 5-1-4），关于 PID 指令的详细说明请参考 FX 系列编程手册。

表 5-1-4　关于 PID 指令操作数［S3］的部分说明

设定项目			设定内容	备注
［S3］	采样时间（T_S）		1 ~ 32767ms	比运算周期短的值无法执行
［S3］+1	动作设定（ACT）	bit0	0：正动作 1：逆动作	
		bit1	0：无输入变化量报警 1：输入变化量报警有效	
		bit2	0：无输出变化量报警 1：输出变化量报警有效	bit2 和 bit5 请勿同时置 ON
		bit3	不可以使用	
		bit4	0：自整定不动作 1：执行自整定	
		bit5	0：无输出值上、下限设定 1：输出值上、下限设定有效	bit2 和 bit5 请勿同时置 ON
		bit6	0：阶跃响应法 1：极限循环法	选择自整定的模式
		bit7 ~ bit15	不可以使用	
［S3］+2	输入滤波常数（α）		0 ~ 99［%］	0 时表示无输入滤波
［S3］+3	比例增益（K_P）		1 ~ 32767［%］	
［S3］+4	积分时间（T_I）		0 ~ 32767［×100ms］	0 时作为∞处理（无积分）
［S3］+5	微分增益（K_D）		0 ~ 100［%］	0 时无微分增益
［S3］+6	微分时间（T_D）		0 ~ 32767［×10ms］	0 时无微分
［S3］+7 ~［S3］+19			被 PID 运算的内部处理占用，请不要更改数据	
［S3］+24	报警输出		bit0 ~ bit3	动作方向（ACT）：［S3］+1 的 bit1 或 bit2 = 1 时有效
［S3］+25 ~［S3］+28			动作设定（ACT）bit6 选择极限循环法（ON）时占用	

PID 指令在定时器中断、子程序、步进梯形指令和跳转指令中也可使用。在这种情况下，执行 PID 指令前清零［S3］+7 后再使用。清零梯形图如图 5-1-12 所示。

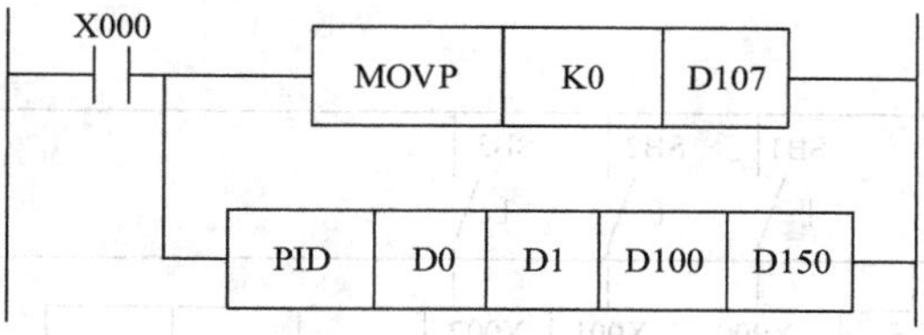

图 5-1-12　清零程序梯形图

5.1.4　带动态显示的PID恒温控制系统设计

1. 控制要求

某电加热设备的温度控制采用 FX3U-4AD-PT-ADP 模块采样，用脉宽调制的方式进行 PID 恒温控制，水温目标值为 50℃。要求能显示实时温度，并能对上限温度 51℃ 和下限温度 49℃ 声音报警。

2. 控制对象分析

被控对象是电加热器。从控制要求可知，控制系统采用 PID 调节，需要占用较多的指定数据存储器来存放相关参数；脉宽调制输出元件只能用 Y000 ~ Y003 中的一个；实时动态显示需要占用 8 个输出元件；上、下限温度报警需要用到数据比较。

3. 电路设计

拟设起动按钮 SB1、停止按钮 SB2、声音报警复位按钮 SB3，并分别对应 X000 ~ X002。

Y000 输出的脉宽调制信号经固态继电器放大后驱动电加热器，Y003 直接驱动蜂鸣器，Y010 ~ Y017 驱动四位数码显示管。

FX3U-4AD-PT-ADP 模块通过电缆与 PLC 相连。

因 PID 温度控制系统占用的软元件较多，仅用 I/O 分配表表达不够清晰，为此需要拟订 PID 温度控制系统资源分配表（见表 5-1-5）来表述资源分配。系统电路原理图如图 5-1-13 所示。

表 5-1-5　PID 温度控制系统资源分配表

软　元　件	定 义 说 明	软　元　件	定 义 说 明
X000	起动命令	Y000	脉冲宽度调制输出
X001	停止命令	Y003	声音报警
X002	声音报警复位	Y010 ~ Y017	接 LED 显示板
D0	存控制目标值（K500 = 50℃）	D60	存上限温度报警值（K510 = 51℃）
D10	存 0.1℃单位下的平均值（来自 D8260）	D70	存下限温度报警值（K490 = 49℃）
D20	存采样时间（K1000 = 1000ms）	M0	起动自锁
D21	存动作方向（K0 = 正动作，自整定不动作）	M10 ~ M12	若是 FX3U-4AD-PT-ADP 模块，则 M11 接通
D22	存输入滤波常数（K40 = 40%）	M20 ~ M35	存错误码（来自 D8268）
D23	存比例增益（K30 = 比例放大系数为 30）	M40 ~ M42	PID 调节范围比较
D24	存积分时间（K400 = 400 × 100ms）	M60 ~ M62	温度范围比较，超限报警
D25	存微分增益（K0 = 0%）	M70	消除声音报警继电器
D26	存微分时间（K10 = 10 × 10ms）	C0	从低温进入调温范围计数器
D50	存 PID 运算后的输出量		

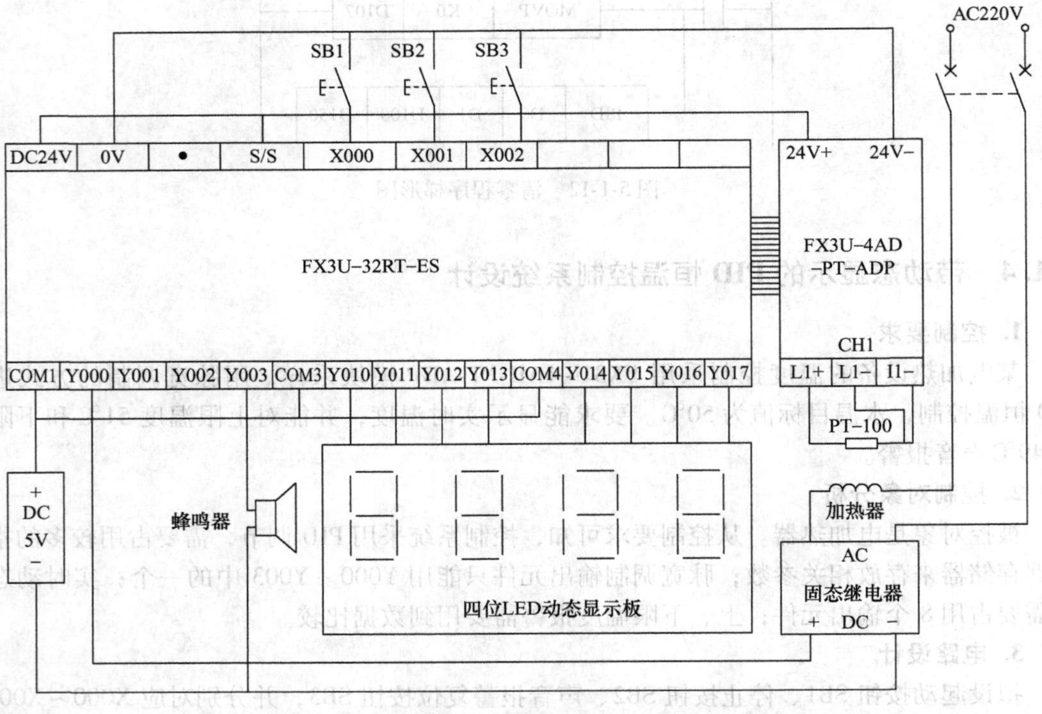

图 5-1-13 带动态显示的 PID 恒温控制系统电路原理图

4. 程序设计

根据控制要求，带动态显示的 PID 温度控制系统程序应由初始化、起-保-停、PID 调节、PWM 输出、动态显示和超限声音报警等部分组成。

（1）初始化程序设计 利用开机脉冲 M8002 处理系统开机运行时需要复位和置位的元件、运行中不变化而又需要预置的参数，包括 PT 模块工作方式设置等。

在图 5-1-14 中，第 1 ~ 5 程序行是对 PT 模块的初始化处理，其功能分别是：对上次运行可能出现的 PT 硬件错误、通信数据错误标志复位，设置 A-D 计算平均值的采样次数（设定为 5 次），设定 PT 输出温度单位（设定为摄氏温度），PT 模块机型判断（如果正确，M11 接通并能保持）。第 6 ~ 13 程序行是对 PID 指令的初始化处理，其功能分别是：确定 PID 指令操作数［S1］（设置系统调节的目标值），确定 PID 指令操作数［S3］（积分时间常数）及与 PID 调节原理相关的参数。第 14 ~ 15 程序行的功能是设置温度上、下限报警值（也可以省略而在程序中直接用数值比较）。

（2）起-保-停程序设计 起-保-停程序为图 5-1-14 中倒数第三行程序。起动与保持由 X000 起动 M0 并自锁来实现。正常停止由 X001 断开 M0 线圈来实现。不正常停止由 PT 模块出错自检触点断开 M0 线圈来实现。PT 模块出错自检源有 M20（测量温度范围外或检测出断线）、M24（EEPROM 出错）、M26（硬件出错）、M27（通信数据出错）四个。至于测量温度超过设定的上、下限，控制要求是报警而不是停止运行。

出错标志由 D8268 传送到 K4M20 组合字节（图 5-1-14 中倒数第二行程序）。

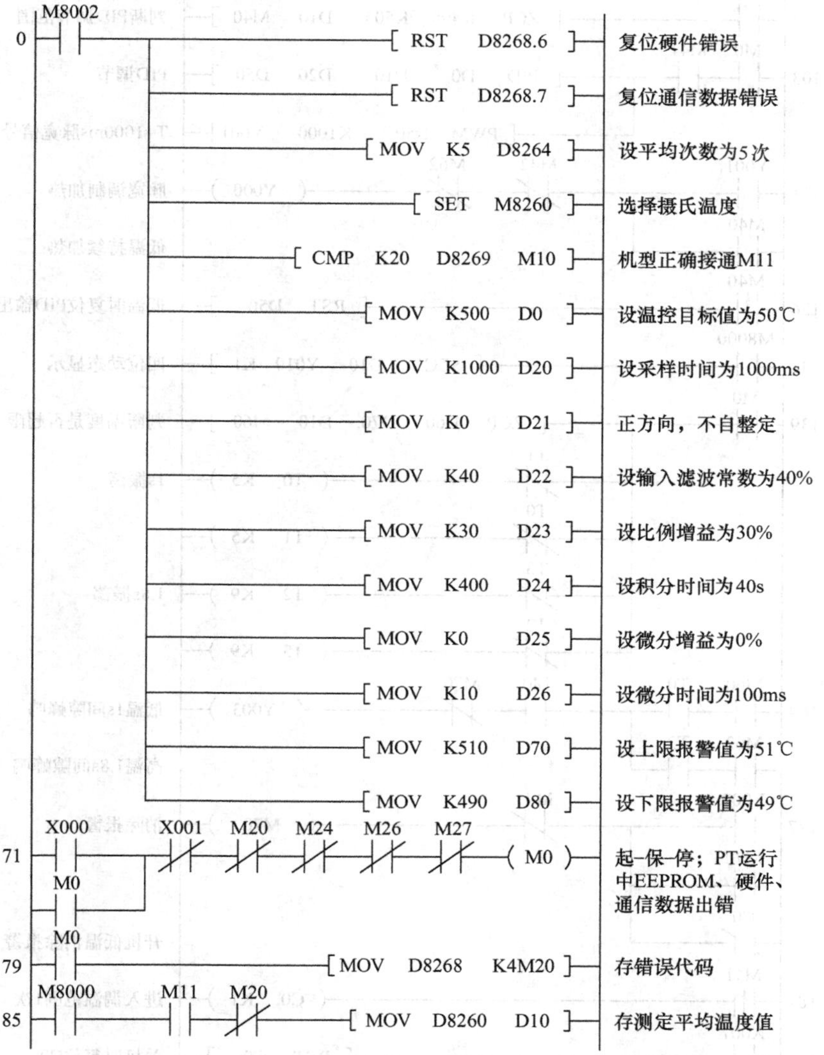

图 5-1-14 带动态显示的 PID 恒温控制系统参考程序（一）

若 PT 模块型号正确、数据未超出测量范围，PLC 和 PT 上电后其测量且经过 A-D 转换的平均温度值由 D8260 获取并转存到 D10 备用（图 5-1-14 中倒数第一行程序）。

（3）PID 调节程序设计 用 ZCP 指令判断 PID 调节温度的范围，若温度在 PID 调节温度的范围内，则用 PID 调节，并用脉宽调制的方法控制电炉电压（图 5-1-15 中第 1～3 程序行）。

（4）PWM 输出程序设计 温度处于 49.5～50.5℃：Y001 接通，脉宽调制加热；温度低于 49.5℃：M40 接通，持续加热，同时复位 PWM 输出 D50；温度高于 50.5℃：M42 断开，停止加热；温度高于 51℃：M62 断开加热（极限保护）。其程序由图 5-1-15 中第 121～130 程序行组成。

（5）动态显示程序设计 用 M8000 起动动态显示，在系统上电后，就可以立即显示被加热物质的温度（图 5-1-15 中第 131 程序行）。

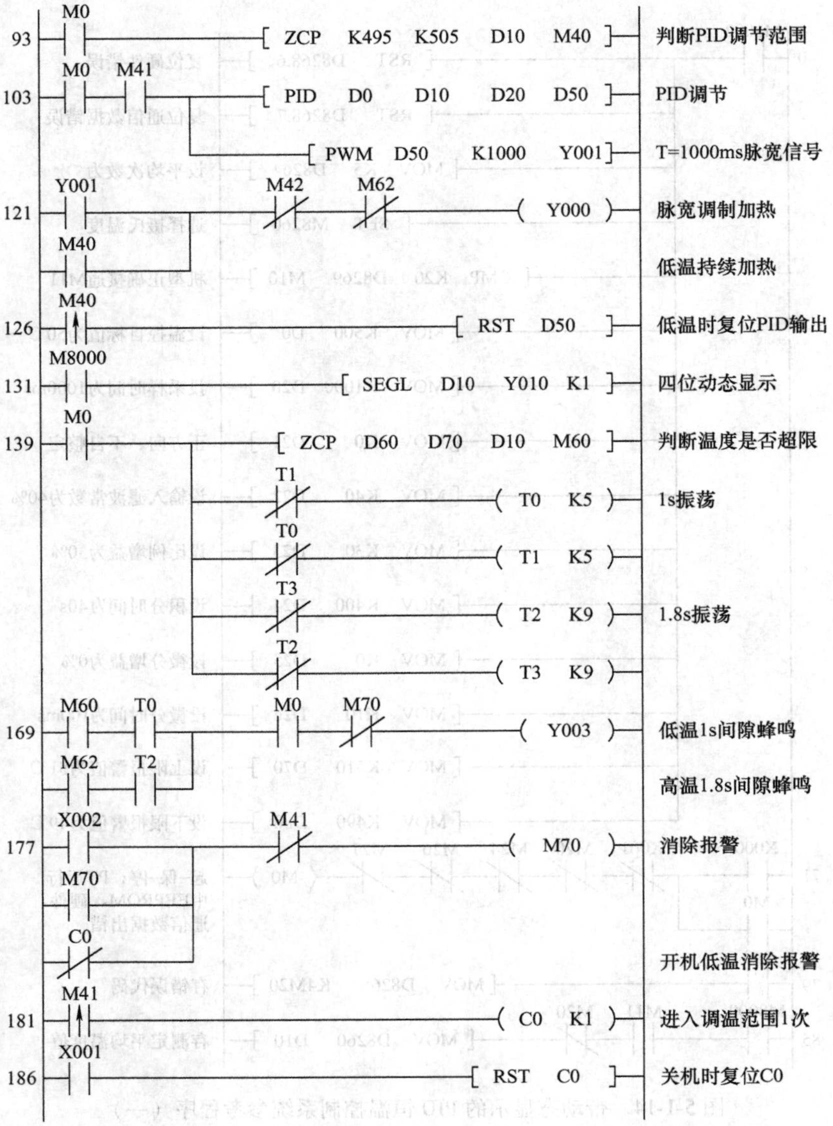

图 5-1-15 带动态显示的 PID 恒温控制系统参考程序（二）

（6）超限声音报警程序设计 由 ZCP 指令判断 D10 存储的温度值是否超限。由 T0、T1 组成 1s 的振荡电路，若 PT 检测的温度低于 49℃，由 M60 接入 1s 的振荡音响。由 T2、T3 组成 1.8s 的振荡电路，若 PT 检测的温度高于 51℃时由 M62 接入 1.8s 振荡音响。其程序由图 5-1-15 中第 139～176 程序行组成。

当控制系统刚起动，温度还未达到 49.5℃进入 PID 调节范围时不需要报警，由计数器 C0 记忆；运行人员通过 SB3（X002）手动复位声音报警；系统按下 SB2 停机时复位计数器 C0，为下次运行做准备。其程序由图 5-1-15 中第 177～186 程序行组成。

5. 调试与运行

（1）电路检查 检查接线、电源种类和电压等级是否正确、有无短路和断路。

（2）程序检查　检查语法错误、软元件错误，仿真调试。

（3）联机调试　参考程序没有采用 PID 自整定不动作方式，因试验用的加热装置（输入功率、散热功率、被加热物质及其质量）不同，所选择的 PID 调节参数自然也不同，需要在运用自动控制原理相关理论计算的基础上，反复调试修改。

如果采用 PID 自整定方式（PID 指令［S3 +1］ =H0030），就可以不用 PWM 输出。

5.1.5　模拟量输入模块 FX2N-4AD

FX3U-4AD-PT-ADP、FX3U-4AD-ADP 都是将 A-D 转换的结果直接写入 PLC 的特殊数据存储器，但 FX3U-4AD 与 FX2N-4AD 的 A-D 转换的结果不能直接写入 PLC 数据存储器，而只能存储于自身的缓冲存储器 BFM，并用读、写指令来交换 PLC 与 BFM 的信息。因 FX3U-4AD 的 BFM 信息量远大于 FX2N-4AD，限于篇幅，在此仅介绍 FX2N-4AD 的应用。

1. 模拟量输入模块 FX2N-4AD 的技术指标

模拟量输入模块 FX2N-4AD 为 4 通道 12 位 A-D 转换模块。它将接收的模拟信号转换成 12 位二进制的数字量，并以补码的形式存于 16 位数据寄存器中，数值范围是 -2048 ~ +2047。其技术指标见表 5-1-6。

表 5-1-6　FX2N-4AD 的技术指标

项　目	输入电压	输入电流
模拟量输入范围	-10 ~ +10V	-20 ~20mA
数字输出	12 位，最大值 +2047，最小值 -2048	
分辨率	5mV	20μA
总体精度	±1%	±1%
转换时间	一般转换模式 15ms，高速转换模式 6ms	
隔离	模数电路之间采用光隔离	
电源规格	主单元提供 5V/30mA 直流，外部提供 24V/55mA 直流	
占用 I/O 点数	占用 8 个 I/O 点，可分配为输入或输出	
适用 PLC	FX1N，FX2N，FX2NC，FX3U	

2. 接线

FX2N-4AD 的接线原理如图 5-1-16 所示。

1）模拟输入信号采用双绞屏蔽电缆与 FX2N-4AD 连接，电缆应远离电源线或其他可能产生电气干扰的导线，见图 5-1-16 中①。

2）如果输入有电压波动，或在外部接线中有电气干扰，可以接一个 0.1 ~0.47μF（25V）的电容，见图 5-1-16 中②。

3）如果是电流输入，应将端子 V+和 I+连接，见图 5-1-16 中③。

4）如果存在过多的电气干扰，需将电缆屏蔽层与 FG 端连接，并连接到 FX2N-4AD 的接地端，见图 5-1-16 中④。

5）连接 FX2N-4AD 接地端与 PLC 主单元接地端，在主单元使用 3 级接地，见图 5-1-16 中⑤。

3. 缓冲存储器 BFM 分配

FX2N-4AD 的 BFM 分配见表 5-1-7。

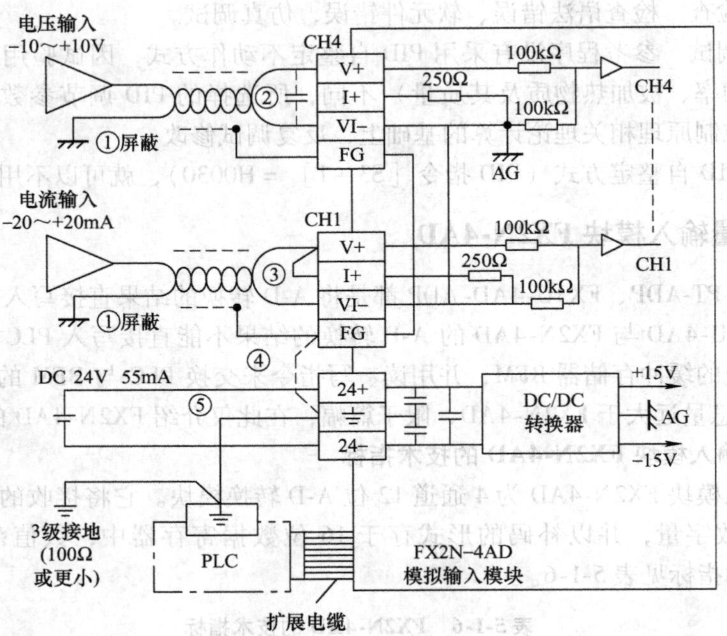

图 5-1-16　FX2N-4AD 的接线原理图

表 5-1-7　FX2N-4AD 的 BFM 分配表

BFM	内　　容	说　　明
* #0	通道初始化，默认值 = H0000	
* #1 ~ 4	通道 1 ~ 4 的平均值采样次数，默认值 = 8	
#5 ~ 8	通道 1 ~ 4 的平均值存放单元	
#9 ~ 12	通道 1 ~ 4 的当前值存放单位	
#13 ~ #14	保留	
#15	选择 A-D 转换时间：如设为 0，则选择正常转换，15ms/ 通道（默认）；如设为 1，则选择高速转换，6ms/ 通道	① 带 * 号的缓冲存储器（BFM）可以使用 TO 指令由 PLC 写入 ② 不带 * 号的缓冲存储器的数据可以使用 FROM 指令读入 PLC ③ 在从特殊功能模块读出数据之前，确保这些设置已经送入特殊功能模块中，否则，将使用模块里面以前保存的数值 ④ BFM 提供了利用软件调整偏移和增益的手段 ⑤ 偏移：当数字输出为 0 时的模拟输入值 ⑥ 增益（斜率）：当数字输出为 + 1000 时的模拟输入值
#16 ~ #19	保留	
* #20	复位到默认值和预设值。默认值 = 0	
* #21	调整增益、偏移选择。（b1，b0）为（0，1）表示允许，（1，0）表示禁止	

* #22	增益、偏移调整	b7	b6	b5	b4	b3	b2	b1	b0
		G4	O4	G3	O3	G2	O2	G1	O1

BFM	内　　容	说　　明
* #23	偏移值设置，默认值 = 0	
* #24	增益值设置，默认值 = 5000（mV）	
#25 ~ #19	保留	
#29	错误状态，表示模块出错类型	
#30	识别码 K2010	
#31	禁用	

（1）通道选择　通道的初始化由 BFM#0 中的 4 位十六进制数 H□□□□控制，最低位

数字控制通道1，最高位数字控制通道4，数字的含义如下：

□＝0：预设范围为－10～10V

□＝1：预设范围为4～20mA

□＝2：预设范围为－20～20mA

□＝3：通道关闭OFF

例如，H3210表示的通道初始化为：

CH1：预设范围为－10～10V；CH2：预设范围为4～20mA；CH3：预设范围为－20～20mA；CH4：通道关闭（OFF）。

（2）A-D转换速度的改变　在FX2N-4AD的BFM#15中写入0或1，可以改变A-D转换的速度。为保持高速转换，尽可能少使用FROM/TO指令。如果速度改变作为正常程序执行的一部分时，当改变了转换速度后，BFM#1～#4将立即设置到默认值，这一操作将不考虑它们原有的数值。

（3）调整增益和偏移值　通过把BFM#20设为K1，并将其激活后，包括特殊功能模块在内的所有设置都会复位成默认值，对于消除不希望的增益/偏移调整，这是一种快速的方法。

增益决定了校正线的角度或者斜率，由数字值1000标识。在图5-1-17a中：a为小增益，读取数字值间隔大；b为零增益，默认设置时为5000（5V或20mA）；c为大增益，读取数字值间隔小。

偏移是校正线的“位置”，由数字值0标识。在图5-1-17b中：d为负偏移，数字值为0时模拟值为负；e为零偏移，数字值等于0时模拟值等于0；f为正偏移，数字值为0时模拟值为正。

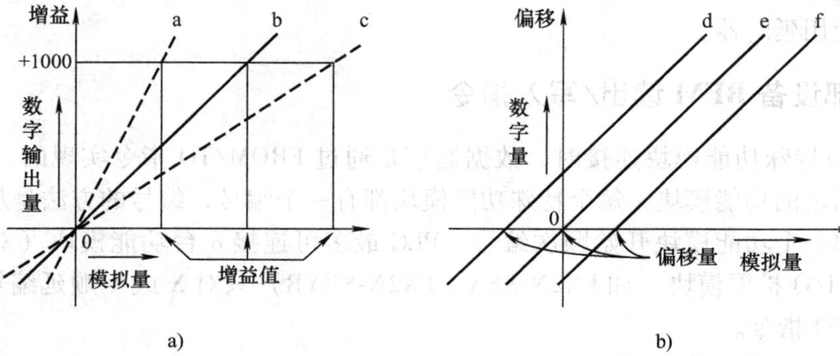

图5-1-17　增益和偏移示意图

偏移和增益可以独立或一起设置。合理的偏移范围是－5～＋5V或－20～20mA。而合理的增益值是1～15V或4～32mA。增益和偏移都可以用PLC的程序调整。调整增益/偏移时，应该将BFM#21的位b1、b0设置为0、1，以允许调整。一旦调整完毕，这些位元件应该设为1、0（即禁止），以防止进一步的变化。

BFM#23和BFM#24的增益/偏移值被传送进指定输入通道增益/偏移的寄存器，待调整的输入通道可以由BFM#22适当的G－O（增益－偏移）位来指定。对于具有相同增益/偏移量的通道，可以单独或一起调整。增益/偏移量的单位是 mV 或 μA，由于单元分辨率的限制，实际的响应将以 5mV 或 20μA 为最小刻度。

（4）状态信息　BFM#29 存放 FX2N-4AD 的错误状态信息，具体见表 5-1-8。

表 5-1-8　错误状态信息表

BFM#29 的位信息	ON	OFF
b0：错误	b1 ~ b4 中任何一个为 ON；如果 b2 ~ b4 中任何一个为 ON，所有通道的 A-D 转换停止	无错误
b1：偏移/增益错误	在 EEPROM 中的偏移/增益数据不正常或者调整错误	偏移/增益正常
b2：电源故障	DC24V 电源故障	电源正常
b3：硬件错误	A-D 转换器或其他硬件故障	硬件正常
b10：数字范围错误	数字输出值小于 -2048 或大于 +2047	数字输出值正常
b11：平均采样错误	平均采样数 <1 或 >4096（使用默认值 8）	平均采样数正常范围：1 ~ 4096
b12：偏移/增益调整禁止	禁止，BFM#21 的（b1，b0）设为（1，0）	允许，BFM#21 的（b1，b0）设为（0，1）

（5）识别码　FX2N-4AD 的识别码为 K2010，并存于 BFM#30 单元。在传输/接收数据之前，可以使用 FROM 指令读出特殊功能模块的识别码（或 ID），以确认正在对此特殊功能模块进行操作。

（6）注意事项　BFM#0、BFM#23 和 BFM#24 的值将复制到 FX2N-4AD 的 EEPROM 中。只有数据写入增益/偏移命令缓冲 BFM#22 中时才复制 BFM#21 和 BFM#22。同样，BFM#20 也可以写入 EEPROM 中。EEPROM 的使用寿命大约是 10000 次（改变），因此不要使用程序频繁地修改这些 BFM。写入 EEPROM 需要 30ms 左右的延时，因此，在第二次写入 EEPROM 之前，需要使用延时器。

5.1.6　外部设备 BFM 读出/写入指令

当 PLC 与特殊功能模块连接时，数据通信是通过 FROM/TO 指令实现的。为了 PLC 能准确地查找指定的功能模块，每个特殊功能模块都有一个编号，编号的方法是从最靠近 PLC 基本单元的那一个功能模块开始顺次编号，PLC 最多可连接 8 台功能模块（对应的编号是 0 ~ 7号）。但 I/O 扩展模块（如 FX2N-8EX、FX2N-8EYR）只对 X 或 Y 顺延编号即可，不需要用 FROM/TO 指令。

1. 读特殊功能模块指令 FROM

（1）FROM 指令格式（如图 5-1-18 所示）

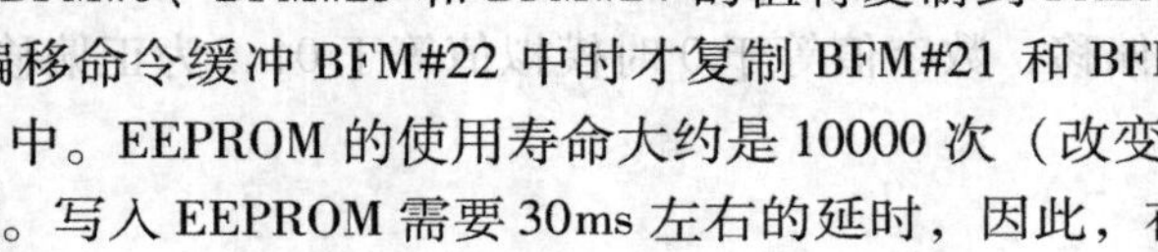

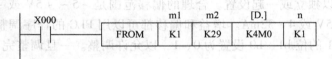

图 5-1-18　FROM 指令梯形图

（2）FROM 指令要素（见表 5-1-9）

表 5-1-9　FROM 指令要素表

指令名称	助记符	指令代码	操作数范围				程序步
			m1	m2	[D.]	n	
读指令	FROM	FNC78	K、H	K、H	KnY、KnM、KnS、T、C、D、V、Z	K、H	FROM（P）：9 步 DFROM（P）：13 步

（3）FROM 指令使用说明

1）功能：把 m1 号特殊功能模块中以 m2 开始的 n 点 16 位缓冲存储器数据传送（读出）到可编程序控制器内以［D.］开始的 n 点中。

2）操作数说明：m1—— 特殊功能模块号（0～7）；m2——特殊功能模块的缓冲寄存器首元件编号（0～31）；［D.］——指定存放在 PLC 中的数据寄存器首元件号；n——指定特殊模块与 PLC 之间传送的 16 位二进制字节数。

2. 写特殊功能模块指令 TO

（1）TO 指令格式（如图 5-1-19 所示）

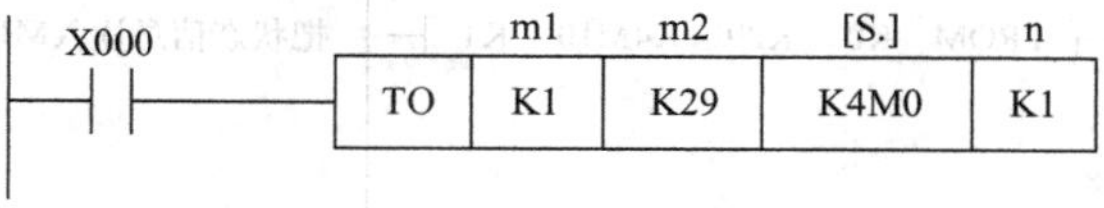

图 5-1-19　TO 指令梯形图

（2）TO 指令要素（见表 5-1-10）

表 5-1-10　TO 指令要素表

指令名称	助记符	指令代码	操作数范围				程序步
			m1	m2	[S.]	n	
写指令	TO	FNC79	K、H	K、H	KnY、KnM、KnS、T、C、D、V、Z、K、H	K、H	TO（P）：9 步 DTO（P）：13 步

（3）TO 指令使用说明

1）功能：将可编程序控制器中［S.］起始的 n 点 16 位数据传送到（写入）编号为 m1 的特殊功能模块中的缓冲存储器（BFM）m2 开始的 n 点中。

2）操作数说明：m1 是特殊功能模块号（0～7）；m2 是特殊功能模块的缓冲寄存器首元件编号（0～31）；［S.］是 PLC 中指定读取数据寄存器首元件号；n 是指定特殊模块与 PLC 之间传送的 16 位二进制字节数。

3. 特殊辅助继电器 M8082 的作用

DM8082 = OFF 时，FROM、TO 指令执行时自动进入中断禁止状态，输入中断或定时器中断将不能执行。

4. FX2N-4AD 初始化的程序设计举例

如果两个传感器的输入信号分别连接到特殊功能模块 FX2N-4AD 的 CH1、CH2 相应端子上，且输入信号在 -10～+10V 以内，则初始化程序设计如下：

通道选择设置：选择 CH1、CH2 通道，BFM #0 单元应设置为 H3300。

A-D 转换时间的选择：通过对 BFM #15 写入 0 或 1 来选择，若选择一般速度转换，则

BFM #15 应写入 0；若选择高速转换，则 BFM #15 应写入 1。

调整增益和偏移量：若不需要调整偏移量，则 BFM #21 为默认设置。

初始化程序及程序运行功能如图 5-1-20 所示。

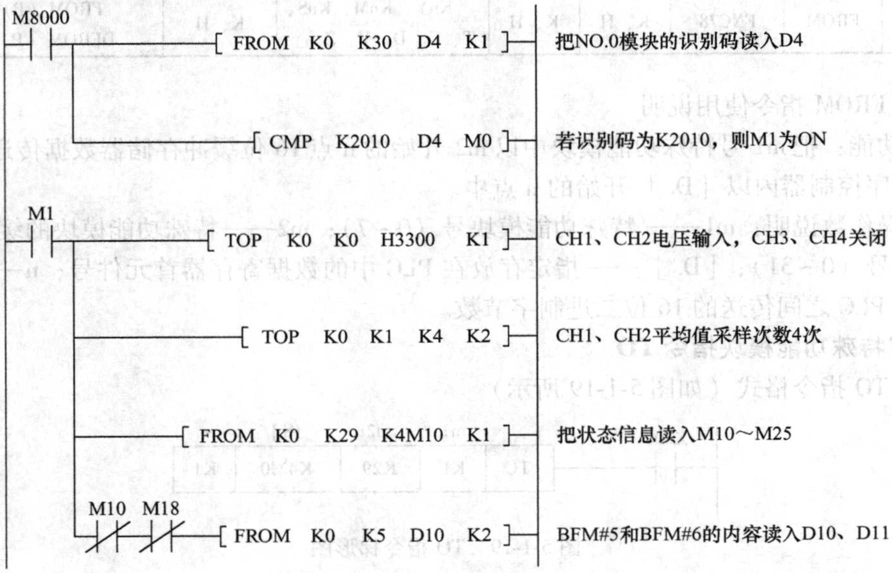
M8000
FROM K0 K30 D4 K1
把NO.0模块的识别码读入D4
CMP K2010 D4 M0
若识别码为K2010，则M1为ON
M1
TOP K0 K0 H3300 K1
CH1、CH2电压输入，CH3、CH4关闭
TOP K0 K1 K4 K2
CH1、CH2平均值采样次数4次
FROM K0 K29 K4M10 K1
把状态信息读入M10～M25
M10 M18
FROM K0 K5 D10 K2
BFM#5和BFM#6的内容读入D10、D11

图 5-1-20 初始化程序梯形图

5. 增益/偏移调整的程序设计举例

若要使 2500mV 的输入电压对应于 K1000 的数字输出，0mV 的输入电压对应于 K0 的数字输出（即无偏移），则增益/偏移调整的程序如图 5-1-21 所示。

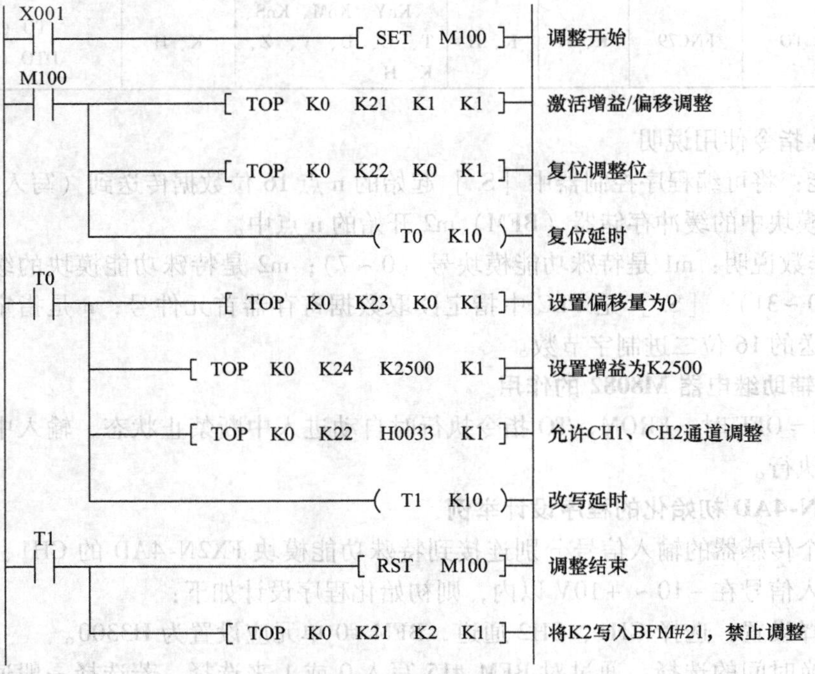
X001
SET M100
调整开始
M100
TOP K0 K21 K1 K1
激活增益/偏移调整
TOP K0 K22 K0 K1
复位调整位
T0 K10
复位延时
T0
TOP K0 K23 K0 K1
设置偏移量为0
TOP K0 K24 K2500 K1
设置增益为K2500
TOP K0 K22 H0033 K1
允许CH1、CH2通道调整
T1 K10
改写延时
T1
RST M100
调整结束
TOP K0 K21 K2 K1
将K2写入BFM#21，禁止调整

图 5-1-21 增益/偏移调整程序梯形图

5.1.7　FX3U-4DA-ADP 数模转换模块应用

FX3U-4DA-ADP 适用于 FX3U、FX3UC 可编程序控制器，是输出 4 通道电压/电流数据的模拟量特殊适配器。PLC 最多可连接 4 台 FX3U-4DA-ADP（包括其他模拟量特殊适配器），各通道可以电压输出或电流输出，各通道的 D-A 转换值被自动写入到 PLC 的特殊数据存储器中。

1. FX3U-4DA-ADP 的主要技术特性（见表 5-1-11）

表 5-1-11　FX3U-4DA-ADP 的主要技术指标

项　目	电 压 输 出	电 流 输 出
模拟量输出范围	DC 0～10V	DC 4～20mA
数字量输入	12 位二进制，0～4095	
总体精度	±1%	±1%
转换时间	200μs（每个运行周期更新数据）	
隔离	模拟量输出部分与 PLC 之间采用光隔离	
电源规格	D-A 转换回路驱动：DC24V ±10%　160mA 接口驱动：DC 5V 120mA，可由基本单元提供	
占用 I/O 点数	0 点，与 PLC 的输入输出点数无关	
输入特性	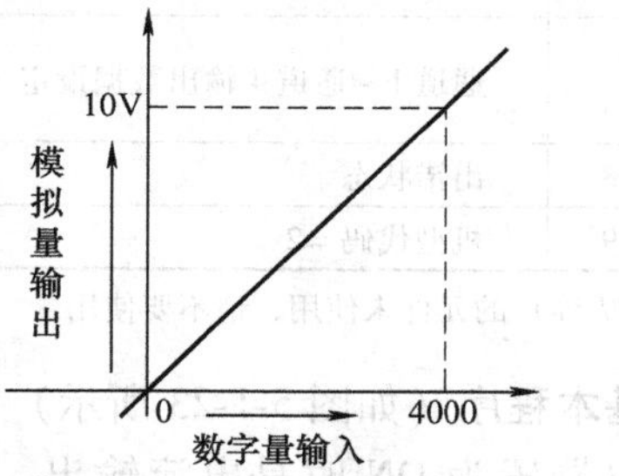	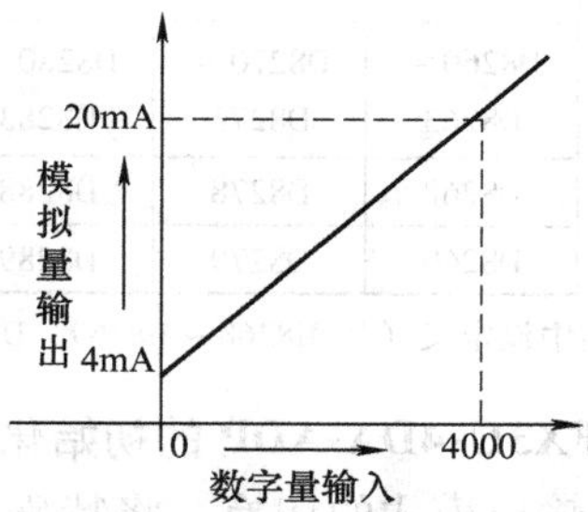

2. FX3U-4DA-ADP 模拟量输出接线图（如图 5-1-22 所示）

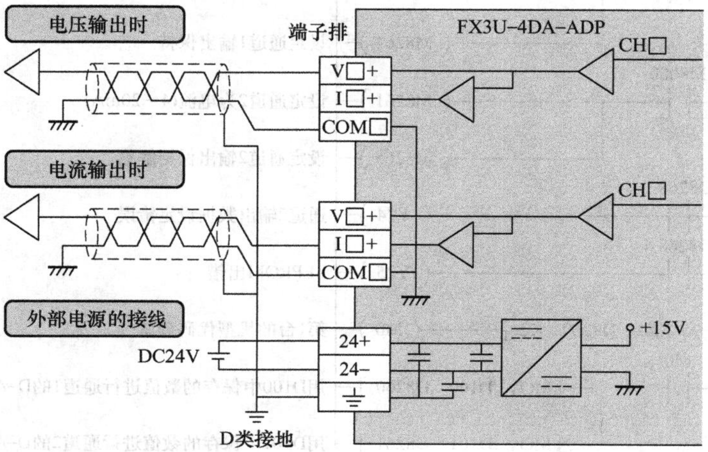

图 5-1-22　FX3U-4DA-ADP 模拟量输出接线图（V□、I□、CH□的□指通道号）

3. D-A 转换及特殊数据寄存器的更新时序

1）可编程控制器的每个运算周期都执行 D-A 转换：可编程控制器在执行 END 指令时，写入特殊数据寄存器中的输出设定数据值，执行 D-A 转换，更新模拟量输出值。

2）可编程控制器 STOP 中的 D-A 转换：通过特殊软元件使输出保持解除的设定无效时，以及从上电后到初次 RUN（运行）为止，输出偏置值。

3）连接多台模拟量特殊适配器时，在执行 END 指令中，执行连接多台模拟特殊适配器（按第 1 台→第 2 台→第 3 台→第 4 台的顺序）部分的 D-A 转换并输出。

4）D-A 转换速度（数据的更新时间）：根据输出设定数字值，在 END 指令中 200μs 内执行 4 个通道数据的 D-A 转换，并输出模拟量。END 指令执行时间增加 200μs × 连接台数。

4. 连接 FX3U-4DA-ADP 时 PLC 的特殊软元件分配（见表 5-1-12）

表 5-1-12　PLC 的特殊软元件分配表

特殊软元件	软元件编号				内　容	属　性
	第 1 台	第 2 台	第 3 台	第 4 台		
特殊辅助继电器	M8260 ~ M8263	M8270 ~ M8273	M8280 ~ M8283	M8290 ~ M8293	通道 1 ~ 通道 4 输出模式切换	R/W
	M8264 ~ M8267	M8274 ~ M8277	M8284 ~ M8287	M8294 ~ M8297	通道 1 ~ 通道 4 输出保持解除设定	R/W
特殊数据寄存器	D8260 ~ D8263	D8270 ~ D8273	D8280 ~ D8283	D8290 ~ D8293	通道 1 ~ 通道 4 输出数据设定	R/W
	D8268	D8278	D8288	D8298	出错状态	R/W
	D8269	D8279	D8289	D8299	机型代码 =2	R/W

注：表中没定义（如 M8268 ~ M8269、D8274 ~ D8277 等）的元件未使用，请不要使用。

5. FX3U-4DA-ADP 的初始化设置及基本程序（如图 5-1-23 所示）

1）输出模式的切换：将特殊辅助继电器置为 ON 时是电流输出，为 OFF 时是电压输出。如 M8260 为 OFF 时，第 1 台通道 1 为电压输出。

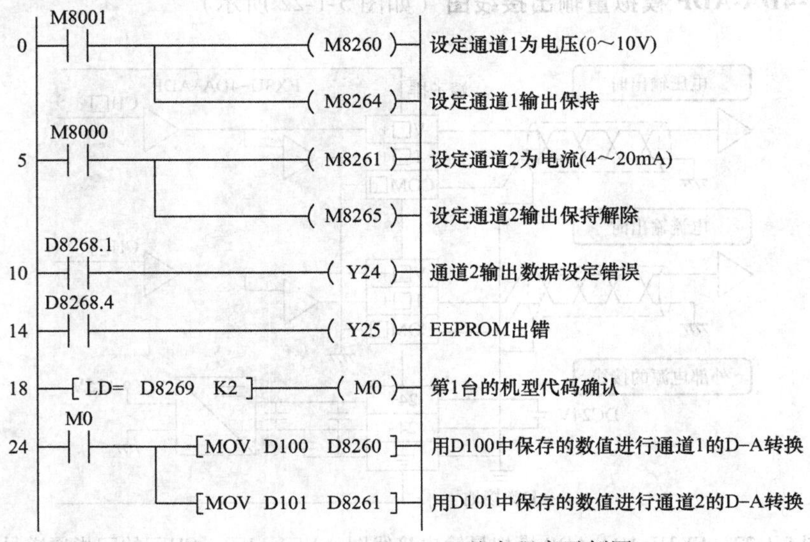

图 5-1-23　FX3U-4DA-ADP 基本程序示例图

2）输出保持解除设定：若相关辅助继电器状态为0，当PLC由运行状态变为停止时，D-A模块保持之前的模拟量输出。若相关辅助继电器状态为1，当PLC停止时，D-A模块输出偏置值。

3）输出设定数据：FX3U-4DA-ADP将输出设定数据中设定的数字值进行D-A转换，并输出模拟量值。

4）机型代码：机型代码为“2”，用程序“LD＝D8269　K2，OUT　M0”确认。

5）出错状态：4台FX3U-4DA-ADP出错状态分别保存在D8268、D8278、D8288、D8298中。当相关位为OFF时表示正常，为ON时表示出错，各位的含义如下：

b0表示通道1输出数据设定值出错，b1表示通道2输出数据设定值出错，b2表示通道3输出数据设定值出错，b3表示通道4输出数据设定值出错，b4表示EEPROM出错，b5～b15未用。

任务5.2　N：N网络通信控制

【提出任务】

随着信息技术的高速发展，PLC有时带有触摸屏、打印机等智能终端；在自动生产线上，有时由多台PLC组成工业局域网集中控制。这些都涉及PLC与PLC之间、PLC与其他设备之间的通信问题。

【分解任务】

1. 边学边做，熟悉RS指令的使用及无协议通信程序设计方法。设计FX3U与打印机的通信程序。

2. 边做边学，熟悉用FX3U-485-BD模块组成N：N网络时位寄存器与字寄存器分配、刷新设置等方法，设计N：N网络通信控制程序。

【解答任务】

5.2.1　串行通信及接口标准

FX系列PLC具有N：N网络、并联连接、计算机连接、变频器通信、无协议通信、编程通信和远程维护等通信功能，具体使用时可阅读《FX系列微型可编程序控制器用户手册（通信篇）》，编程软件使用GX-Works2比GX-Developer仿真调试更方便些。

1. 串行通信的基本知识

通信的基本方式可分为并行通信与串行通信两种。并行通信是指数据的各个位同时进行传输的一种通信方式，而串行通信是指数据逐位传输的方式。

串行通信主要有两种类型：异步通信和同步通信。异步通信是把一个字符看作一个独立的信息单元，字符开始出现在数据流的相对时间是任意的，每一个字符中的各位以固定的时间传送。同步通信把许多字符组成一个信息组，或称为信息帧，每帧的开始用同步字符来指示；但它要求在通信中保持精确的同步时钟，所以其发送器和接收器比较复杂，成本也较高，一般用于传送速率要求较高的场合。

串行通信的连接方式有单工方式、半双工方式和全双工方式三种。

2. RS-232C 串行接口标准

RS-232C 是 1969 年由美国电子工业协会公布的串行通信接口标准。"RS" 是英文 "推荐标准" 一词的缩写，"232" 是标志号，"C" 表示此标准修改的次数。RS-232C 既是一种协议标准，又是一种电气标准，它规定了终端和通信设备之间信息交换的方式和功能。RS-232C 接线原理如图 5-2-1 所示。

图 5-2-1 RS-232C 接线原理图

RS-232C 是全双工传输模式，可以独立发送数据（TXD）及接收数据（RXD）

RS-232C 连接线的长度不可超过 50ft（1ft = 0.3048m）或电容值不可超过 2500pF。如果以电容值为标准，一般连接线典型电容值为 17pF/ft，则容许的连接线长约 44m。如果是有屏蔽的连接线，则它的容许长度会更长。在有干扰的环境下，连接线的容许长度会减少。RS-232C 的特点如下：

1）接口的信号电平值较高，易损坏接口电路的芯片。

2）传输速率较低，在异步传输时，波特率为 20kbit/s。

3）接口使用一根信号线和一根信号返回线而构成共地的传输形式，这种共地传输容易产生共模干扰，所以抗噪声干扰能力差，随波特率增高其抗干扰的能力会成倍下降，传输距离有限。

3. RS-422A 串行接口标准

RS-422A 采用平衡驱动、差分接收电路，如图 5-2-2 所示，从根本上取消了信号地线。平衡驱动器相当于两个单端驱动器，其输入信号相同，两个输出信号互为反相信号，图中的小圆圈表示 "反相"。

图 5-2-2 RS-422A 平衡驱动、差分接收电路图

RS-422A 在最大传输速率（10Mbit/s）时，允许的最大通信距离为 12m。传输速率为 100kbit/s 时，最大通信距离为 1200m。一台驱动器可以连接 10 台接收器。

4. RS-485 串行接口标准

由于 RS-485 是从 RS-422 基础上发展而来的，所以 RS-485 许多电气规定与 RS-422 相仿，如采用平衡传输方式，都需要在传输线上接终端电阻。RS-485 可以采用二线或四线方式。

二线制可实现真正的多点双向通信，其使能信号控制数据的发送或接收。两线 RS-485 的多点双向通信接线原理图如图 5-2-3 所示。

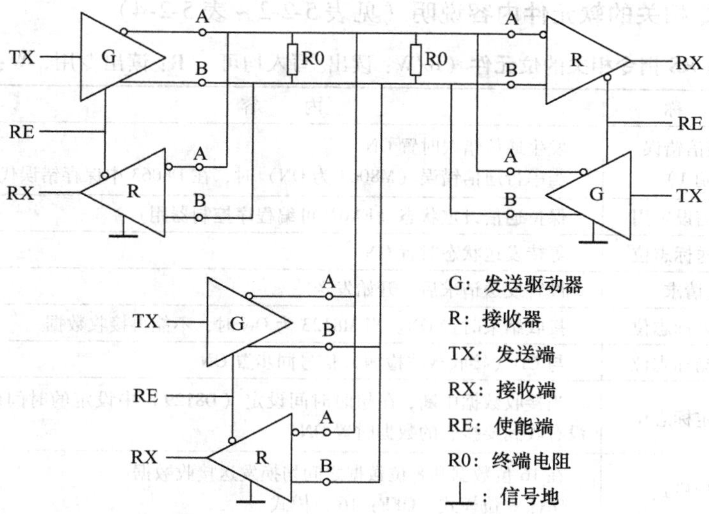

图 5-2-3　RS-485（两线）的多点双向通信接线原理图

RS-485 的电气特性：逻辑“1”表示两线间的电压差为 2 ~ 6V，逻辑“0”表示两线间的电压差为 -6 ~ -2V；RS-485 的最高传输速率为 10Mbit/s；RS-485 接口采用平衡驱动器和差分接收器的组合，抗共模干扰能力强；它的最大传输距离标准值为 4000ft（1219.2m），实际上可达 3000m。

RS-485 接口在总线上允许连接 128 个收发器，其接口均采用屏蔽双绞线传输。

5.2.2　串行数据传送（无协议通信）指令

FX3U 与 FX2N 不同，除编程口外，可内置两个通信接口，因此有 RS、RS2 两条无协议通信功能指令。RS 指令只能用于通道 1，不能用于通道 0 和通道 2；而 RS2 指令可以用于通道 0 ~ 2。但 RS、RS2 指令不能用于同一个通道，且只支持 16 位处理模式。

1. RS 指令格式（如图 5-2-4 所示）

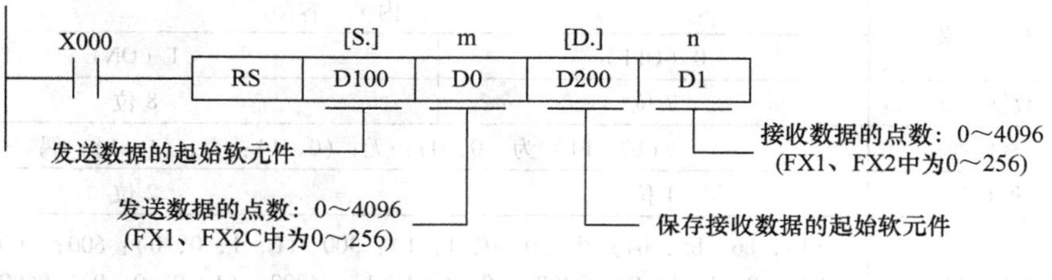

图 5-2-4　RS 指令格式示意图

2. RS 指令要素（见表 5-2-1）

表 5-2-1　RS 指令要素

指令名称	助记符	指令代码	操作数范围				程序步
			S	m	D	n	
串行数据传送	RS	FNC80	D	K、D	D	K、D	RS：9 步

3. 与 RS 指令相关的软元件内容说明（见表 5-2-2 ~ 表 5-2-4）

表 5-2-2　与 RS 指令相关的位元件（R/W：读出/写入均可，R：读出专用，W：写入专用）

软元件	名　称	内　容	读出/写入
M8063	串行通信错误（通道 1）	发生通信错误时置 ON 当串行通信错误（M8063 为 ON）时，在 D8063 中保存错误代码	R
M8120	保持通信设定用	保持通信设定状态（FX0N 可编程序控制器用）	W
M8121	等待发送标志位	等待发送状态时置 ON	R
M8122	发送请求	设置发送请求后，开始发送	R/W
M8123	接收结束标志位	接收结束时置 ON。当 M8123 为 ON 时，不能再接收数据	R/W
M8124	载波检测标志位	与 CD（接收载波检测）信号同步置 ON	R
M8129	超时判定标志位	当接收数据中断，在超时时间设定（D8129）中设定的时间内，没有收到要接收的数据时置 ON	R/W
M8161	位处理模式	在 16 位数据和 8 位数据之间切换发送接收数据 ON：8 位模式；OFF：16 位模式	W

表 5-2-3　与 RS 指令相关的字元件（R/W：读出/写入均可，R：读出专用，W：写入专用）

软元件	名　称	内　容	读出/写入
D8063	串行通信错误代码	当通信错误（M8063 为 ON）时，在 D8063 中保存错误代码	R/W
D8120	通信格式设定	可以设定通信格式	R/W
D8122	发送数据的剩余点数	保存要发送数据的剩余点数	R
D8123	接收点数的监控	保存已接收到的数据点数	R
D8124	报头设定	初始值：STX（02H）	R/W
D8125	报尾设定	初始值：ETX（03H）	R/W
D8129	超时时间设定	设定超时的时间	R/W
D8405	显示通信参数	保存在可编程序控制器中设定的通信参数	R
D8419	动作方式显示	保存正在执行的通信功能	R

表 5-2-4　通信格式 D8120 的位信息表

位号	意　义		内容 0（OFF）	内容 1（ON）
b0	数据长度		7 位	8 位
b1，b2	奇偶性		（b2，b1）为（0，0）：无；（0，1）：奇；（1，1）：偶	
b3	停止位		1 位	2 位
b4，b5，b6，b7	波特率（bit/s）		（b7，b6，b5，b4）为（0，0，1，1）：300；（0，1，0，0）：600；（0，1，0，1）：1200；（0，1，1，0）：2400；（0，1，1，1）：4800；（1，0，0，0）：9600；（1，0，0，1）：19200	
b8	头字符		无	有（D8124）初始值：STX（02H）
b9	结束字符		无	有（D8125）初始值：ETX（03H）
b10	控制线	无协议	（b11，b10）为（0，0）：无（RS-232C 接口）；（0，1）：普通模式（RS-232C 接口）；（1，0）：相互连接模式（RS-232C 接口）；（1，1）：调制解调器模式（RS-232C、RS-485、RS-422 接口）	
b11	控制线	计算机连接	（b11，b10）为（0，0）：RS-485/RS-422 接口；（1，0）：RS-232C 接口	

（续）

位号	意 义	内 容	
		0（OFF）	1（ON）
b12	不可用		
b13	和校验	不附加	附加
b14	协议	无协议	专用协议
b15	传输控制协议	协议格式1	协议格式4

4. 程序实例

带RS-232C接口的打印机通过FX3U-232-BD与PLC连接，可以打印出由PLC发送来的数据。

（1）设置通信格式 数据长度为8位，奇偶性为偶，停止位为1位，波特率为2400bit/s，报头、报尾、控制线（H/W）、通信方式（协议）为无。PLC资源分配见表5-2-5。

表5-2-5 PLC资源分配表

软 元 件	功 能	软 元 件	功 能
X000	驱动RS指令	M8122	发送请求
X001	执行数据发送	D10 ~ D20	发送数据存储器（11字节）
M0	X1 = ON上升沿写入发送数据	D50	接收数据起始元件（接收0字节）
M8161	采用8位数据处理		

（2）参考程序设计（如图5-2-5所示）

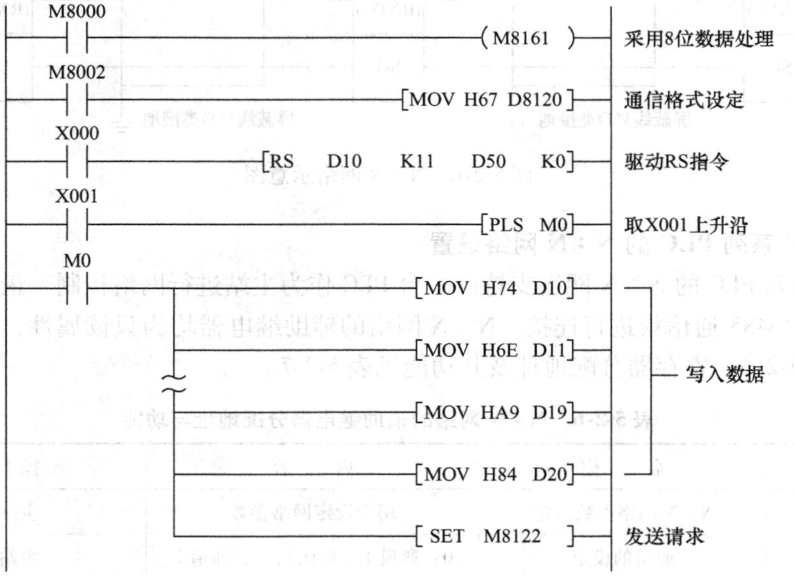

图5-2-5 通过FX3U-232-BD连接打印机的通信程序梯形图

（3）调试 可编程序控制器和打印机上电后，将可编程序控制器设置为RUN，将打印机设置为在线模式。此时，设定可编程序控制器一侧的通信格式。然后将X000置ON，驱动 RS 指令，准备发送数据为 D10 ~ D20 之间的 11 点。当 X001 置 ON 后，D10 ~ D20 数据被发送给打印机。程序中所传送的数据使用 ASCII 码，发送结束标志位自动复位。

5.2.3 FX3U-485-BD 模块应用

1. FX3U-485-BD 组成的网络结构

FX3U-485-BD 采用 RS-485 通信方式，最大传输距离 50m，最高波特率 38400bit/s。FX3U-485-BD 可实现以下四种功能。

1）无协议的数据传送。

2）专用协议的数据传送。利用 RS 指令在个人计算机、条码阅读器、打印机之间进行数据传送。

3）并行连接的数据传送。两台 PLC 之间的 RS-485 通信口并联，构成 1 : 1 网络。

4）使用 N : N 网络的数据传送。FX2N-485-BD、FX3U-485-BD 构成的 N : N 网络如图 5-2-6 所示。

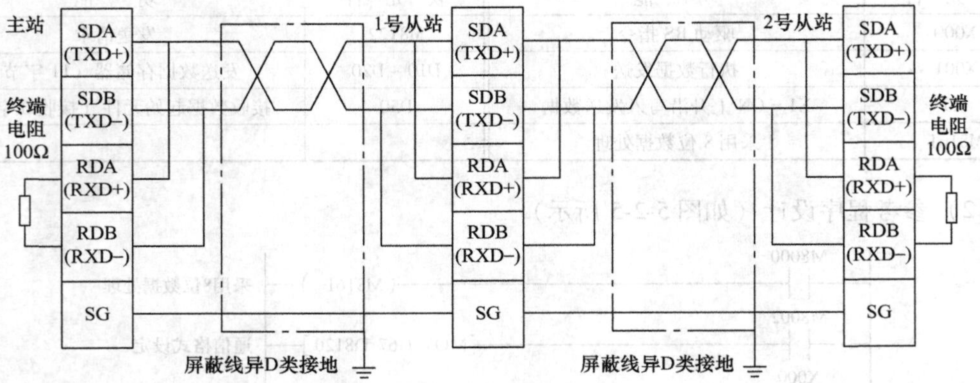

图 5-2-6　N : N 网络示意图

2. FX3U 系列 PLC 的 N : N 网络设置

FX3U 系列 PLC 的 N : N 网络支持以一台 PLC 作为主站进行网络控制，最多可连接 7 个从站。通过 RS485 通信板进行连接。N : N 网络的辅助继电器均为只读属性，其分配地址及其功能见表 5-2-6，寄存器分配地址及其功能见表 5-2-7。

表 5-2-6　N : N 网络的辅助继电器分配地址与功能

辅助继电器	名　称	内　容	操 作 数
M8038	N : N 网络参数设定	用于设定网络参数	主站、从站
M8179	通道的设定	0：通道 1（默认），1：通道 2	主站、从站
M8183	主站数据通信序列错误	当主站通信错误时置 1	从站
M8184 ~ M8190	从站数据通信序列错误	当从站通信错误时置 1	主站、从站
M8191	正在执行数据传送序列	当通信进行时置 1	主站、从站

表 5-2-7　N：N 网络的寄存器分配地址与功能

辅助寄存器	名　称	内　容	属性	操　作　数
D8173	站号设置状态	保存站号设置状态	只读	主站、从站
D8174	从站设置状态	保存从站设置状态	只读	主站、从站
D8175	刷新设置状态	保存刷新设置状态	只读	主站、从站
D8176	站号设置	设置站号	只写	主站、从站
D8177	从站总数设定	设定从站总数	只写	主站
D8178	刷新范围设置	设置刷新模式	只写	主站
D8179	重试次数	设置重试次数	读写	主站
D8180	看门狗定时	设置看门狗时间	读写	主站
D8201	当前链接扫描时间	保存当前链接扫描时间	只读	主站、从站
D8202	最大链接扫描时间	保存最大链接扫描时间	只读	主站、从站
D8203	主站数据传送顺序错误计数	主站数据传送顺序错误计数	只读	从站
D8204 ~ D8210	从站数据传送顺序错误计数	从站数据传送顺序错误计数	只读	主站、从站
D8211	主站传送错误代号	主站传送错误代号	只读	从站
D8212 ~ D8218	从站传送错误代号	从站传送错误代号	只读	主站、从站

D8176 站号设置：若设置为0，表示主站；若设置为1 ~ 7，则表示1 ~ 7 号从站。

D8177 从站总数设定：可设1 ~ 7，默认值为7。

D8178 刷新范围设置：可设0 ~ 2，默认值为0。

在使用通道1 时，D8178 刷新设置功能见表5-2-8 和表5-2-9。

表 5-2-8　D8178 刷新设置

通信寄存器	刷新设置		
	模式0	模式1	模式2
位寄存器（M）	0 点	32 点	64 点
字寄存器（D）	4 点	4 点	8 点

表 5-2-9　模式0 ~ 2 时的位寄存器与字寄存器分配表

站号	模式0		模式1		模式2	
	位寄存器（M）	字寄存器（D）	位寄存器（M）	字寄存器（D）	位寄存器（M）	字寄存器（D）
	0 点	4 点	32 点	4 点	64 点	8 点
NO. 0	—	D0 ~ D3	M1000 ~ M1031	D0 ~ D3	M1000 ~ M1063	D0 ~ D7
NO. 1	—	D10 ~ D13	M1064 ~ M1095	D10 ~ D13	M1064 ~ M1127	D10 ~ D17
NO. 2	—	D20 ~ D23	M1128 ~ M1159	D20 ~ D23	M1128 ~ M1191	D20 ~ D27
NO. 3	—	D30 ~ D33	M1192 ~ M1223	D30 ~ D33	M1192 ~ M1255	D30 ~ D37
NO. 4	—	D40 ~ D43	M1256 ~ M1287	D40 ~ D43	M1256 ~ M1319	D40 ~ D47
NO. 5	—	D50 ~ D53	M1320 ~ M1351	D50 ~ D53	M1320 ~ M1383	D50 ~ D57
NO. 6	—	D60 ~ D63	M1384 ~ M1415	D60 ~ D63	M1384 ~ M1447	D60 ~ D67
NO. 7	—	D70 ~ D73	M1448 ~ M1479	D70 ~ D73	M1448 ~ M1511	D70 ~ D77

D8179 重试次数设置：可设0 ~ 10，默认值为3。对于从站可以不要求设置。如果主站

与从站通信次数达到设定值（或超过设定值），就会出现通信错误。

D8180 看门狗定时：设定用于判断通信异常的时间，可设 5 ~ 255，默认值为 5。设定值乘以 10ms 就是实际看门狗定时的时间。N：N 网络基本设置梯形图如图 5-2-7 所示。

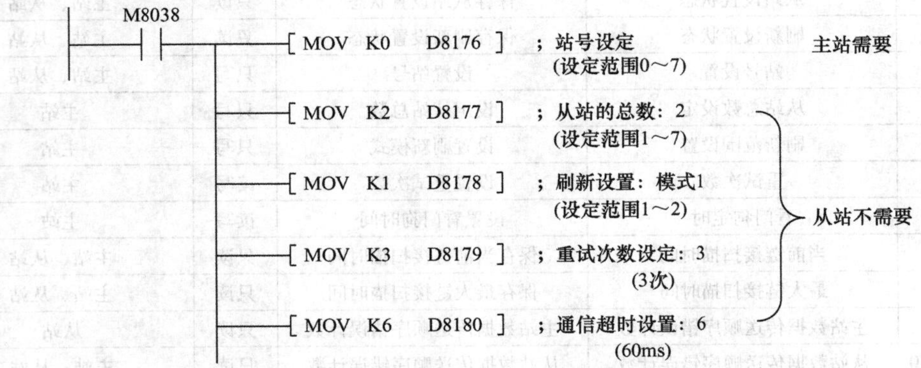

图 5-2-7　N：N 网络基本设置梯形图

5.2.4　N：N 网络控制程序设计

1. 控制要求

由三台 FX3U 系列 PLC 联成 N：N 网络，要求刷新设置：32 个位寄存器和 4 个字寄存器，重试次数为 3 次，看门狗定时为 50ms，控制功能要求见表 5-2-10。

表 5-2-10　N：N 网络设计控制功能要求

动作编号	数据源		数据变更对象及内容	
位软元件的链接				
1	主站	输入 X000 ~ X003（M1000 ~ M1003）	从站 1	到输出 Y010 ~ Y013
			从站 2	到输出 Y010 ~ Y013
2	从站 1	输入 X000 ~ X003（M1064 ~ M1067）	主站	到输出 Y014 ~ Y017
			从站 2	到输出 Y014 ~ Y017
3	从站 2	输入 X000 ~ X003（M1128 ~ M1131）	主站	到输出 Y020 ~ Y023
			从站 1	到输出 Y020 ~ Y023
字软元件的链接				
4	主站	数据寄存器 D1	从站 1	到计数器 C1 的设定值
	从站 1	计数器 C1 的触点（M1070）	主站	到输出 Y005
5	主站	数据寄存器 D2	从站 2	到计数器 C2 的设定值
	从站 2	计数器 C2 的触点（M1140）	主站	到输出 Y006
6	从站 1	数据寄存器 D10	主站	从站 1（D10）和从站 2（D20）相加后保存到 D3 中
	从站 2	数据寄存器 D20		
7	主站	数据寄存器 D0	从站 1	主站（D0）和从站 2（D20）相加后保存到 D11 中
	从站 2	数据寄存器 D20		
8	主站	数据寄存器 D0	从站 2	主站（D0）和从站 1（D10）相加后保存到 D21 中
	从站 1	数据寄存器 D10		

2. 控制对象分析

1）要求刷新32个位寄存器和4个字寄存器，即刷新设置为模式1。

2）要求重试次数为3次，看门狗定时为50ms。即D8179和D8180分别设置为3和5。

3）在控制功能要求中已经明确了主站、从站的I/O分配以及内部位元件、字元件的分配。

3. 电路设计

根据控制要求，选用三台FX3U系列PLC通过FX3U-485-BD通信模块构成N：N网络。N：N网络电路原理如图5-2-6所示。

4. 程序设计

（1）主站、从站1和从站2的设置　根据以上控制功能要求，对于主站、从站1和从站2的设置，与图5-2-7所示梯形图相比，仅仅是看门狗定时不同。因此，只需要将图5-2-7中的［ MOV K6 D8180 ］语句改为［ MOV K5 D8180 ］即可。

（2）错误编程检验程序设计　错误编程检验程序如图5-2-8所示。

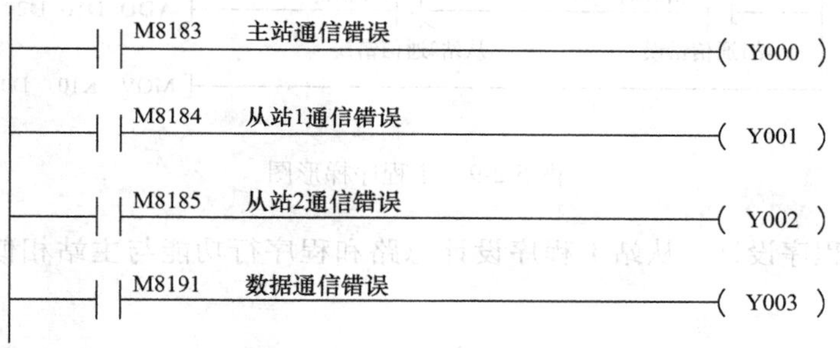

图5-2-8　错误编程检验程序梯形图

（3）主站控制程序设计

1）操作1：主站中输入点X000～X003（M1000～M1003）可以输出到从站1和从站2中的Y010和Y013。由“MOV　K1X000　K1M1000”语句实现。

2）操作2：从站1中输入点X000～X003（M1064～M1067）可以输出到主站和从站2中的Y014到Y017。由“MOV　K1M1064　K1Y014”语句实现。

3）操作3：从站2中输入点X000～X003（M1128～M1131）可以输出到主站和从站1中的Y020到Y023。由“MOV　K1M1128　K1Y020”语句实现。

4）操作4：主站中的数据寄存器D1指定为从站1中的计数器C1的设置值。计数器C1接通时（M1070）控制主站中的输出点Y005的通断。由“MOV　K10　D1”　“AND　M1070”（从站1的C1设备的触点）、“OUT　Y005”等语句实现。

5）操作5：主站中的数据寄存器D2指定为从站2中的计数器C2的设置值。计数器C2接通时的状态（M1140）控制主站中输出点Y006的通断，与操作4相似。

6）操作6：将从站2中的数据寄存器D10所存储的数值与从站2中的数据寄存器D20中所存储的数值在主站中进行相加，然后把结果存储在数据寄存器D3中。由“MOV　K10　D3”语句实现。

7）操作7：将主站中的数据寄存器D10所存储的数值与从站2中的数据寄存器D20中

所存储的数值在从站中进行相加，然后把结果存储在数据寄存器 D11 中。由“MOV K10 D0”语句实现。

8）操作 8：与操作 7 相同。参考主程序如图 5-2-9 所示。

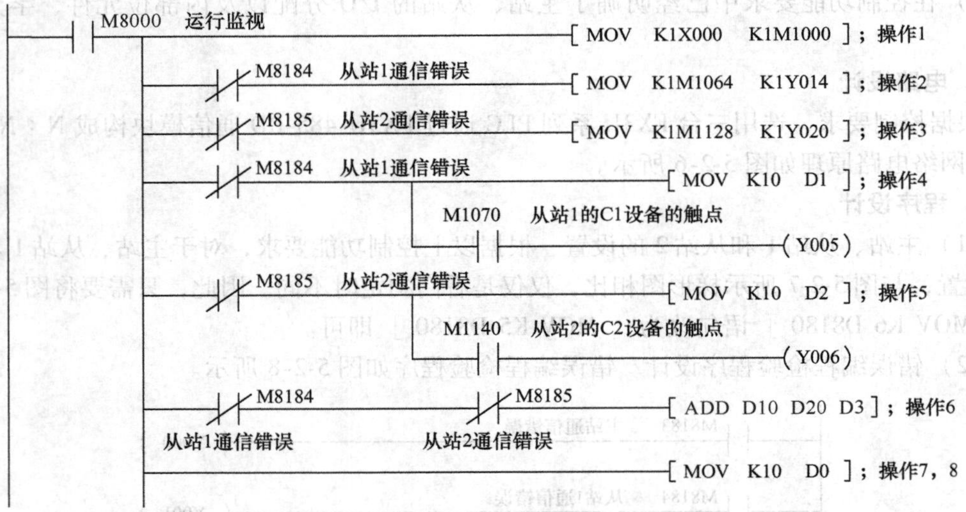

图 5-2-9 主程序梯形图

（4）从站 1 程序设计 从站 1 程序设计思路和程序行功能与主站相似，其参考程序如图 5-2-10 所示。

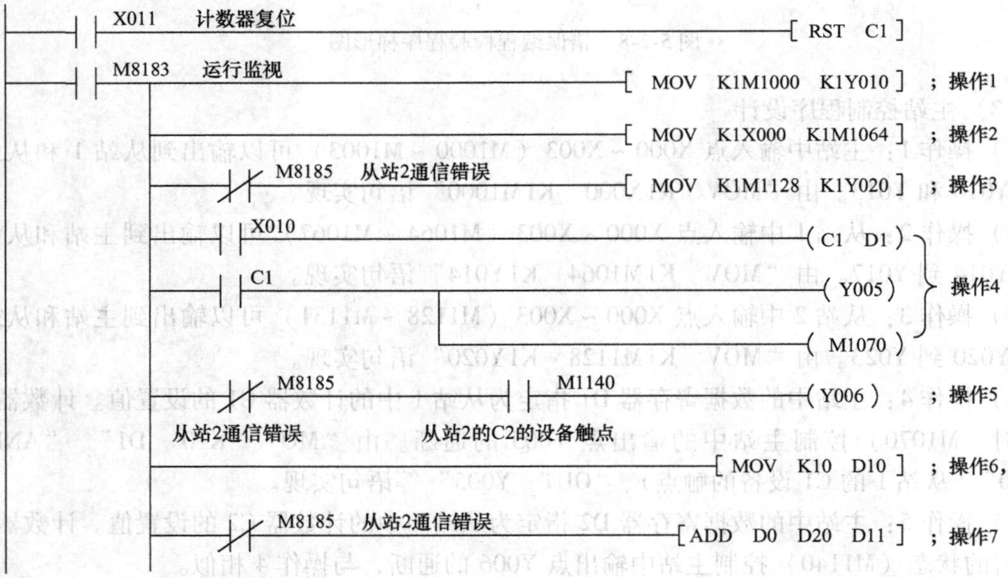

图 5-2-10 从站 1 程序梯形图

（5）从站 2 程序设计 从站 2 程序设计思路和程序行功能与主站相似，其参考程序如图 5-2-11 所示。

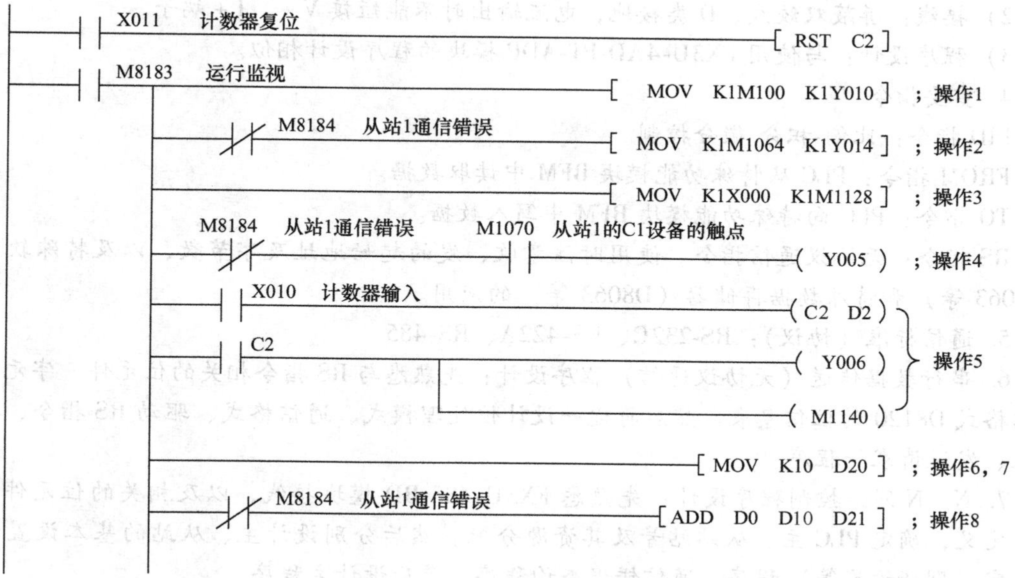

图 5-2-11　从站 2 程序梯形图

5. 程序调试

先仿真调试：检验主、从站是否有语法错误。再组网调试：

1）观察有无通信错误，若 Y000 ~ Y003 驱动的指示灯亮，则需要纠正错误。

2）改变主站 X000 ~ X003 的状态，观察从站 1、2 的 Y010 ~ Y013 输出状态是否与主站的 X000 ~ X003 状态一致。

3）按照上述第 2）步的方法，逐一检验主、从站之间的通信功能，直至满足任务要求为止。

【模块小结】

1. FX3U-4AD-PT-ADP 模块（无 BFM）

1）技术指标：通道数、测温范围、输出范围、测量精度等，不占用 I/O 数。

2）接线：屏蔽双绞线、D 类接地，与 PLC 使用同一 DC24V 电源。

3）程序设计：首先熟悉特殊辅助继电器、数据存储器的分配及其作用，再设计温度单位设定、温度数据保存、平均次数设定、错误清除、错误查询的程序。

2. FX2N-4AD 模块（有 BFM）

1）技术指标：通道数、输入范围、输出范围、测量精度、占用 I/O 数等。

2）接线：屏蔽双绞线、D 类接地，测量电流时务必短接 V +、I + 端子。

3）程序设计：首先熟悉 BFM 特殊缓冲存储器的分配及其作用，再设计通道选择设置、模块识别、A-D 转换时间选择、错误查询、数据保存等程序，根据控制要求决定是否需要增益和偏移量调整程序。

3. FX3U-4DA-ADP 模块（无 BFM）

1）技术指标：通道数、输入范围、输出范围、测量精度等，不占用 I/O 数。

2）接线：屏蔽双绞线、D类接地，电流输出时不能短接V+、I+端子。

3）程序设计：与使用FX3U-4AD-PT-ADP模块的程序设计相似。

4. 重要指令

PID指令：比例-积分-微分控制。

FROM指令：PLC从特殊功能模块BFM中读取数据。

TO指令：PLC向特殊功能模块BFM中写入数据。

RS指令：无协议通信指令。使用时注意收、发的起始地址及字节数，以及特殊软元件（M8063等）和特殊数据存储器（D8063等）的应用。

5. 通信标准（协议）：RS-232C、RS-422A、RS-485

6. 串行数据传送（无协议通信）程序设计：先熟悉与RS指令相关的位元件、字元件和通信格式D8120的位信息表。然后再逐一设计位处理模式、通信格式、驱动RS指令、数据写入、发送请求等程序。

7. N：N网络控制程序设计：先熟悉FX3U-485-BD模块接线，以及相关的位元件、字元件定义，确定PLC主、从站站号及其资源分配。然后分别设计主、从站的基本设置（站点设定、刷新设置等）程序，通信错误查询程序，最后设计主程序。

【作业与思考】

5-1 FX系列PLC特殊功能模块有哪些？举例写出4种特殊功能模块。

5-2 在特殊功能模块中经常要用到PLC的应用指令FROM和TO指令，解释这两条指令的含义。

5-3 FX2N-4AD模拟量输入模块与FX2N-48MR－001连接，仅开通CH1、CH2两个通道，作为电压输入，计算4次取样的平均值，结果存入PLC的D1、D2中，试编写程序。

5-4 简述无协议通信方式的特点。

5-5 用两台FX3U系列PLC通过RS-485通信模块连接成一个N：N网络结构，第1台为主站，第2台为从站。其控制要求如下：

（1）按下主站的按钮SB01，与从站连接的指示灯HL0点亮，松开SB01，HL0熄灭。

（2）按下从站的按钮SB11，与主站连接的指示灯HL1点亮，松开SB11，HL1熄灭。

（3）主站中数据寄存器D100（K5）作为从站计数器C1的计数初值。主站的按钮SB02为从站C1的复位按钮，从站按钮SB12为C1的计数信号输入，当SB12输入5次时，C1的输出触点控制主站上的指示灯HL2点亮。

（4）主站检测到没有与从站建立好通信时，指示灯HL3亮，从站没有检测到与主站建立好通信时，指示灯HL4亮。

模块 6

项目应用

本模块围绕 PLC 控制系统工程项目的实施，从简单到复杂，进一步熟悉 PLC 的控制功能，逐步掌握 PLC 控制系统的设计方法、步骤，养成工程设计的习惯。为今后从事 PLC 技术应用相关工作奠定基础。

【知识目标】

1. 进一步熟悉 PLC 指令的功能及其使用方法。
2. 掌握用 PLC 控制系统改造继电器-接触器控制系统的方法及步骤。
3. 熟悉构建 PLC 控制系统的工程方法及步骤。
4. 了解 FR 变频器的工作原理及参数设置的方法及步骤。

【能力目标】

1. 能完成对普通机床的 PLC 控制改造。
2. 会设计具有顺序工作流程的 PLC 控制系统。
3. 会设计具有数据处理控制要求的 PLC 控制系统。
4. 会构建简单的 PLC 控制网络。
5. 会查阅与 FX 系列 PLC 应用有关的资料。

任务 6.1　Z3040 型摇臂钻床的电气控制

【提出任务】

Z3040 型摇臂钻床的控制电路原理图如图 6-1-1 所示，试用 FX3U 系列 PLC 改造其自动控制系统。

【分解任务】

1. 用 FX3U 系列 PLC 改造后的控制系统应满足控制要求，其技术性能应优于继电器-接触器控制系统的技术性能。

2. 完成改造任务的基本步骤：原控制系统分析→总体方案设计→硬件设计→程序设计→调试与运行→编写技术文件。

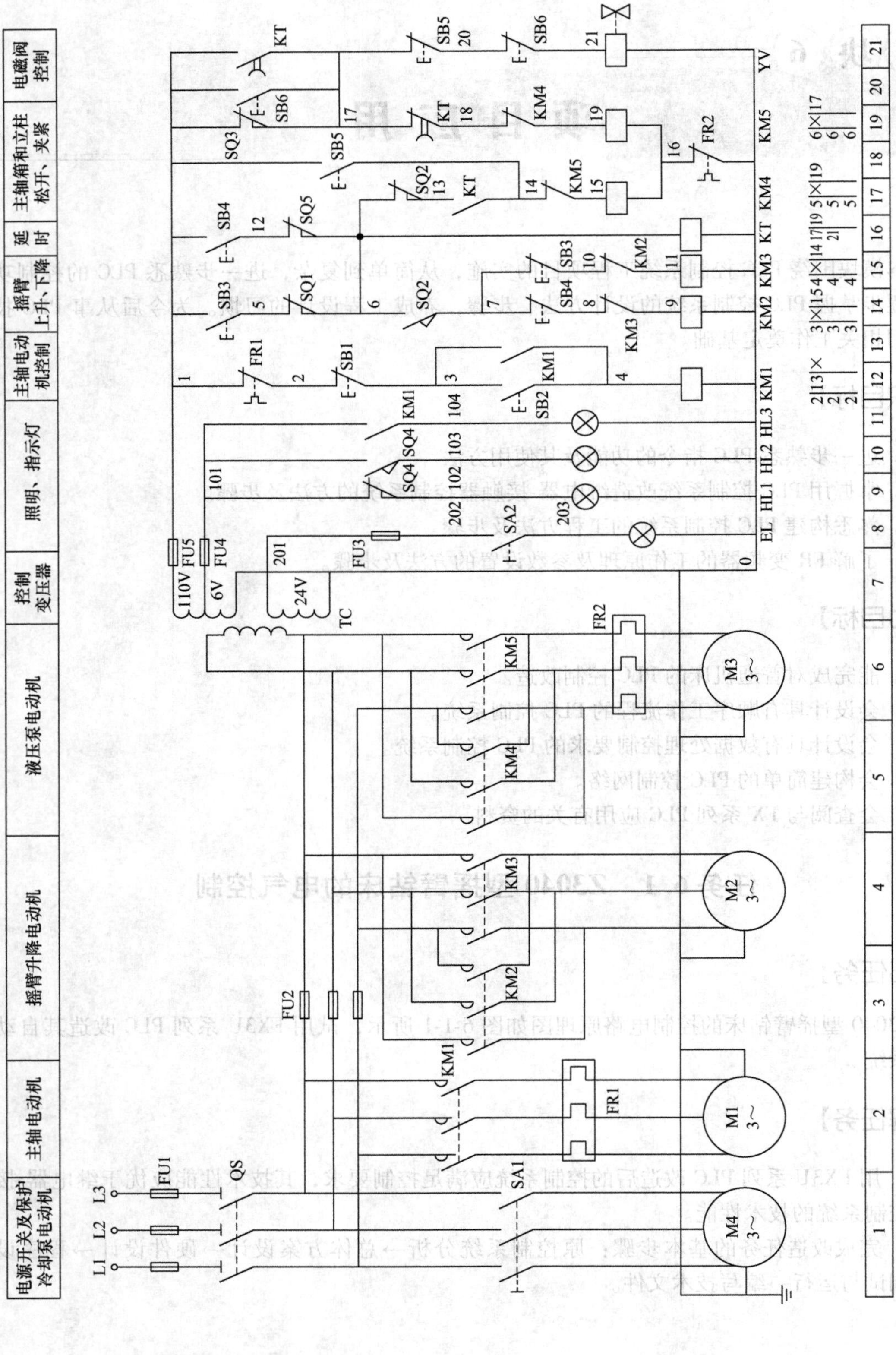

图 6-1-1 Z3040 型摇臂钻床的控制电路原理图

【解答任务】

6.1.1 原控制系统分析

1. 确定被控对象

单向连续运行的主轴电动机、可逆点动运行的摇臂升降电动机、可逆运行的立柱放松或夹紧液压泵电动机和手动控制的冷却泵电动机。

2. 归纳控制要求

（1）按钮控制　按钮 SB2、SB1 控制主轴电动机的起动和停止；按钮 SB3、SB4 点动控制摇臂的上升和下降；按钮 SB5、SB6 控制立柱的放松和夹紧。

（2）行程控制　限位开关 SQ2、SQ3 控制立柱的放松和夹紧极限位置。

（3）手动控制　SA 控制冷却泵电动机、照明灯（不在改造范围）。

（4）摇臂升降工作顺序　松开→升（降）→夹紧，动作转换延时时间为 1～3s。

（5）保护　主轴电动机和油泵电动机过载的保护，摇臂上限（SQ1）和下限（SQ4）的极限保护。

（6）指示信号　主轴箱立柱放松/夹紧限位指示灯 HL1、HL2，主轴运行指示灯 HL3。

6.1.2 总体方案设计

小组成员共同研讨，根据工艺指标确定系统的评价标准，收集 PLC 及其 I/O 设备的资料，咨询项目设备的用途和工作环境等情况，制订控制系统总体设计方案。

1. 确定系统的功能要求

（1）控制对象中需要处理的信号　Z3040 型摇臂钻床控制系统只有开关信号。

（2）控制功能要求　由 PLC 构成开环控制系统。控制功能的要求中包含起动、点动和可逆环节，以及时间控制、行程控制原则（方法）。

（3）人机界面的要求　按钮操作面板。

（4）系统运行环境　一般工业环境。

（5）系统的可靠性和可维护性　不低于原继电器-接触器控制系统的要求。

2. 粗选硬件和软件

根据功能要求，粗选硬件设备/元器件见表 6-1-1，选择 GX-DEVELOPER-8.52 编程软件和 GX-Simulator_6 仿真软件。

表 6-1-1　设备/元器件一览表

序　号	设备名称	型　号	数　量	备　注
1	可编程序控制器			
2	电源			
3	按钮			
4	限位开关			
5	接触器			
6	热继电器			
7	电磁阀			
8	信号灯			

3. 制订工作计划

根据控制方案，小组成员合理分担工作任务，确定工作步骤和时间，制订完成任务的计划表，确定项目负责人。摇臂钻床PLC控制项目工作计划表见表6-1-2。

表6-1-2　摇臂钻床PLC控制项目工作计划表

序　号	工作内容	责任人员		计划完成时间	备　注
		姓　名	学　号		
1	硬件设计				
2	程序设计				
3	设备调试及展示				
4	撰写工作报告				

6.1.3　硬件设计

主要设计内容：在系统的总体方案完成之后，可进行系统的硬件设计，将总体设计中粗选的硬件进行细化和实施。

1. 确定控制系统的方案

主要设计内容：根据功能要求，决定采用数据采集、直接数字控制、计算机监控还是分布式控制。

对Z3040型摇臂钻床，控制数据（信号）只有开关量，单台设备独立运行。

2. 选择PLC型号

Z3040型摇臂钻床控制系统有11个电气开关输入信号，9个电气输出信号，没有高速输入输出信号，选择FX3U-32-MR/ES即可。

3. 检测元件和执行机构的选择

摇臂上升、下降、放松、夹紧限位开关等检测元件和接触器、电磁阀等执行元件，可以沿用原Z3040型摇臂钻床上相应元件的型号，也可以选用技术性能更好的元件。

4. 输入/输出通道及外围设备的选择

I/O分配表见表6-1-3，I/O接线图如图6-1-2所示。

表6-1-3　I/O分配表

输入端		输出端	
外部设备	软元件	外部设备	软元件
主轴电动机M1停止按钮SB1	X001	接触器KM1	Y001
主轴电动机M1起动按钮SB2	X002	接触器KM2	Y002
摇臂上升按钮SB3	X003	接触器KM3	Y003
摇臂下降按钮SB4	X004	接触器KM4	Y004
主轴箱松开按钮SB5	X005	接触器KM5	Y005
主轴箱夹紧按钮SB6	X006	电磁阀YV	Y006
摇臂上升限位开关SQ1	X021	指示灯HL1	Y021
摇臂放松限位开关SQ2	X022	指示灯HL2	Y022
摇臂夹紧限位开关SQ3	X023	指示灯HL3	Y023
主轴箱立柱放松/夹紧限位开关SQ4	X024		
摇臂下降限位开关SQ5	X025		

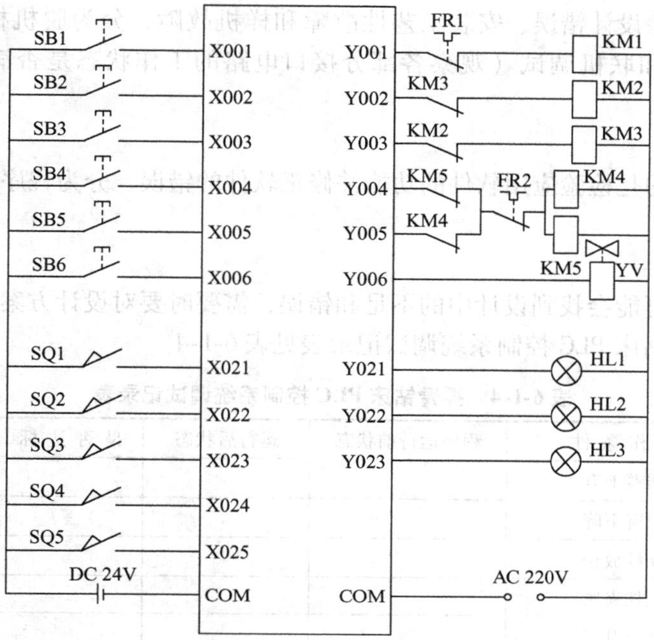

图 6-1-2 I/O 接线图

5. 操作面板

参考 Z3040 型摇臂钻床电气操作面板。

6. 其他

主要设计内容：包括电源、时钟、负载匹配及抗干扰等问题。

硬件设计的最后成果是画出详细的硬件电路图，提供给生产厂家生产。

6.1.4 程序设计

一般应用程序的开发过程分为五步：

1）将控制系统按功能要求划分成功能模块。

2）确定哪些任务和功能用子程序完成，哪些用中断服务程序解决，在此基础上设计主程序。

3）画出各类程序的流程框图。

4）选择适合的计算机语言编写各类程序。

5）上机调试。

对 Z3040 型摇臂钻床 PLC 控制系统的软件设计，可借用继电器-接触器控制电气原理图，运用继电器-接触器移植设计法进行设计。

6.1.5 控制系统的调试和运行

在硬件设计和软件设计完成后，可对系统进行调试并试运行，以便检测设计效果和存在的问题。

1. 硬件调试

硬件调试可排除设计错误、安装工艺性故障和样机故障，分为脱机检测（排除接线错误、开路和短路）和联机调试（观察各部分接口电路的工作状态是否满足设计要求）两部分。

2. 软件调试

软件调试的目的是检验应用软件的功能并修正软件的错误，分为程序编辑错误检查和软件仿真两部分。

3. 联机调试

在联合调试中可能会找到设计中的不足和错误，需要时要对设计方案进行反复修改，直到满意为止。摇臂钻床PLC控制系统调试记录表见表6-1-4。

表6-1-4 摇臂钻床PLC控制系统调试记录表

序号	工作条件	程序运行前状态	运行后状态	是否达标	备注
1	摇臂上升				
2	摇臂下降				
3	立柱放松				
4	立柱夹紧				
5	摇臂上升极限				
6	摇臂下降极限				

6.1.6 成果总结

1. 编写技术文件与报告

根据调试结果编写Z3040钻床的PLC控制系统操作使用说明书，按任务报告模板撰写任务报告。

2. 成果展示与总结

向同学和老师展示任务完成情况，与大家共享成果，并交流讨论。归纳总结完成本任务的经验、教训，思考本任务有何特点？有何创新？有何待改进的地方？

任务6.2 搬运机械手控制

【提出任务】

某搬运机械手的全部动作由气缸驱动。上升/下降、左移/右移运动由双线圈两位电磁阀控制，例如，当下降电磁阀通电时，机械手下降；当下降电磁阀断电时，机械手停止下降，并保持静止的工作状态。放松/夹紧由一个单线圈两位电磁阀控制，线圈通电时，机械手夹紧；线圈断电时，机械手放松。在机械手右移并准备下降时，必须确认右工作台无工件时才允许机械手下降。图6-2-1是搬运机械手工作示意图。

搬运机械手的控制要求如下：

1）为便于控制系统调试和维护，具有手动运行、自动运行、原点回归、单周期运行和单步运行功能转换开关。

2）当转换开关置于“手动”位置时，按下相应的点动按钮可实现上升、下降、左移、右移、夹紧、放松。

3）当转换开关置于“自动”位置时，如果搬运机械手在原点，按下起动按钮后，按照“从原点→下降→夹紧→上升→右移→下降→放松→上升→左移到原点”的工作流程反复运行。

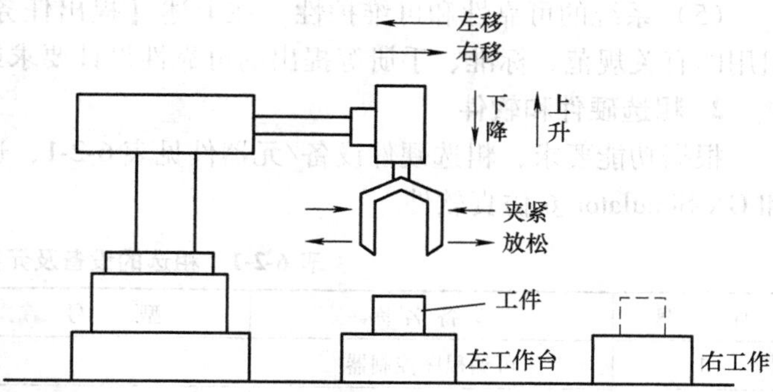

图6-2-1 搬运机械手工作示意图

4）当转换开关置于“回原点”位置时，按下回原点按钮后，不论机械手在哪种运行状态，都按照“放松→上升→左移”顺序回原点。

5）当转换开关置于“单周期操作”位置时，如果搬运机械手在原点，每按一次起动按钮，机械手按“自动运行”顺序完成一个工作周期。

6）将手动/自动转换开关置于“单步运行”位置时，如果搬运机械手在原点，每按一次起动按钮，机械手按“自动运行”顺序前进一个工步。

7）按下停止按钮，机械手将完成正在进行的这个周期动作，返回原点后停止。

8）不考虑机械手急停及空气压缩机控制。

试设计上述搬运机械手的控制系统。

【分解任务】

1. 根据控制要求可知，搬运机械手的控制系统具有五种操作方式，没有数据处理需求，只有开关逻辑控制需求。如果用继电器-接触器构成搬运机械手的控制系统，则电路较复杂，因此，采用PLC构成搬运机械手的控制系统更为合适。

2. 完成任务的基本步骤：总体方案设计→硬件设计→程序设计→调试与运行→成果总结。

【解答任务】

6.2.1 总体方案设计

小组成员共同研讨，根据工艺指标确定系统的评价标准，收集搬运机械手的相关资料，咨询项目设备的用途和工作环境等情况，制订控制系统总体设计方案。

1. 确定系统的功能要求

（1）控制对象中需要处理的信号　搬运机械手控制系统只有开关信号。

（2）控制功能要求　由PLC构成开环控制系统。控制功能的要求中包含点动和可逆环节，以及行程、时间顺序控制原则（方法）。

（3）人机界面的要求　按钮及转换开关操作面板。

（4）系统运行环境　一般工业环境。

（5）系统的可靠性和可维护性　在上述【提出任务】对控制要求的描述中，没有规定引用的有关规范、标准、手册等提出的可靠性设计要求或准则。

2. 粗选硬件和软件

根据功能要求，粗选硬件设备/元器件见表6-2-1，选择GX-DEVELOPER-8. 52编程软件和GX-Simulator_6仿真软件。

表6-2-1　粗选的设备及元器件

序　号	设备名称	型　号	数　量	备　注
1	可编程序控制器			
2	电源			
3	按钮			
4	限位开关			
5	转换开关			
6	工件检测开关			
7	电磁阀			
8	指示灯			

3. 绘制机械手工作流程图，确定工作方案

小组成员共同研讨，绘制系统工作流程图；根据工艺指标确定系统的评价标准；收集PLC及其I/O设备的资料；咨询项目设备的用途和工作环境等情况。

（1）搬运机械手自动运行时的动作流程图　如图6-2-2所示。

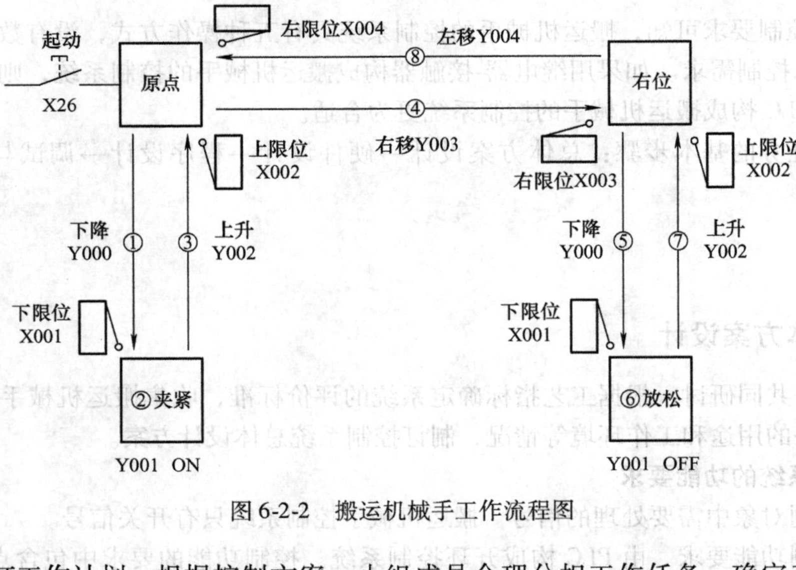

图6-2-2　搬运机械手工作流程图

（2）制订工作计划　根据控制方案，小组成员合理分担工作任务，确定工作步骤和时间，制订完成任务的计划表，确定项目负责人。搬运机械手控制系统设计项目工作计划表见表6-2-2。

表 6-2-2 搬运机械手控制系统设计项目工作计划表

序 号	工 作 内 容	责 任 人 员		计划完成时间	备 注
		姓 名	学 号		
1	硬件设计				
2	程序设计				
3	调试运行				
4	成果总结				

6.2.2 硬件设计

1. 控制面板设计

根据搬运机械手控制要求，设计的控制面板示意图如图 6-2-3 所示。

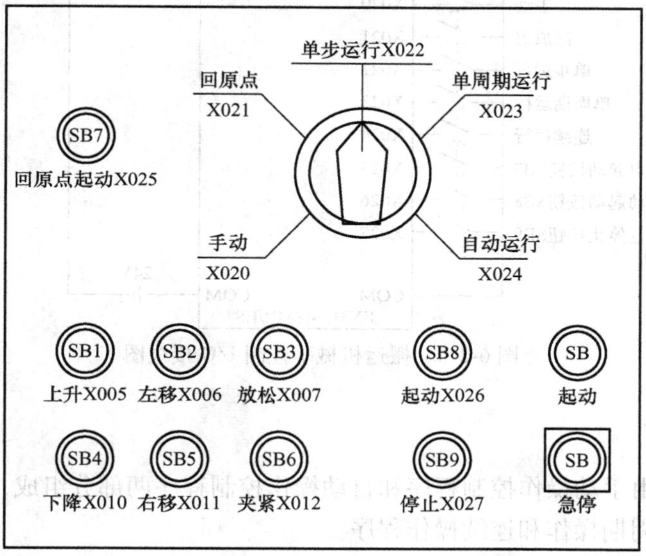

图 6-2-3 搬运机械手控制面板示意图

2. I/O 分配表（见表 6-2-3）

表 6-2-3 搬运机械手控制 I/O 分配表

输 入				输 出	
外 部 设 备	软 元 件	外 部 设 备	软 元 件	外 部 设 备	软 元 件
无工件检测开关 SQ0	X000	夹紧按钮 SB6	X012	下降电磁阀	Y000
下限位开关 SQ1	X001	手动操作 SA2-1	X020	夹紧电磁阀	Y001
上限位开关 SQ2	X002	回原点操作 SA2-2	X021	上升电磁阀	Y002
右限位开关 SQ3	X003	单步运行 SA2-3	X022	左行电磁阀	Y003
左限位开关 SQ4	X004	单周期运行 SA2-4	X023	右行电磁阀	Y004
上升按钮 SB1	X005	自动运行 SA2-5	X024	原点指示灯	Y005
左移按钮 SB2	X006	回原点起动按钮 SB7	X025		
放松按钮 SB3	X007	自动起动按钮 SB8	X026		
下降按钮 SB4	X010	停止按钮 SB9	X027		
右移按钮 SB5	X011				

3. I/O 接线图（如图 6-2-4 所示）

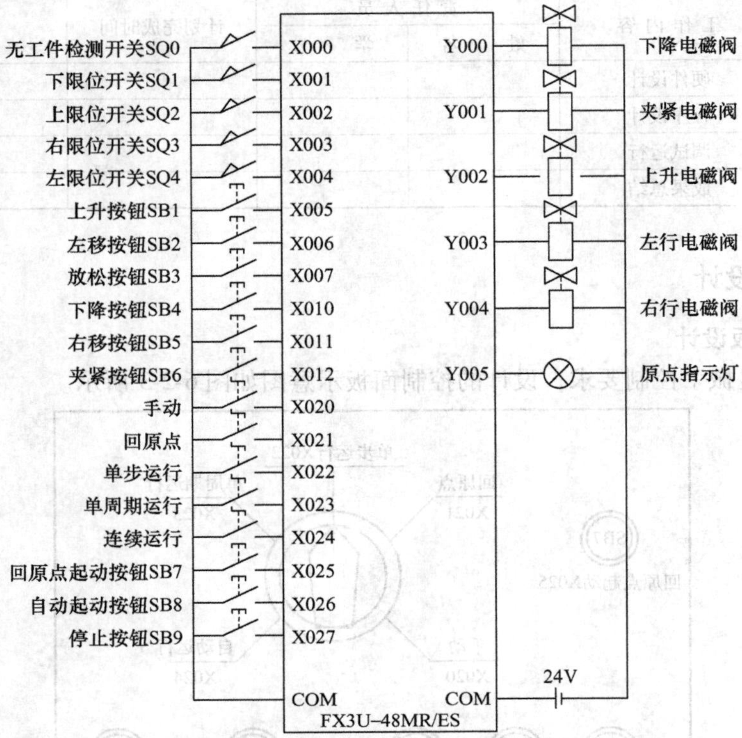

图 6-2-4　搬运机械手控制 I/O 接线图

6.2.3　程序设计

控制程序主要由手动操作控制程序和自动操作控制程序两部分组成，自动操作控制程序包括步进操作、单周期操作和连续操作程序。

1. IST 指令及初始化程序设计

方便指令类的初始化状态指令 IST，功能编号为 FNC60，它与 STL 指令一起使用，专门用来设置有多种工作方式的控制系统的初始状态和设置有关的特殊辅助继电器的状态，可以大大简化复杂的顺序控制程序的设计。

(1) 关于［S.］软元件和使用开关　［S.］是运行模式的切换开关的起始软元件编号。选择运行模式用的开关，占用从起始软元件［S.］开始的 8 点，对不使用的开关，可以不接线，但不能用于其他用途。IST 中的源操作数可取 X、Y 和 M。本任务 IST 指令输入继电器功能表见表 6-2-4。

表 6-2-4　IST 指令输入继电器功能表

输入继电器	功　能	输入继电器	功　能
X020	手动	X024	连续运行
X021	回原点	X025	回原点起动
X022	单步运行	X026	自动起动
X023	单周期运行	X027	停止

（2）关于IST指令和STL指令的编程顺序　IST指令只能使用一次，被它控制的STL电路应放在它的后面。

（3）关于原点回归动作中使用的状态　原点回归动作用的状态寄存器只能使用S10～S19中的一个。当M8043置位后，执行自我复位，原点回归动作程序结束。

（4）关于［D.］软元件　IST指令中的［D1.］和［D2.］用来指定在自动操作中用到的最小和最大状态继电器的元件号，且［D1.］＜［D2.］。

特殊辅助继电器与状态寄存器功能表见表6-2-5。

表6-2-5　特殊辅助继电器与状态寄存器功能表

特殊辅助继电器M	功　能	状态寄存器S	功　能
M8040	禁止转换	S0	手动操作初始状态继电器
M8041	转换起动	S1	回原点初始状态继电器
M8042	起动脉冲	S2	自动操作初始状态继电器
M8043	回原点完成		
M8044	原点条件		
M8047	STL监控有效		

初始化程序如图6-2-5所示。

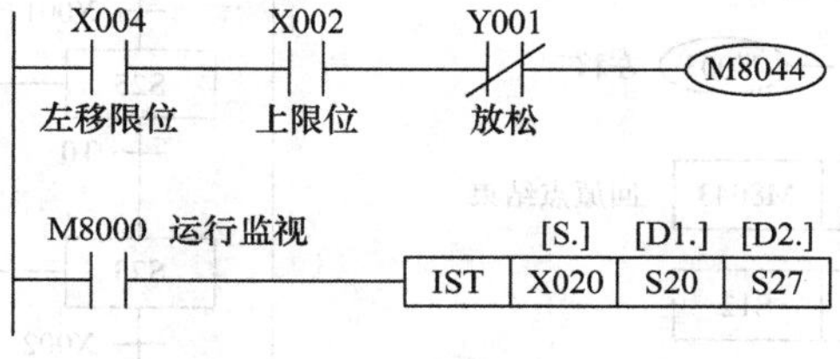

图6-2-5　初始化程序梯形图

2. 手动程序设计

初始化程序执行后，S0被指定为手动操作初始状态，手动的任何操作都是在选择手动工作方式S0为ON后才能进行，所以手动程序都应该在S0步进触点控制之下。

如果工作方式选择开关拨到手动档（X020接通），IST指令将状态继电器S0置为ON，按下上升按钮，X005接通导致Y002为ON，Y002输出信号使上升电磁阀线圈得电，机械手开始上升。松手以后，机械手停止上升。同样，分别按下下降按钮、左移按钮、右按钮、夹紧按钮、松开按钮可以分别完成下降、左移、右移、夹紧和松开的动作。手动程序如图6-2-6所示。

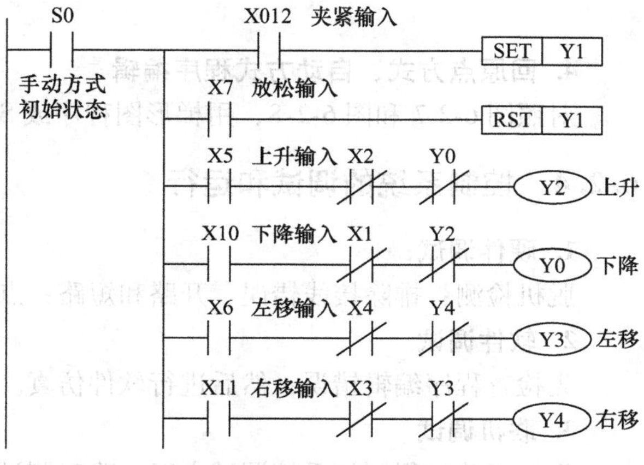

图6-2-6　手动程序梯形图

3. 回原点方式、自动方式顺序功能图设计

设S1、S2分别为回原点方式、自动方式初始状态元件，回原点方式顺序功能图如图6-2-7所示，自动方式顺序功能图如图6-2-8所示。

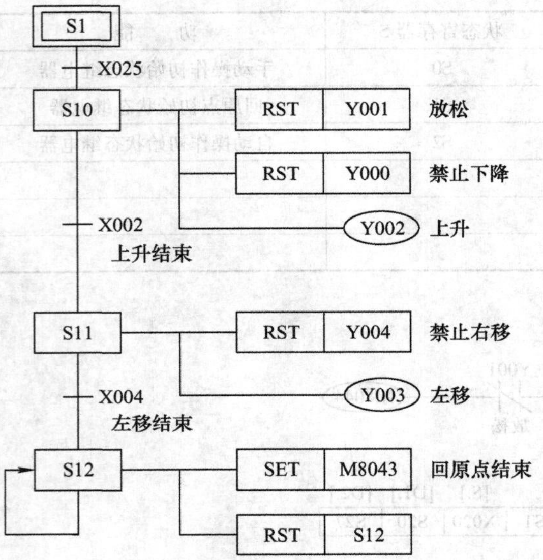

图6-2-7 回原点方式顺序功能图

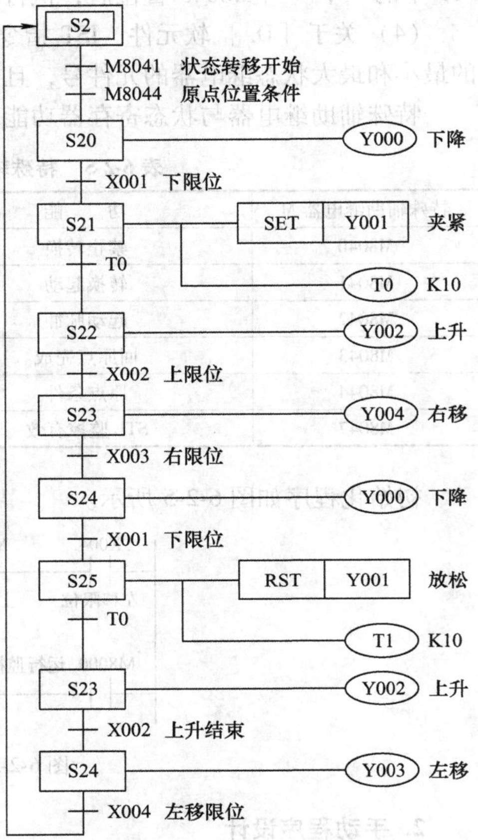

图6-2-8 自动方式顺序功能图

4. 回原点方式、自动方式程序编辑

对照图6-2-7和图6-2-8，用梯形图程序或SFC程序编辑回原点方式、自动方式程序。

6.2.4 控制系统的调试和运行

1. 硬件调试

脱机检测：排除接线错误、开路和短路；点动运行：检查行程开关位置是否合适。

2. 软件调试

先检查程序编辑错误；然后进行软件仿真。

3. 联机调试

根据工艺过程制订系统调试方案，确定测试步骤，制作调试运行记录表。根据系统评价标准，调试所编制的PLC程序，并逐步完善程序。搬运机械手PLC控制系统调试记录表见

表6-2-6。

表6-2-6 搬运机械手PLC控制系统调试记录表

序 号	工作条件	程序运行前状态	运行后状态	是否达标	备 注
1	原点回归				
2	手动运行				
3	单步运行				
4	单周期运行				
5	自动运行				
6	正常停车				

6.2.5 成果总结

1. 编写技术文件与报告

根据调试结果编写搬运机械手PLC控制系统操作使用说明书，按任务报告模板撰写任务报告。

2. 成果展示与总结

向同学和老师展示任务完成情况，与大家共享成果，并交流讨论。归纳总结完成本任务的经验、教训，思考本任务有何特点？有何创新？有何待改进的地方？

任务6.3 数控加工中心刀具库选择控制

【提出任务】

数控加工中心刀具库由六种刀具组成，如图6-3-1所示。ST1～ST6为刀具到位行程开关，由霍尔元件构成。刀具库换刀控制要求如下：

1）初始状态时，控制系统记录当前刀号，等待选择信号。

2）当按下SB1～SB6中的任何一个按钮时，控制系统记录该刀号，然后刀盘按照离请求刀号最近的方向转动。转盘转动到达刀具位置时，到位指示灯HL1亮，机械手开始换刀，且换刀指示灯HL2闪烁。5s后换刀结束。

3）换刀过程中，其他换刀请求信号均无效。换刀完毕，记录当前刀号，等待下一次换刀请求。

试设计数控加工中心刀具库换刀控制（子）系统。

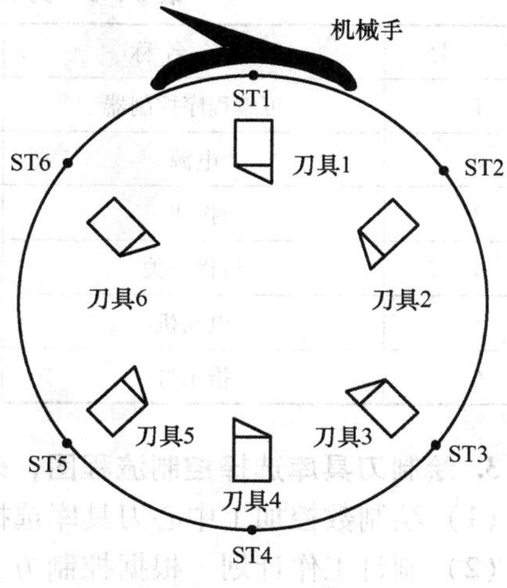

图6-3-1 数控加工中心刀具库选择示意图

【分解任务】

1. 根据控制要求可知，刀具库换刀控制系统只是数控加工中心控制的一个子系统。刀具库换刀控制系统需要先根据请求换刀号与现刀号进行比较，再选择刀盘旋转方向，即该系统有数据处理功能的需求。为此，采用PLC构成刀具库换刀控制系统。

2. 完成任务的基本步骤：总体方案设计→硬件设计→程序设计→调试与运行→成果总结。

【解答任务】

6.3.1 总体方案设计

小组成员共同研讨，根据工艺指标确定系统的评价标准，收集数控加工中心刀具库的相关资料，咨询项目设备的用途和工作环境等情况，制订控制系统总体设计方案。

1. 确定系统的功能要求

（1）控制对象中需要处理的信号　刀具库换刀控制系统只有开关信号。

（2）控制功能要求　由PLC构成开环控制系统。控制功能的要求中包含点动和可逆环节，以及行程、时间、数据处理等控制功能。

（3）人机界面的要求　按键操作面板。

（4）系统运行环境　一般工业环境。

（5）系统的可靠性和可维护性　在上述【提出任务】对控制要求的描述中，没有规定引用的有关规范、标准、手册等提出的可靠性设计要求或准则。

2. 粗选硬件和软件

根据功能要求，粗选硬件设备/元器件见表6-3-1，内部资源分配如现刀号存储器D0等另存草稿备用，选择GX-DEVELOPER-8.52编程软件和GX-Simulator_6仿真软件。

表6-3-1　刀具库换刀控制项目设备及元器件表

序　号	设备名称	型　号	数　量	备　注
1	可编程序控制器			
2	电源			
3	按钮			
4	行程开关			
5	电动机			
6	指示灯			

3. 绘制刀具库选择控制流程图，确定工作方案

（1）绘制数控加工中心刀具库选择控制流程图（如图6-3-2所示）

（2）制订工作计划　根据控制方案，小组成员合理分担工作任务，确定工作步骤和时间，制订完成任务的计划表，确定项目负责人。刀具库换刀控制系统设计项目工作计划表见表6-3-2。

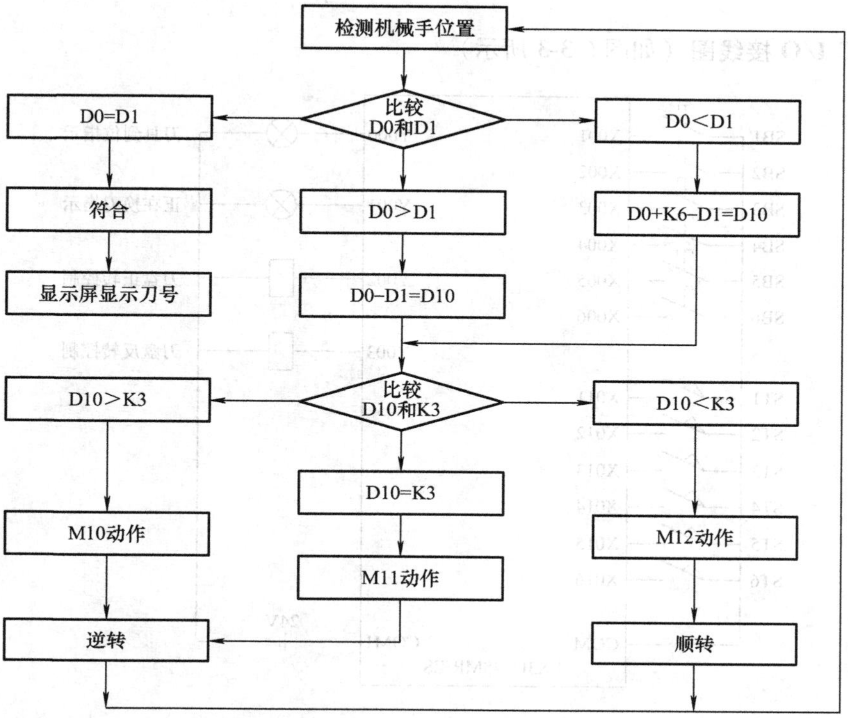

图6-3-2 数控加工中心刀具库选择控制流程图

表6-3-2 数控加工中心刀具库换刀系统设计项目工作计划表

序 号	工作内容	责任人员		计划完成时间	备 注
		姓 名	学 号		
1	硬件设计				
2	程序设计				
3	调试运行				
4	成果总结				

6.3.2 硬件设计

1. I/O分配表（见表6-3-3）

表6-3-3 I/O分配表

软 元 件	外部设备	功能说明	软 元 件	外部设备	功能说明
X001	SB1	1号刀具选择按钮	X013	ST3	3号刀具到位行程开关
X002	SB2	2号刀具选择按钮	X014	ST4	4号刀具到位行程开关
X003	SB3	3号刀具选择按钮	X015	ST5	5号刀具到位行程开关
X004	SB4	4号刀具选择按钮	X016	ST6	6号刀具到位行程开关
X005	SB5	5号刀具选择按钮	Y000	HL1	刀具到位指示灯
X006	SB6	6号刀具选择按钮	Y001	HL2	正在换刀指示灯
X011	ST1	1号刀具到位行程开关	Y002	S	刀盘顺转输出
X012	ST2	2号刀具到位行程开关	Y003	Y	刀盘逆转输出

2. PLC I/O 接线图（如图 6-3-3 所示）

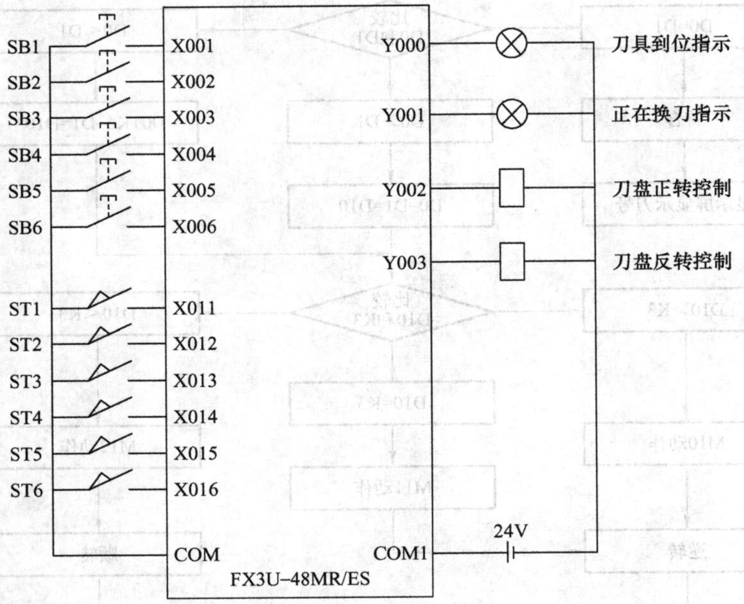

图 6-3-3 PLC 外部接线图

6.3.3 程序设计

数控加工中心刀具库选择控制程序主要由刀号位置记录（第 1 至第 6 逻辑行）、请求刀具号（第 7 至第 12 逻辑行）、正反转判断（第 13 至 14 逻辑行）和刀盘移动四部分组成。数控加工中心刀具库换刀控制梯形图如图 6-3-4 和 6-3-5 所示。

在图 6-3-4 中，0 ~ 35 程序步为记录当前刀号的梯形图。当 1 号刀具处在机械手的位置时，霍尔元件动作，即 ST1 动作，梯形图中 X011 闭合，将 K1 传入数据寄存器 D0 中；当 2 号刀具处在机械手的位置时，霍尔元件动作，即 ST2 动作，梯形图中 X012 闭合，将 K2 传入数据寄存器 D0 中。依次类推，记录当前的刀具号。

在图 6-3-4 中，36 ~ 83 程序步为当前请求刀号的梯形图。当请求选择 1 号刀具时，按下请求刀具按键 SB1，将 K1 传入数据寄存器 D1 中，同时使 M5 置位，其他请求信号无效；同理，当请求选择 2 号刀具时，按下请求刀具按键 SB2，将 K2 传入数据寄存器 D1 中，同时使 M5 置位，其他请求信号无效；依次类推，记录当前请求的刀具号。

在图 6-3-5 图中，第 84 ~ 121 程序步计算现用刀号（记录刀号）与请求刀号之间位置差距。M5 置位后，比较指令执行的结果有以下三种情况：

1）如果数据寄存器 D0 > D1，则 M0 线圈得电，执行减法运算 D0-D1，运算结果存入 D3 中，然后在第 122 程序步行中进行比较。若 D3 > K3，则刀具盘离请求刀号反转方向最近，M10 触点闭合使得 M18 线圈得电，继而 Y002、Y003 闭合，刀具盘反转；若 D3 = K3，则刀具盘离请求刀号正转方向最近，M11 触点闭合使得 M19 线圈得电，继而 Y002 闭合，刀具盘正转；同理，若 D3 < K3，刀具盘正转。

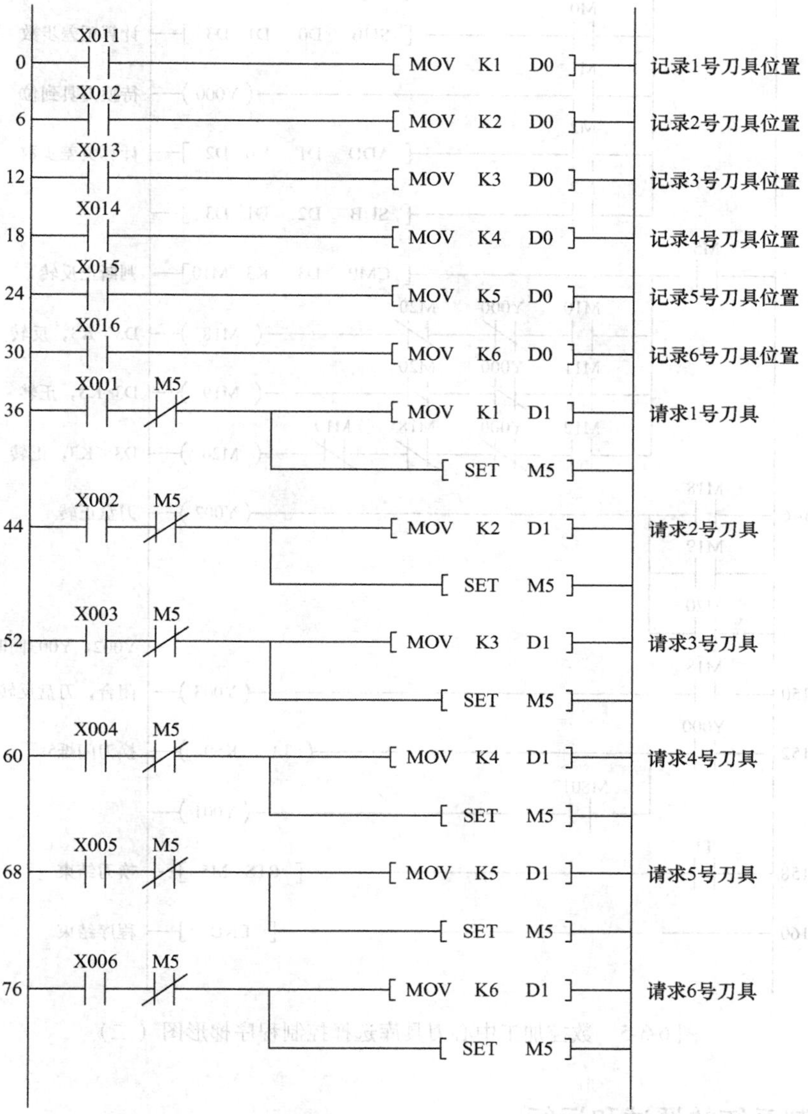

图 6-3-4 数控加工中心刀具库选择控制程序梯形图（一）

2）如果数据寄存器 D0 = D1，则 M1 触点闭合使得 Y000 线圈得电，刀具到位指示灯亮，第 152 程序步行 Y000 常开触点接通 Y001 线圈，机械手开始换刀，且 Y001 触点驱动换刀指示灯闪烁。经过 5s 后，T1 动作使 M5 复位，结束换刀。

3）如果数据寄存器 D0 < D1，则 M2 线圈得电，第 105 程序步行中 M2 常开触点闭合。由于 D0 < D1，直接相减是个负数，结果出错，因而将 D0 加上刀具总数后减去 D1，将得出的数据在第 122 程序步行中与 K3 进行比较。

每旋转 1 个刀位都重复以上判断过程，最终在 D0 = D1 时机械手执行换刀操作。

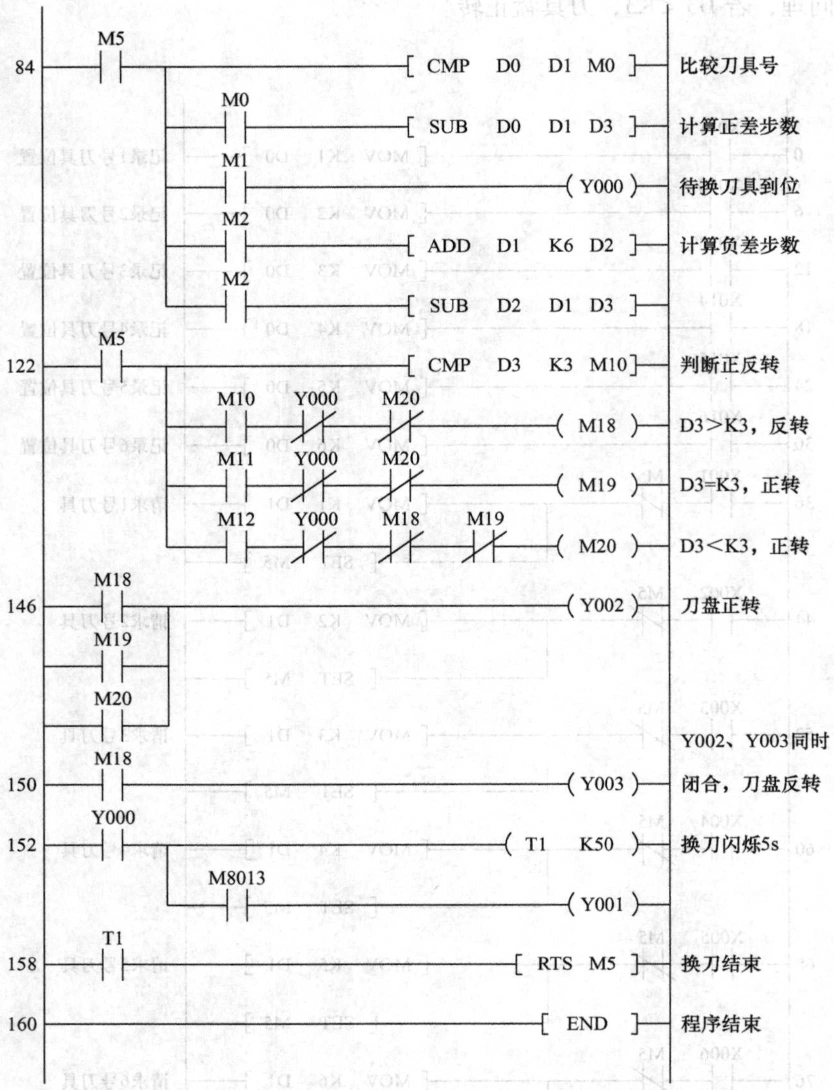

图 6-3-5 数控加工中心刀具库选择控制程序梯形图（二）

6.3.4 控制系统的调试和运行

1. 硬件调试

排除接线错误、开路和短路；检查按键、行程开关位接触情况。

2. 软件调试

先检查程序编辑错误；然后再进行软件仿真。

3. 联机调试

根据工艺过程制订系统调试方案，确定测试步骤，并仿照表 6-2-6 制作调试运行记录表。

6.3.5 成果总结

1. 编写技术文件与报告

根据调试结果编写数控加工中心刀具库选择控制系统操作使用说明书，按任务报告模板撰写任务报告。

2. 成果展示与总结

总结完成任务的经验、教训，向同学和老师展示任务完成情况，与大家共享成果，并交流讨论。思考本任务有何特点？有何创新？有何待改进的地方？

任务 6.4 基于 PLC 的变频器三段速控制

【提出任务】

用 PLC 通过 FR-A700 变频器控制电动机的三段速运行。控制要求：按下起动按钮，电动机以 20Hz 速度运行 10s，然后变为 30Hz 速度运行 10s，最终以 40Hz 速度长期运行。按下停止按钮后，电动机即停止运行。

【分解任务】

1. 根据控制要求可知，电动机的三段速对应频率由 FR-A700 变频器输出。变频器是一种相对独立的智能设备。如果在今后的工作中碰到没有接触过的智能设备，首先需要通过网络或图书资料等研究其基本工作原理、基本使用方法，然后再仿真试用或实际使用。

2. 完成任务的基本步骤：认识 FR-700 系列变频器→总体方案设计→硬件设计→程序设计→调试与运行→成果总结。

【解答任务】

6.4.1 认识 FR-A700 系列变频器

1. 变频器的基本概念

（1）变频器的定义　变频器是交流电气传动系统中一种，将交流工频电源转换成电压、频率均可变的适合交流电动机调速的电力电子变换装置。英文简称 VVVF（V ariable Voltage V ariable Frequency）。

变频器除了可以用来改变交流电源的频率之外，还可以用来改变交流电动机的转速和扭矩。变频调速技术因具有显著的节电效果、方便的调速方式、较宽的调速范围、运行可靠、完善的保护功能等优点而被广泛应用。

（2）变频器的调速原理　因为三相异步电动机的转速公式为

$$n = (1 - s)60f/p$$

式中，n 为转速，s 为转差率，f 为电源频率，p 为极对数。

所以改变电源频率即可实现调速。

三相异步电动机定子每相电动势的有效值为

$$E_1 = 4.44 f_1 \Phi_m N_1$$

式中，E_1为定子电动势，f_1为定子电源频率，Φ_m为气隙主磁通，N_1为定子绕组匝数。

如果E_1保持不变，当调小f_1（电动机低速运行）时，Φ_m会增大，容易引起气隙磁场饱和。因此，异步电动机的变频调速必须按照一定的规律同时改变其定子电压和频率，即必须通过变频器获得电压和频率均可调节的供电电源，保证$f_1 < f_N$时Φ_m不饱和。

（3）变频器的控制对象　变频器的控制对象为三相交流异步电动机和三相交流同步电动机，标准适配电动机的极数是2/4极。

（4）变频器的组成　变频器通常包含整流器和逆变器两个部分。整流器将输入的交流电转换为直流电，逆变器将直流电再转换成所需频率的交流电。变频器还有可能包含变压器和电池，其中，变压器用来改变电压并可以隔离输入/输出电路，电池用来补偿变频器内部线路上的能量损失。

（5）变频器的分类

1）按电能变换的环节分为交-交变频器和交-直-交变频器两类，各自特点如下。

① 交-交变频器将工频交流直接变换成频率、电压可调的交流，又称直接式变频器。

② 交-直-交变频器则是先把工频交流通过整流器变成直流，然后再把直流变换成频率、电压可调的交流，又称间接式变频器，它是目前广泛应用的通用型变频器。

交-直-交变频器的基本构成如图6-4-1所示。

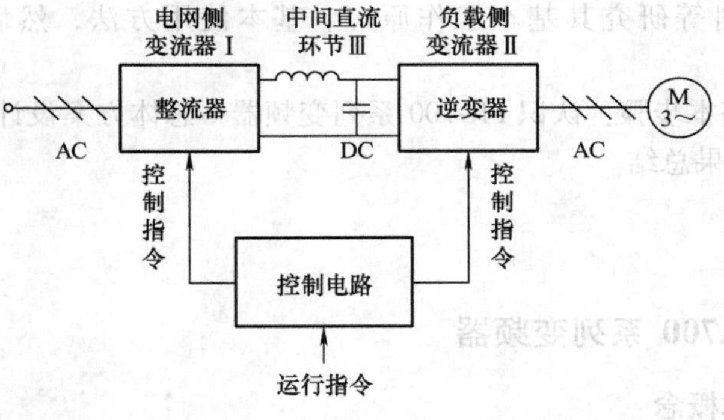

图6-4-1　交-直-交变频器的基本构成示意图

2）按直流电源性质分为电流型变频器和电压型变频器两类，各自特点如下。

① 电流型变频器特点是中间直流环节采用大电感作为储能环节，缓冲无功功率，即扼制电流的变化，使电压接近正弦波，直流电源内阻较大，相当于电流源，能扼制负载电流频繁而急剧的变化，常用于负载电流变化较大的场合。

② 电压型变频器特点是中间直流环节的储能元件采用大电容，负载的无功功率将由它来缓冲，直流电压比较平稳，直流电源内阻较小，相当于电压源，故称电压型变频器，常用于负载电压变化较大的场合。

（6）变频器的调压方式　交-直-交变频器常见的调压方式有三种：一是用可控整流器调

压，逆变器变频；二是用直流斩波器调压，逆变器变频；三是用不可控整流器整流，PWM变压变频。

PWM（脉冲宽度调制）逆变器既调压又变频，电路结构简单，可靠性高，调节速度快，输出电压电流波形较好，并且对电网功率因数较高，因而在实际工程中使用很广。因此，在变频器中广泛采用PWM逆变器。

2. FR-A700 系列变频器的外部电路

（1）FR-A700 系列变频器主电路的通用接线 FR-A700 系列变频器主电路的通用接线如图6-4-2所示。

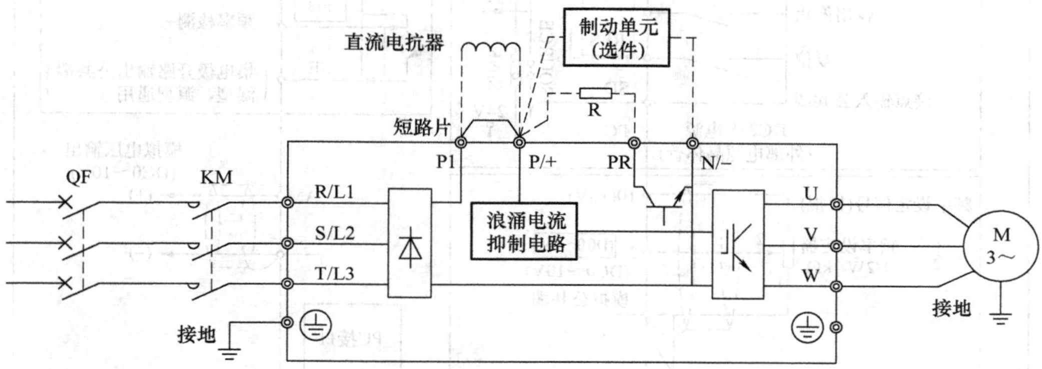

图6-4-2 FR-A700 系列变频器主电路的通用接线图

（2）FR-A700 系列变频器的控制回路接口 FR-A700 系列变频器的控制回路接口类型及其功能见表6-4-1。

表6-4-1 FR-A740 系列变频器控制回路接口类型及其功能

接口类型	主要特点	主要功能
开关量输入	无源输入，一般由变频器内部24V供电	起/停变频器，接收编码器信号、多段速、外部故障等信号或指令
开关量输出	集电极开路输出、继电器输出	输出变频器故障、就绪、达速（达到设定速度）等信号，参与外部控制
模拟量输入	0～10V/4～20mA	接收频率给定/PID给定、反馈信号，接收来自外部的给定或控制信号
模拟量输出	0～10V/4～20mA	运行频率、运行电流的输出，用于外界显示仪表和外部设备控制
脉冲输出	PWM波输出	功能同模拟量输出（只有个别变频器提供）
通信口	RS-485/RS-232	组网控制

FR-A700 系列变频器的控制电路接线图如图6-4-3所示。

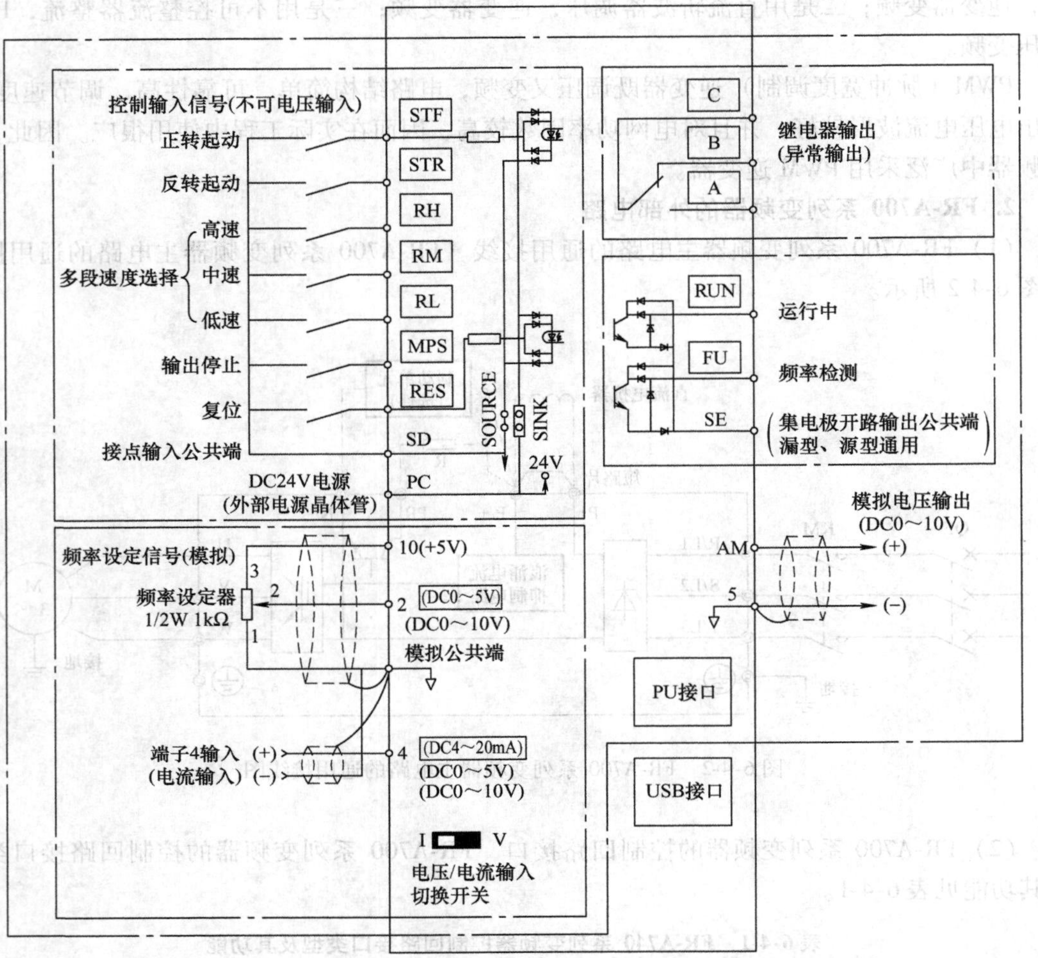

图 6-4-3 FR-A700 系列变频器控制电路接线图

3. FR-A700 系列变频器的基本操作

使用变频器之前，首先要熟悉它的面板显示和操作，并且按照使用现场的要求合理设置参数。FR-A700 系列变频器的操作面板如图 6-4-4 所示。FR-A700 系列变频器的基本操作示意图如图 6-4-5 所示，图中所示“参照 XX 页”是指《FR-A700 系列变频器使用说明书》中的页码。

（1）改变 PU 显示模式的操作 在 PU 显示模式下，连续按动“MODE”键，显示器将循环顺序显示监视器和频率设定模式、参数设定模式、报警历史模式。

（2）运行模式切换的操作 在显示“监视器和频率设定”模式的情况下，按“PU/EXT”键，可在 EXT→PU→JOG→EXT 运行模式之间切换。

（3）运行频率设定的操作 在显示“监视器和频率设定”模式的情况下，旋转 M 旋钮，当监视器四位 LED 显示数值为需要的值后，长按“SET”键，当出现 F 与频率交替闪烁时，频率设定完成。

（4）改变监视类型的操作 在显示“监视器和频率设定”模式的情况下，连续按

“SET”键，可以在“输出频率监视→输出电流监视→输出电压监视”之间切换。

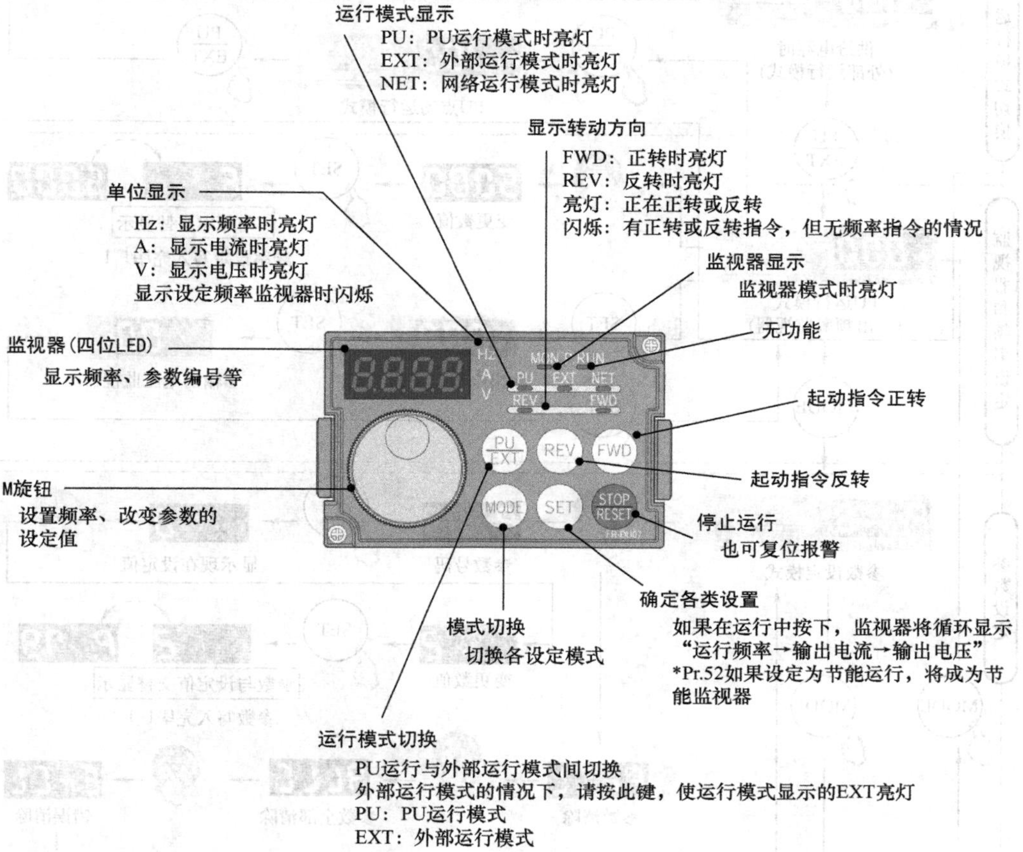
运行模式显示
PU：PU运行模式时亮灯
EXT：外部运行模式时亮灯
NET：网络运行模式时亮灯
显示转动方向
FWD：正转时亮灯
REV：反转时亮灯
亮灯：正在正转或反转
闪烁：有正转或反转指令，但无频率指令的情况
单位显示
Hz：显示频率时亮灯
A：显示电流时亮灯
V：显示电压时亮灯
显示设定频率监视器时闪烁
监视器显示
监视器模式时亮灯
无功能
监视器(四位LED)
显示频率、参数编号等
起动指令正转
起动指令反转
M旋钮
设置频率、改变参数的设定值
停止运行
也可复位报警
确定各类设置
如果在运行中按下，监视器将循环显示“运行频率→输出电流→输出电压”
*Pr.52如果设定为节能运行，将成为节能监视器
模式切换
切换各设定模式
运行模式切换
PU运行与外部运行模式间切换
外部运行模式的情况下，请按此键，使运行模式显示的EXT亮灯
PU：PU运行模式
EXT：外部运行模式

图 6-4-4 FR-A700 变频器操作面板图

(5) 改变参数设定的操作 在显示“参数设定”模式的情况下，先旋转 M 旋钮，当监视器四位 LED 显示数值为需要的参数号后，按“SET”键，再旋转 M 旋钮，当获得需要值后，长按“SET”键，直至参数和设定值交替显示，参数设定完毕。

(6) 清除参数设定（恢复出厂设置）的操作 在显示“参数设定”模式的情况下，先旋转 M 旋钮，找到“Pr. CL”参数号，再旋转 M 旋钮，当出现“RLLC”时，按“SET”键（一般会显示为“0”）后，旋转 M 旋钮，当参数显示为“1”时，长按“SET”键，直至参数和设定值交替显示，参数清除完毕。但如果写入参数选择 Pr. 77 = “1”时无法清除参数，需先将其设为 0 后，再按上述步骤清除参数设定。当旋转 M 旋钮，出现“Er. CL”或出现“PCPy”时，按“SET”键分别可以执行错误清除操作或复制参数操作。

(7) 报警历史的操作 在显示“报警历史”模式的情况下，旋转 M 旋钮能显示过去 8 次的报警（最新报警带“.”）。

在操作中出现的错误代码及其含义如下。

Er1：禁止写入错误；Er2：运行中写入错误；Er3：校正错误；Er4：模式指定错误（运行模式没有切换到 PU 运行模式）。

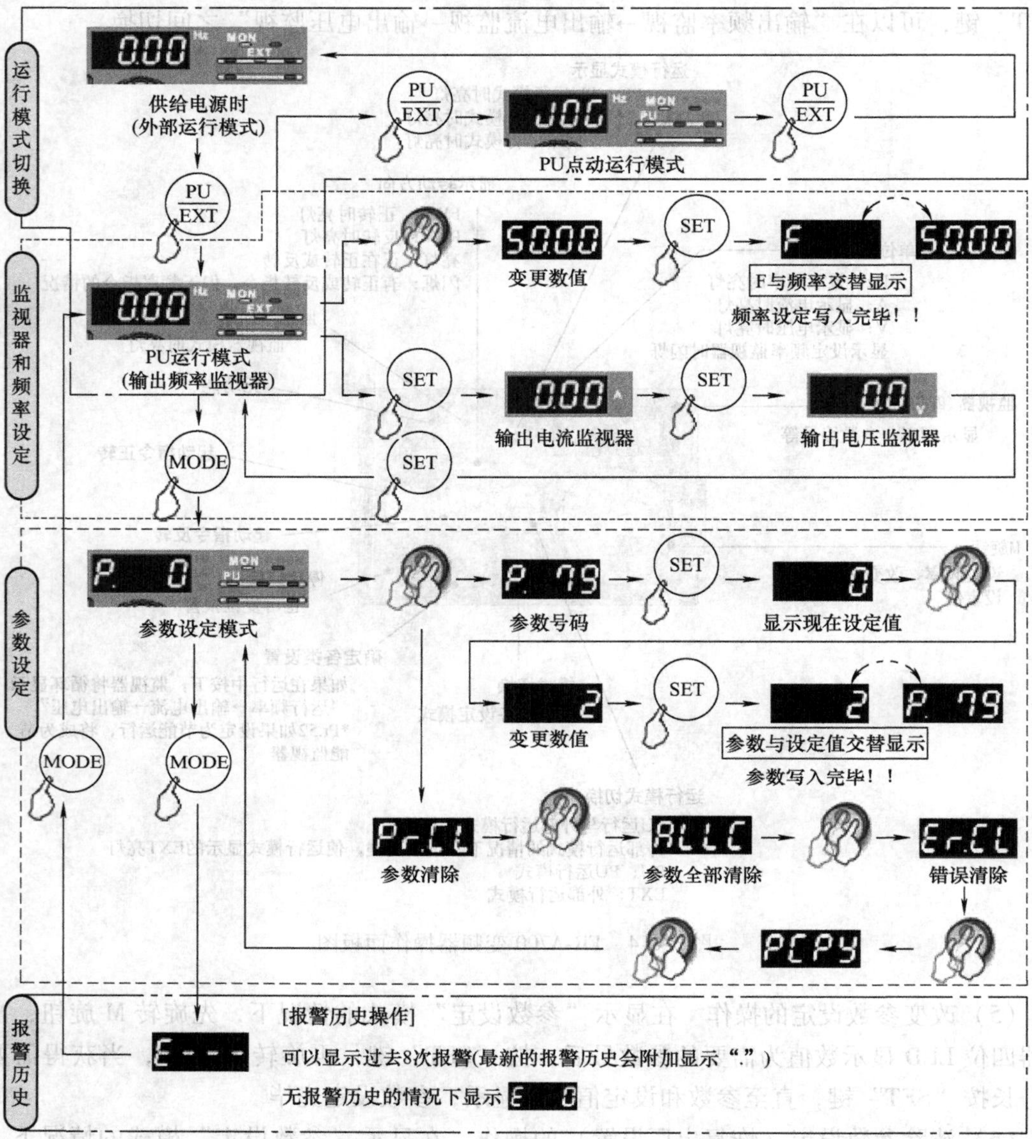

图6-4-5 FR-A700系列变频器的基本操作示意图

4. 变频器的常用参数设置

变频器是一个功能强大而且复杂的自动控制设备，若要充分利用其资源，必须详细阅读有关说明书。在此仅列举最常用的参数设置（见表6-4-2），其中：转矩提升随起动负载的增加而增加，基准频率与电动机f_N一致，电子过电流保护与电动机最大起动电流一致。表6-4-2中带“*”的参数与变频器额定功率（即具体型号）有关。

表6-4-2 FR-A700系列变频器常用参数表

参数号	参数名称	初始值	设定范围	最小设定值
Pr. 0	转矩提升	6%*	1%~30%	0.1%
Pr. 1	上限频率	120/60Hz*	0~120Hz	0.01Hz

（续）

参 数 号	参数名称	初 始 值	设定范围	最小设定值
Pr. 2	下限频率	0Hz	0～120Hz	0.01Hz
Pr. 3	基准频率	50Hz	0～400Hz	0.01Hz
Pr. 4	多段速度设定（高速）	50Hz	0～400Hz	0.01Hz
Pr. 5	多段速度设定（中速）	30Hz	0～400Hz	0.01Hz
Pr. 6	多段速度设定（低速）	10Hz	0～400Hz	0.01Hz
Pr. 7	加速时间	5s	3600/360s	0.1/0.01s *
Pr. 8	减速时间	5s	3600/360s	0.1/0.01s *
Pr. 9	电子过电流保护	额定电流	0～500/0～3600A *	0.1/0.01A *
Pr. 15	点动频率	5Hz	0～400Hz	0.01Hz
Pr. 16	点动加、减速时间	0.5s	3600/360s	0.1/0.01s *
Pr. 77	防止参数被意外改写	0	0：仅停止中可写入 1：不可写入 2：在所有运行模式下，不论状态如何都能够写入	
Pr. 79	运行模式选择	0	0，1，2，3，4，6，7	

运行模式选择参数（见6-4-3）选择正确与否，直接关系到变频器能否运行。

表 6-4-3 FR-A700 系列变频器运行模式选择参数

<table>
<tr><th>参数号</th><th>设定范围</th><th colspan="2">内 容</th></tr>
<tr><td rowspan="14">Pr. 79</td><td>0</td><td colspan="2">外部/PU 模式切换中（用 PU/EXT 键切换外部/PU 模式）
电源投入时为外部运行模式</td></tr>
<tr><td>1</td><td colspan="2">PU 运行模式固定</td></tr>
<tr><td>2</td><td colspan="2">外部运行模式固定（可以切换外部和网络运行模式）</td></tr>
<tr><td rowspan="3">3</td><td colspan="2">外部/PU 组合运行模式 1</td></tr>
<tr><td>运行频率</td><td>起动信号</td></tr>
<tr><td>用 PU（FR-DU07/FR-DU04-CH）设定或外部信号输入（多段速设定，AU 信号为 ON 时有效））</td><td>外部信号输入（STR，STF）</td></tr>
<tr><td rowspan="3">4</td><td colspan="2">外部/PU 组合运行模式 2</td></tr>
<tr><td>运行频率</td><td>起动信号</td></tr>
<tr><td>外部信号输入（端子 2，4，1，JOG，多段速选择等）</td><td>在 PU（FR-DU07/FR-DU04-CH）输入（按键 FWD 或 REV）</td></tr>
<tr><td>6</td><td colspan="2">切换模式
可以一边继续运行状态，一边实施 PU 运行、PU 运行/网络运行的切换</td></tr>
<tr><td>7</td><td colspan="2">外部运行模式（PU 操作互锁）
X012 信号 ON：可切换到 PU 运行模式（正在外部运行时输出停止）
X012 信号 OFF：禁止切换到 PU 运行模式</td></tr>
</table>

5. 变频器的运行

变频器 PU 运行即利用变频器面板操作单元直接控制变频器的运转。变频器外部运行是利用外部的开关、电位器等元器件将外部操作信号输入到变频器，控制变频器的运转。正式投入运行前应试运行。试运行可采用点动方式，此时电动机应旋转平稳，无不正常的振动和噪声。

（1）PU点动运行（例如，频率设为20Hz）

第一步，运行模式确认：按“PU/EXT”键至“PU运行模式”，确认PU灯亮。

第二步，点动频率设定：点动频率出厂值设为5Hz，现改为20Hz（Pr. 15）。

第三步，点动操作模式确认：按“PU/EXT”键至显示窗口出现“JOG”（点动模式）。

第四步，点动运行：按住“FWD”或“REV”键电动机旋转，松开则电动机停转。

（2）PU连续运行（例如，频率设为45Hz）

第一步，运行模式确认：按“PU/EXT”键至“PU运行模式”，确认PU灯亮。

第二步，运行频率设定：在频率监视器模式下旋转M旋钮至45 Hz，当显示器闪烁时按下“SET”键即可。

第三步，连续运行：按“FWD”或“REV”键电动机正转或反转起动，显示器上相应指示灯亮。加速时间结束后，显示器显示运行频率应为45 Hz。

（3）变频器的外部运行（控制电动机正反转） 要求：用开关S1、S2分别控制电动机的正反转；通过M旋钮调节变频器的输出频率，但输出的最高频率不要超过50Hz；加减速时间均为10s；电动机为星形联结。

第一步，参数设定：混合运行模式Pr. 79 =3，上限频率Pr. 1 =50，下限频率Pr. 2 =0，加速时间Pr. 7 =10. 0，减速时间Pr. 8 =10. 0。

第二步，接线：按照图6-4-6所示电路原理图接线。

第三步，正转运行：闭合S1，电动机正转，调节M旋钮改变变频器的输出频率。

第四步，反转运行：断开S1，闭合S2，电动机反转，调节M旋钮改变变频器的输出频率。

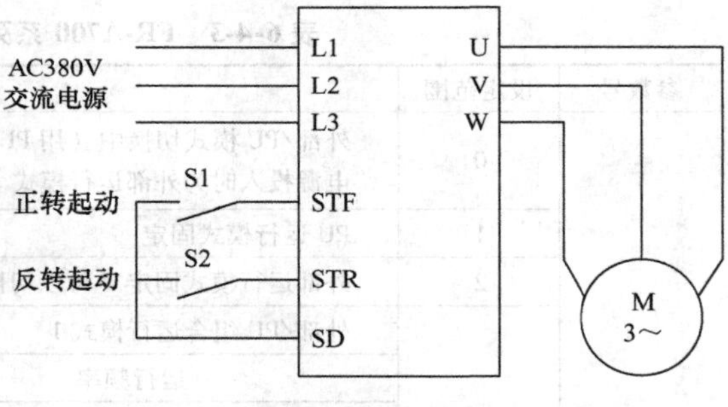

图6-4-6 变频器的外部运行电路原理图

如果同时闭合S1、S2，则变频器停止输出。

6.4.2 总体方案设计

小组成员共同研讨，收集变频器多段速控制的相关资料，咨询项目设备的用途和工作环境等情况，制订控制系统总体设计方案。

1. 确定系统的功能要求

（1）控制对象中需要处理的信号 控制系统只有开关信号。

（2）控制功能要求 由PLC和变频器构成开环控制系统。三段速对应频率由变频器输出，运行状态转换由PLC控制。

（3）人机界面的要求 PLC按钮操作面板、变频器按键操作面板。

（4）系统运行环境 一般工业环境。

（5）系统的可靠性和可维护性 在上述【提出任务】对控制要求的描述中，没有规定引用的有关规范、标准、手册等提出的可靠性设计要求或准则。

2. 粗选硬件和软件

根据功能要求，粗选硬件设备/元器件见表6-4-4，选择GX-DEVELOPER-8.52编程软件和GX-Simulator_6仿真软件。

表6-4-4 电动机三段速控制项目设备/元器件

序号	设备名称	型号	数量	备注
1	可编程序控制器			
2	电源			
3	按钮			
4	变频器			
5	电动机			

3. 绘制三段速控制流程图，确定工作方案

小组成员共同研讨，制订基于PLC的变频器三段速控制系统总体设计方案，绘制系统动作流程图；根据工艺指标确定系统的评价标准；收集PLC、变频器及其I/O设备的资料；咨询项目设备的用途和工作环境等情况。

（1）绘制电动机三段速控制流程图　根据前面的分析，基于PLC的变频器三段速控制的主体结构是步进顺序控制，可以采用步进顺序程序实现。

（2）制订工作计划　小组成员合理分担工作任务，确定工作步骤和时间，制订完成任务的计划表，确定项目负责人。基于PLC的变频器三段速控制项目工作计划表见表6-4-5。

表6-4-5 基于PLC的变频器三段速控制项目工作计划表

序号	工作内容	责任人员		计划完成时间	备注
		姓名	学号		
1	硬件设计				
2	软件设计				
3	调试运行				
4	成果总结				

6.4.3 硬件设计

1. I/O分配表（见表6-4-6）

表6-4-6 I/O分配表

输入			输出		
软元件	外部设备	功能说明	软元件	外部设备	功能说明
X000	SB1	停止按钮	Y000	STR	变频器正转起动
X001	SB2	起动按钮	Y001	RL	1段速控制（20Hz）
			Y002	RM	2段速控制（30Hz）
			Y003	RH	3段速控制（40Hz）
			Y004	RFS	变频器复位

2. I/O 接线图（如图 6-4-7 所示）

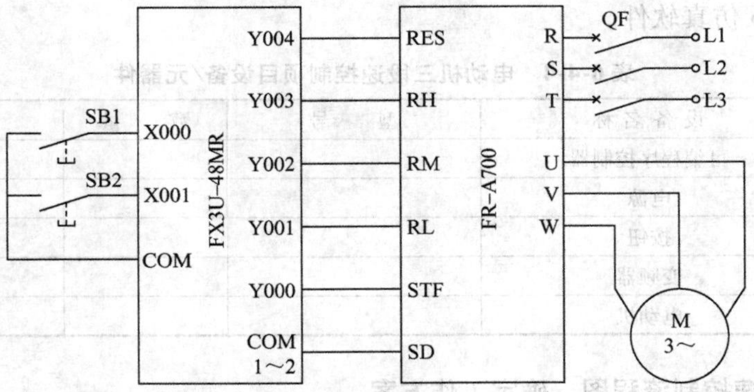

图 6-4-7　变频器三段速运行的系统 I/O 接线图

6.4.4　程序设计

1. 变频器的参数设定

上限频率 Pr. 1 = 50Hz，下限频率 Pr. 2 = 0Hz，基底频率 Pr. 3 = 50Hz，加速时间 Pr. 7 = 2s，减速时间 Pr. 8 = 2s，电子过电流保护 Pr. 9 = 电动机的额定电流，操作模式选择 Pr. 79 = 3（组合模式）。多段速度设定：1 速 Pr. 4 = 20Hz，2 速 Pr. 5 = 30Hz，3 速 Pr. 6 = 40Hz。

2. PLC 三段速控制程序功能图（如图 6-4-8 所示）

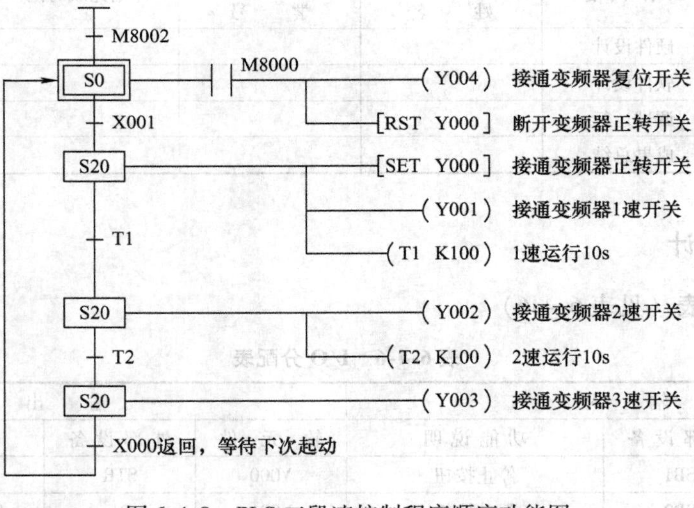

图 6-4-8　PLC 三段速控制程序顺序功能图

6.4.5　控制系统的调试及运行

1. 硬件调试

排除接线错误、开路和短路。

2. 软件调试

首先检查程序有无编辑错误，再检查变频器参数设置有无错误；然后进行软件仿真。

3. 联机调试

根据工艺过程制订系统调试方案，确定测试步骤，并仿照表6-2-6制作调试运行记录表。

6.4.6 成果总结

1. 编写技术文件与报告

根据调试结果编写基于PLC的变频器三段速控制系统的操作使用说明书，按任务报告模板撰写任务报告。

2. 成果展示与总结

总结完成任务的经验、教训，向同学和老师展示任务完成情况，与大家共享成果，并交流讨论。思考本任务有何特点？有何创新？有何待改进的地方？

参考文献

[1] 秦春斌，张继伟．PLC 基础及应用教程（三菱 FX2N 系列）[M]．北京：机械工业出版社，2011.
[2] 向晓汉．三菱 FX 系列 PLC 完全精通教程 [M]．北京：化学工业出版社，2012.
[3] 范次猛．PLC 编程与应用技术（三菱）[M]．2 版．武汉：华中科技大学出版社，2015.
[4] 张豪．三菱 PLC 应用案例解析 [M]．北京：中国电力出版社，2012.
[5] 朱江．可编程控制技术 [M]．哈尔滨：哈尔滨工业大学出版社，2013.
[6] 汤自春．PLC 技术应用（三菱机型）[M]．3 版．北京：高等教育出版社，2015.
[7] 肖明耀，代建军．三菱 FX3U 系列 PLC 应用技能实训 [M]．北京：中国电力出版社，2015.
[8] 韩相争．三菱 FX 系列 PLC 编程速成全图解 [M]．北京：化学工业出版社，2015.
[9] 蔡杏山．图解 PLC、变频器与触摸屏技术完全自学手册 [M]．北京：化学工业出版社，2015.
[10] 李金城．三菱 FX3U PLC 应用基础与编程入门 [M]．北京：电子工业出版社，2016.